한국군이 새롭게 거듭나기 위한
강군의 조건

한국군이 새롭게 거듭나기 위한
강군의 조건

강건작 지음

서문

대한민국 군대를 생각한다

2024년 12월 3일 불면의 밤을 보내다

그날 오후 마포에서 국방 관련 작은 세미나가 있었다. 북한의 핵 개발과 그 속에서 우리의 국방이 지향해야 할 바를 토의하는 의미 있는 자리였다. 국가방위에 대해 지향이 비슷한 사람들이 있다는 것은 즐거운 일이었다. 약간의 음주를 곁들인 저녁 식사를 마치고 밤 10시가 못 돼 흐뭇한 마음으로 귀가했다. 평안한 밤이었다.

잠자리에 들려고 준비하고 있는데 11시가 조금 넘어 고등학교 친구의 다급한 전화를 받았다. 비상계엄령이 선포됐다는 것이었다. 오랜 기간 검찰에 몸담아 보수적 성향이 강한 친구였지만 몹시 화가 나 있었다. 우리 집은 지상파를 시청하지 않아 실시간 뉴스는 보고 있지 않았다. 상황이 믿기지 않았다. TV를 켜고 유튜브를 연결해 실시간 뉴스를 확인했다. 대통령의 담화가 반복해서 보도되고 있었다. 친구의 말은 사실이었다.

우선 화가 치밀어 올랐다. 누가 왜 또다시 군을 정치의 한가운데로 끌어들였단 말인가! 대통령 주변에서 그나마 군을 안다고 하는 자들이 그러한 일에 앞장섰다는 것에 더 화가 났다. 평소 군사 쿠데타는 과거의 유산이고 더 이상 군의 정치개입은 없을 것으로 단언해 오던 터였다. 한국의 현대사 민주화 과정을 배운 장병들의 속성상 군의 정치개입에 동의할 사람이 없다. 따라서 그런 일은 불가능하다는 개인적 믿음이 있었다.

나는 계엄이 원활히 진행되지는 않을 것이고 군 지휘관이나 병사들이 어쩔 수 없이 동원됐지만 현장에서 태업을 통해 소극적으로 저항할 것이라고 말하며 친구를 안심시켰다. 다행히 국회가 재빠르게 계엄 해제안을 의결해 상황이 곧바로 일단락됐다. 내 믿음대로 현장의 장병들이 소극적 태도로 일관했다는 증거가 여기저기서 나왔다. 이들의 소극적 저항이 비상식적이고 시대착오적인 위기 사태를 빨리 종식하는 데 커다란 기여를 한 것이다.

긴박했던 계엄의 밤이 지나고 국회 청문회와 헌법재판소 탄핵 심판 과정에서 보인 장군들의 모습은 너무나 안타깝고 또 실망스러웠다. 대부분 오랫동안 보아왔던 사람들이다. 그중에는 각별히 아낀 후배들도 적지 않다. 개인적인 관계를 떠나 그들은 너무 큰일에 연루되고 말았다.

육군참모총장을 비롯한 주요 지휘관은 대부분 "사전에 몰랐다." "어쩔 수 없었다." "시키는 대로 했다." "계엄을 잘 몰랐다."라는 진술로 일관했다. 그들의 말이 사실일 수도 있다. 정치적 욕망에 눈이 먼 대통령과 국방부장관에게 농락당했을 수 있다. 그러나 일부는 사전에 알고 있으면서 그 열매를 탐해 적극적으로 동조하고 주도적으로 관여했을 수 있다. 많은 장군과 장교는 정확한 사정을 모르고 소극적으로 명령을 따랐을 것이다. 하지만 최고위직에 오른 장군은 결코 몰랐다는 이유로 면책될 수 없다. 높은 직책일수록 모르는 것, 즉 무능에도 큰 책임이 따른다. 장군의 무능은 그 자체로

부하의 생명을 위협하고 국가 안위를 위태롭게 하기 때문이다.

이순신은 선조의 명령을 이행하지 않았다

임진왜란 때 장수 원균은 국가를 위해 왜군과 싸우다가 목숨을 잃었다. 임금 선조는 임진왜란이 끝나고 5년 후인 1604년에 세 명의 '선무宣武 1등 공신'을 선정했다. 충무공 이순신과 충장공 권율과 함께 원균이 포함됐다. 선조가 자신의 무리한 명령 자체를 덮고 싶었는지 조선 조정이 실제 원균의 공로를 인정했는지는 알 수 없다. 그러나 조선 후기로 가면서 원균에 대한 평가가 냉정해졌다. 그는 1597년 음력 7월 칠천량 해전에서 조선 수군의 대부분인 150여 척의 전함과 1만여 명의 수군을 잃었다. 칠천량 해전으로 조선 수군이 궤멸하자 조선은 또다시 전란에 휩싸였다. 정유재란이 본격적으로 일어난 것이다. 급하게 이순신을 재등용해 명량해전에서 전세를 뒤집지 못했다면 조선은 그대로 전쟁에서 패배했을 것이다. 원균의 목숨값이 그가 범한 실패를 덮지 못했다는 것이 중론이다. 원균은 공功만 탐하는 무능한 장수의 표본이 됐다.

육사 동기들의 SNS 단체대화방에서 계엄에 출동한 군 지휘관들에 대해 대통령과 국방부장관의 지시에 따른 것이 타당한지 아닌지로 논쟁이 벌어졌다. 일부는 군 지휘관들의 행동에 너무 큰 책임을 물어서는 안 된다는 의견이었고 또 일부는 엄정한 책임을 물어야 한다는 의견이었다.

군 지휘관들의 책임을 물어서는 안 된다는 의견의 핵심은 이렇다. "군에서의 명령과 복종은 군대의 근간을 이루는 것이다. 부하들이 상관의 명령이 맞나 틀리나, 정당한가 아닌가를 따지는 순간 군대의 기강은 무너지고 승리할 수 없는 군대가 된다. 그러한 군대로는 국가방위의 막중한 의무를 다할 수 없다." 어찌 보면 너무나도 타당한 걱정이었다.

하지만 내 생각은 다르다. 상관의 정당한 명령에 대한 복종은 중간 이하 간부와 말단 병사들에게는 엄격히 적용돼야 할 가치인 것은 분명하다. 즉 포로 학대, 양민 학살 등 명확한 불법적 지시가 아닌 이상 군인은 상관의 명령에 따라야 한다. 그것이 자신의 생명을 위태롭게 하는 것이어도 복종해야 할 의무가 있다. 그리고 상관은 평소부터 부하들에게 타당하고 정당한 명령만을 내린다는 것과 자신의 명령이 부하들을 살리는 길이고 승리하는 길이라는 신뢰를 심어야 한다.

그러나 장군과 같은 최고위 지휘관은 이러한 기본적 가치를 넘어 그 이상을 봐야 하는 책임과 의무가 있다. 장군은 단순히 명령에 대한 복종 여부를 떠나 상황 전체를 보고 더 바람직한 결과를 위해 올바로 판단하고 결심해야 하는 존재다.

1597년 음력 1월 선조는 이순신에게 부산포로 출전해 일본군을 공격하라는 명령을 내렸다. 조선 조정의 의사결정 과정과 선조의 명령에 일본의 공작이 작용했다는 연구가 있다. 아무튼 현장의 상황을 도외시한 무리한 명령임은 분명했다.

이에 이순신은 그해 2월 "바닷길이 험난하고 왜적이 필시 복병을 설치하고 기다릴 것이다. 전함이 많이 출동하면 적이 알게 될 것이고 적게 출동하면 도리어 습격받을 것이다."라며 선조의 명령을 이행하지 않았다. 이순신은 전략적으로 매우 불리한 상황을 고려하지 않을 수 없었다. 부산포에 이미 많은 왜군이 집결해 있었고, 부산으로 가는 길목인 안골포-웅포-가덕도에 왜성이 공고하게 구축됐다. 왜군의 촘촘한 정보망에 조선 수군의 출동이 노출될 위험도 컸다. 하지만 이순신의 이러한 판단은 명령 거부로 받아들여졌다. 결국 이순신은 해임됐다. 이순신의 후임으로 삼도수군통제사로 임명된 원균은 선조의 명령을 끝내 거부하지 못했다. 그해 7월 조선 수군 전체가 칠천량 해전에서 패배하여 무너지고 말았다.

미국 독립전쟁이 한창인 1777년 7월 영국군은 뉴욕주 북부에서 남쪽으로 진격하며 미국 독립군을 강하게 압박했다. 당시 미국 독립군은 병력, 물자, 훈련 수준에서 영국군에 크게 열세였다. 식민지 13개 주를 대표한 대륙회의는 독립군 총사령관 조지 워싱턴에게 영국군의 주요 거점을 직접 공격하라고 명령했다. 단기적인 전투에서 승리를 거둬 독립군의 사기를 높이고 국제적 지원을 끌어낼 목적이었다. 그러나 조지 워싱턴은 대륙회의의 명령을 거부했다. 그는 병력과 물자가 부족한 독립군이 정규군 중심의 영국군과 직접 충돌하면 큰 피해를 볼 것으로 판단했다. 워싱턴은 독립군의 전력 보존과 장기적 저항이 중요하다고 봤다. 대규모 정면충돌 대신 유격전과 방어 전략을 택했다.

1777년 10월 뉴욕주 새러토가에서 다른 독립군 부대와 영국군의 전투가 벌어졌을 때 대부분의 전력을 보존했던 워싱턴의 판단이 옳았음이 증명됐다. 워싱턴은 필라델피아에서 영국군 증원부대를 고착시키면서 한편으로 새러토가에 원군을 파견했다. 그의 판단과 조치 덕분에 미국 독립군은 새러토가에서 결정적 승리를 거뒀다. 그리고 이 승리를 바탕으로 미국 독립군은 프랑스의 본격적인 지원을 받을 수 있었다. 이는 미국 독립전쟁의 흐름을 바꾼 전환점이 됐다.

『손자병법』「구변편」과 『사기』의 「사마양저司馬穰苴 열전」에 '(장재군將在軍) 군명유소불수君命有所不受'라는 문구가 있다. 군대를 지휘하는 장수는 군주의 명령이라도 상황에 따라 따르지 않을 수 있다는 뜻이다. 다시 말해 현장에 있는 장수는 군주의 명령을 재량껏 판단해 실행 여부를 결정할 책임이 있다는 말이다. 이에 따르면 장수는 단순히 명령을 무조건 따르는 수동적 존재가 아니라 올바르게 판단하고 성패에 책임을 지는 주체적 존재다. 물론 아무리 직위가 높더라도 상부의 명령을 거부한다는 것은 쉽지 않다. 자신의 판단이 아무리 정당하다 하더라도 명령 거부에 대한 책임과 결과는 장수 자신이 온전히 감당해야 한다. 처벌은 물론 목숨이 위태로울 수도 있다. 반대로 군주의 명령에 온전히 복종했다고 하더라도 그 성패의 책임에서 벗어날 수 없다. 장수의 실패는 자신의 목숨은 물론 수많은 부하의 목숨과 국가의 존속을 위태롭게 할 수 있다. 최악의 상황을 모면했다 하더라도 명령을 내린 군주가 실패를 이유로 책임을 물을 수도 있다. 그만큼 장수는 막중한 책임을 지고 주체적으로 상황을 판단하고 결심해야 한다.

민주주의 국가의 군대에는 정치적 중립 의무가 있다

민주주의 국가의 군대에는 엄격한 의무가 있다. 그것은 군의 정치적 중립 의무다. 이는 공산주의 국가, 전체주의 국가, 독재국가의 군과 가장 큰 차이점이다. 공산주의 국가의 군대는 공산당의 통제를 받는다. 군의 충성 대상은 공산당이다. 전체주의 국가의 군대는 독재자 개인이나 소수 엘리트 그룹에 충성한다. 나치 독일의 국방군은 히틀러 개인에게 충성을 맹세했다. 대한민국 국군통수권은 대통령에게 있다. 그러나 여기에는 전제가 있다. 대한민국 대통령의 국군통수권은 국민으로부터 위임받은 것이다. 대통령은 민주주의와 헌법을 수호할 의무가 있고 그의 명령은 헌법과 법률에 기반해야 정당성을 갖는다. 대한민국 군대는 대통령의 통수권을 따르지만 대통령 개인에게 충성하지 않는다.

민주주의 국가는 국민의 다양성을 존중하고 선거, 헌법, 법률로서 유지된다. 국민이 주권을 가지며 자유와 평등, 법치주의, 인권 보장과 같은 기본 가치를 바탕으로 운영된다. 민주주의 국가의 군대는 국민에게 충성하는 집단이다. 민주주의 가치를 존중하고 국내 다양한 정치세력과 단체로부터 엄정한 중립을 지켜야 한다. 군이 정치적 중립을 지키지 않거나 특정 정치세력의 이익을 위해 이용당한다면 그 자체로서 민주주의는 크게 위협받게 된다. 그리고 그런 군대는 민주주의의 적이 되고 만다. 이러한 민주주의 국가의 군대가 견지해야 할 가치는 그냥 지켜지는 것이 아니다. 군사 지도자들인 장군 집단 전체가 명확한 신념과 강한 의지가 있어야 가능한 일이다.

전쟁이 한창이던 1952년 5월 24일 이승만 대통령은 전국에 비상계엄을 선포하고 이종찬 육군참모총장을 계엄사령관에 임명했다. 표면적인 이유는 부산 금정산에 무장 공비가 나타나 미군 2명과 군무원 3명을 살해한 사건(당시 특무대가 조작한 사건이라는 증언이 있음)이 발생해 후방 치안을 강화한다는 것이었다. 그러나 실제 이유는 그해 8월 예정된 국회의 간접선거에서 사실상 재선이 어려운 이승만 대통령이 직선제 개헌을 통해 정권을 유지하고자 벌인 정치적 목적의 계엄이었다. 그러나 계엄사령관에 임명된 이종찬 장군은 국회의원을 체포하고 당시 수도였던 부산으로 계엄군을 증원하라는 등의 대통령 지시에 따르지 않았다. 나아가 군의 정치적 중립을 강조하는 훈령을 전군에 하달했다.

그러나 이승만의 직접 지시받은 원용덕 영남지구 계엄사령관의 역할과 미국 정부의 태도 변화 등으로 직선제로 전환하는 발췌 개헌안이 7월 초 국회에서 통과됐다. 이승만 대통령의 승부수가 성공을 거둔 것이다. 7월 22일 대통령의 정치적 계엄에 반기를 들었던 이종찬 육군참모총장은 그 직책에서 해임됐다.

이종찬 장군에 대한 역사적 평가는 다양하다. 하지만 군의 정치적 중립에 대한 그의 신념은 주목할 만하다. 대통령의 정치적 계엄을 명시적으로 반대하고 거부했다. 그 이후에도 여러 상황에서 군의 정치적 중립을 언급했다. 그의 신념은 진심이었던 것으로 보인다. 국군통수권자의 명령에 맞선다는 것은 결코 쉬운 일이 아니다. 경력이든 목숨이든 걸어온 인생 전체를 걸어야 결심할 수 있는 일이다. 대한민국군의 역사에서 이종찬 장군이 지킨 군의 정치적 중립에 대한 신념과 용기 있는 행동은 충분히 평가할 만하다.

1960년 3월 15일 자유당 정권의 대규모 부정선거는 국민적 분노를 불러일으켰다. 이에 항의하며 학생들과 시민들이 시위를 벌였다. 4월 18일 거리에서 평화적인 시위를 벌이던 고려대학교 학생들을 경찰과 폭력배들이 공격하는 사건이 발생했다. 이러한 탄압에 시민들의 분노가 더 뜨거워져 4월 19일 전국적으로 시위가 폭발적으로 확산됐다.

이승만 정부는 시위를 강경하게 진압하기 위해 경찰을 동원했고 그 과정에서 수십 명의 사망자와 수백 명의 부상자가 발생했다. 상황이 급격히 나빠지자 정부는 시위를 막기 위해 4월 19일 비상계엄령을 발령하고 송요찬 육군참모총장을 계엄사령관에 임명했다. 그러나 송요찬 장군은 군대가 국민을 억압하거나 정치적 도구로 사용되는 것을 반대하며 군이 정치적 중립을 유지해야 한다는 원칙을 내세웠다. 그는 이승만 정부의 요구에도 군이 경찰력을 보조하는 제한적인 역할만 수행하도록 지시했다. 시위대에 대한 발포 명령을 끝까지 내리지 않았다.

송요찬 장군의 결단은 4·19 혁명이 폭력 사태로 비화되는 것을 막고 민주적 전환의 계기를 제공하는 데 결정적으로 기여했다. 군이 시위대와 직접 충돌하지 않음으로써 대규모 유혈 사태가 발생하지 않았다. 이는 국민적 저항이 정당성을 유지하는 데 중요한 역할을 했다. 4월 25일 전국의 대학교수들이 정부를 규탄하는 시위에 나섰고 사회 전반의 압력이 커지면서 4월 26일 이승만 대통령은 결국 하야를 선언했다.

송요찬 장군은 1948년 제주 4·3사건 당시 제9연대장으로 무장봉기를 폭력적으로 진압한 전력이 있다. 당시 군의 무리한 진압 작전으로 무장세력뿐만 아니라 무수한 민간인이 목숨을 잃었다. 그의 이런 전력으로 볼 때 4·19 혁명 당시의 결단이 온전한 신념에서 비롯된 것인지는 불확실하다. 다만 그가 취한 행동이 한국 민주주의 역사에서 중요한 계기가 된 것은 분명하다.

2024년 12·3 비상계엄은 우리 군에 있어 또 다른 어두운 역사가 되고 말았다. 45년 만에 군이 현실 정치의 한가운데로 떠밀려 나왔다. 이종찬 장군과 송요찬 장군이 맞이했던 당시와 비교해보면 2024년의 대한민국 민주주의는 눈부시게 발전했다. 우리는 수많은 정치적 역경을 넘어 지금의 빛나는 민주주의를 이뤘다. 대한민국 군대도 그러한 역사를 함께 겪어왔다. 나는 우리 군대가 이를 충분히 보았고 학습했고 의식을 키워왔다고 생각했다. 그래서 말단 병사는 물론이고 군의 최고위직까지 정치적 중립에 대한 신념과 민주주의 수호에 대한 의지가 굳건할 것이라 믿어 의심치 않았다.

그런데 막상 뚜껑을 열어보니 너무나 무력하게 군이 정치의 한가운데로 끌려들어 온 것이다. 계엄에 참여한 장군 중에 아무도 제대로 "안 됩니다."라고 말하지 못한 것이다. 정치적 계엄에 진심으로 동조한 장군은 아마도 극소수였을 것이다. 대부분은 상부의 명령에 대한 복종 차원에서 무력하게 끌려 나왔을 것이다. 그러나 그렇다 하더라도 2024년 대한민국 군대의 장군 다수가 민주주의 국가의 군대를 이끌어갈 아무런 의식, 의지, 능력이 없음을 드러낸 것 같아 안타깝다. 이렇게 잃은 대한민국 군대에 대한 국민적 신뢰를 어떻게 회복할 것인가, 그리고 이 상처를 치유하기 위해 얼마나 많은 시간과 노력이 들어야 할 것인가를 생각하면 답답하기 그지없다.

대한민국 군대는 진정한 강군으로 거듭나야 한다

대한민국 군대는 1948년 8월 15일 대한민국 정부 수립과 함께 창설됐다. 올해 건군 77주년을 맞는다. 『2022년 국방백서』 기준으로 병력 50만여 명에 각종 최첨단 군사 무기로 무장돼 있다. 미국의 군사력 평가기관인 글로벌 파이어파워GFP, Global Firepower는 2024년 보고서에서 대한민국 군사력이 세계 5위 수준이라고 발표했다. 한국보다 강력한 군대를 보유한 국가는 미국, 러시아, 중국, 인도 정도다. 보고서 내용에 전부 동의하는 것은 아니지만 대한민국 군대가 세계에서 손꼽히는 매우 강력한 군사력을 갖고 있다는 것은 의심의 여지가 없다.

한국의 방위산업 역량은 이미 세계적 수준으로 평가받고 있다. 최첨단 무기 대부분은 자체 생산한다. K-9 자주포, K-2 전차, M-SAM, L-SAM, 최고 성능의 디젤 잠수함, 이지스 구축함, KF-21 전투기, 현무 미사일 시리즈 등 목록을 망라하기 어려울 정도다. 한국이 생산하는 거의 모든 무기는 세계 최고 수준의 성능을 갖췄다. 미국을 제외하면 소총부터 미사일까지 전 무기체계에서 한국보다 우수한 첨단 국방기술력을 가진 국가는 사실상 없다. 최근에는 미국이 최첨단 군함 건조와 수리 분야에서도 우리나라와 적극적으로 협력하려는 움직임을 보이고 있다.

이러한 외형적 군사력과는 별개로 한국군의 내부 역량이 세계적 수준에 도달해 있는지는 곱씹어볼 여지가 많다. 군의 내부 역량은 여러 가지가 있겠지만 장군 수준의 군사 리더들이 가져야 할 군사 전문성이 무엇보다 중요하다. 군사 전문성은 민주주의에 익숙한 대다수 장병을 합리적으로 이끌 리더십, 첨예하고 다원적인 국제관계 속에서 국방전략과 정책을 합리적으로 수립할 능력, 평시 군사력을 바탕으로 전쟁을 억제하고 정전체제를 관리할 능력, 전쟁을 기획하고 작전을 계획하거나 실행할 능력, 한국군 또는 한반도에 적합한 교리를 만들고 미래전에 부합하는 군사 혁신을 주도할 능력, 전쟁 수행 방법과 교리에 부합하는 최적의 무기체계를 선별하거나 병력구조와 무기체계 변화를 고려해 최적의 군 구조를 디자인할 능력, 변화된 여건과 수단 등을 고려해 효율적인 훈련체계를 개발하고 강한 훈련을 지속할 능력 등을 들 수 있다. 장군의 군사 전문성은 우리 군의 전반적인 내부 역량을 의미한다. 그러나 내가 40년 가까이 보아온 한국군 장군의 군사 전문성에는 의문이 많다.

2000년 초 나는 소령 계급으로 육군대학에서 전술학 교관을 했다. 한번은 육군대학 교관 자격으로 모 군단의 전쟁 지휘 훈련을 참관한 일이 있었다. 훈련은 컴퓨터 시뮬레이션으로 실전과 유사한 조건으로 진행되고 있었다. 우리가 지휘소에 도착했을 때는 훈련이 3일 정도가 지난 후였다. 데이터에는 군단 병력 중 5만 명 가까이가 손실된 것으로 나와 있었다. 하지만 긴박감은 찾아보려야 찾을 수 없었다. 야간에 군단장이 휴식을 위해 자리를 비웠고 준장 계급의 참모장이 상황을 주도할 참이었다. 참모장이 참모들을 불러 모았다. 전투 작전 사항을 토의할 것으로 기대했다. 하지만 참모장의 입에서 나온 내용은 상상 밖이었다. 욕지거리와 함께 참모들이 자신을 무시한다는 내용의 질책이었다. 예의가 없다는 상투적인 군기 잡기였다. 소령의 눈으로 그것을 보고 아연실색했다. 장군에 대한 막연한 환상이 깨진 순간이었다.

훈련 참관에서 복귀한 날 저녁에 과음했다. 선배 교관 앞에서 우리 군의 현실을 한탄하며 엉엉 울었다. 그 장군 한 명의 문제가 아니라는 크나큰 실망감은 두고두고 이후 내 군 생활에 영향을 미쳤다. 장군이든 아니든 상급자를 더 이상 존경의 눈으로 볼 수 없었다. 그들의 능력이 그 직책에 부합한지 냉정한 시각으로 보는 버릇이 생겼다. 대부분 실망스러운 모습이었다. 물론 그 와중에서 정말 실력 있고 책임감 높은 상급자를 만나기도 했다. 그분들은 지금도 깊이 존경한다. 그러나 그런 분들은 극히 소수였다.

중령에서 대령으로 진급할 즈음에 국방부장관실에서 근무한 적이 있었다. 당시 가장 큰 국방 이슈는 전작권 전환 문제였다. 이명박 정부 초반이었지만 노무현 정부에서 쏘아 올린 공을 어떻게 처리할 것인가를 놓고 사회적 관심이 매우 컸다. 당시 내가 모신 국방부장관은 전작권을 전환하는 것은 맞는 말이나 한국군에게 전쟁기획 능력이 없다는 것을 걱정했다. 그분의 걱정이 지금도 내 뇌리에 남아 있다.

문재인 정부 국방개혁비서관으로 청와대 국가안보실에서 근무할 때 한미연합군사령관 로버트 에이브럼스 장군이 전작권 전환에 대비해서 한국군 장성들을 모아 연합작전지휘 역량을 키울 프로그램을 만들겠다고 제안했다. 당시 청와대 안보실 직원들은 그 이야기를 듣고 매우 기분 나빠했다. 하지만 나는 충분히 이해가 갔다. 미군 장군에게 한국군 장성들이 그렇게 보인 것은 자존심 상하는 일이지만 사실을 부정할 수 없었다. 그만큼 한국군 장성들의 군사 전문성 부족은 현실적인 문제다.

한국군의 내부 역량은 왜 이렇게 약한 것일까? 20세기 최대 경제성장과 민주주의를 이룬 우리나라의 전반적 역량에 비해 우리 군의 내부 역량은 상대적으로 너무 약한 것 아닌가. 더구나 북한과 70년이 넘도록 치열한 군사적 경쟁을 통해 물리적 능력이 크게 신장했음에도 장성들의 군사 전문성이 상대적으로 발전하지 않았다는 것은 더 이상한 일이다.

19세기 프로이센군은 군사적 집단지성을 키워 나폴레옹이라는 군사 천재를 극복할 수 있었다. 게르하르트 샤른호르스트Gerhard Johann David von Scharnhorst와 카를 폰 클라우제비츠Carl Phillip Gottlieb von Clausewitz 등 탁월한 군사 지도자들의 혁신과 노력이 있었다. 내가 보아온 미군 장군들도 개개인의 능력은 탁월해 보이지 않았지만 합리적 관점에서 대부분 군사 전문성이 있었다. 개중에 뛰어난 통찰력을 가진 사람도 있었다. 그러한 장군들이 모여 집단지성을 발휘해 세계 최강의 군대를 이끌고 있었다. 미군은 베트남전 이후 군사 혁신에 몰입했고 10여 년 만에 괄목할 성과를 이뤄냈다.

한국군은 세계에서 가장 전쟁 위험성이 높은 상태에서 수십 년을 이어왔다. 그런데 왜 우리 군의 장성들은 그렇지 못한 것일까? 특정한 구조와 시스템의 한계에 갇힌 것은 아니었을까? 이번 12·3 비상계엄 사태에서 보듯 장군들이 정치적 상황에서 매우 허약한 모습을 보였다. 민감한 정치적 상황에서만 무력한 모습일까? 군사 전문성에만 몰입하다 보니 정치적 민감성이 떨어져 그저 이용당한 것인가? 그에 대한 대답은 현대 한국군이 걸어온 역사를 되짚으면서 세부적으로 살펴볼 필요가 있다.

오랜 시간 고민하고 관찰한 결과 우리 군이 걸어온 독특한 역사적 여정이 군사 전문성 축적의 걸림돌이었다는 결론에 도달했다. 또한 이러한 부분을 잘 들여다보면 현대 한국군이 직면한 문제들이 보이고 나아가 미래의 발전 방향도 보인다. 나는 우리 군이 그때그때 주어진 상황에만 집중하고 적응하다가 놓쳐버린 본질을 다시 찾아야 한다고 생각한다. 그리고 우리 군의 한계를 정확히 인지하고 극복함으로써 현재의 무력함에서 벗어나 진정한 강군으로 거듭나는 계기를 마련해야 한다고 생각한다. 내가 관찰한 우리 군의 한계는 대략 네 가지다.

첫째, 군의 정치개입 역사다. 한국군은 창설 이후 수많은 정치 상황에 직간접적으로 연결됐다. 직접적으로는 5·16과 12·12 군사정변을 통해 적지 않은 군인이 현실 정치에 뛰어들었다. 간접적으로는 여러 번의 계엄 상황에 동원돼 통치권자의 정권 강화 수단에 이용되기도 했다. 이러한 군의 정치개입 과정에 관한 수많은 연구와 평가가 존재하지만 아쉽게도 대부분은 정치적 관점에서 바라본 것이다. 군의 정치개입이 군 내부적으로는 어떠한 영향을 미쳤는지는 제대로 알려져 있지 않다. 사실 한국군의 내부 역량을 한없이 약화시킨 중요한 요인은 군의 정치개입 역사에 기인한다.

둘째, 한국군은 독자적인 전시 작전권이 없다. 1950년 북한군의 남침으로 시작된 한국전쟁 초기 이승만 대통령이 작전권을 UN 사령관에게 이양하고 나서 한국군은 온전한 전시 작전권을 가져본 적이 없다. 한반도에서 전쟁 수행의 주체를 위탁한 상태로 75년 가까이 흘렀다. 세계 군사 역사에 유례가 없는 일이다. 이러한 독특한 안보 환경이 수십 년간 누적됐다면 한국군 내부적으로 영향을 받지 않을 수 없다. 전작권 위임이 국가방위에 얼마나 큰 이득이 됐는지에 대한 논란을 떠나 한국군 또는 한국의 내부 안보 역량에 어떤 영향을 주었는지 한 번쯤 짚어볼 필요가 있다.

셋째, 일본제국군의 그림자다. 한국군 창설은 미군이 디자인한 것이다. 한국군의 편제, 무기, 교리, 법제는 미군에게 통제받았다. 그런데 한국군 창설 당시 구성원 다수는 일본군이나 만주군 경력자들이었다. 즉 내부 군사문화는 일본제국군의 문화에 더 많은 영향을 받았다는 말이다. 당시 한국 사람 중에 미군 경력자가 없었기에 당연한 이야기라 할 수 있다. 이러한 이중적 영향이 한국군의 역사와 현대 한국군 내부에 어떻게 작용했고 어떻게 남아 있는지 살펴볼 필요가 있다.

넷째, 북한과의 독특한 대치 상황이다. 한국군은 북한과 3년간 참혹한 전쟁을 치렀고 그 이후에도 70년 넘게 정전 상태를 유지하고 있다. 이러한 상황 역시 세계 군사 역사에 유례를 찾기 어려운 독특한 안보 환경이다. 한국군의 절대다수는 지금도 휴전선, 해안선에서 경계 작전에 투입되고 있다. 레이더부대, 포병부대도 24시간 작전 대기 상태를 유지하고 있다. "작전에 실패한 장수는 용서할 수 있어도 경계에 실패한 장수는 용서할 수 없다."라는 군사 격언을 엄격히 받들면서 수십 년간 너무나 충실히 그 일을 하고 있다. 그러나 이렇게 경계 작전에 몰입하고 있는 군대는 한국군 외에는 세계 어디에서도 없다.

이러한 한계가 아직도 상존한 가운데 한국군은 커다란 도전들 앞에 서 있다. 군 자체만으로는 온전히 감당할 수 없는 엄청난 도전들이다. 인구절벽에 따른 복무 인력의 급격한 감소가 현실로 다가오고 있다. 확실한 대책 없이 이대로 가면 불과 10년 후부터 한국군은 규모가 크게 줄어들 수밖에 없다. 줄어든 병력으로 국가방위가 가능할 것인가도 세밀히 살펴보지 않을 수 없다. 국가 전체가 나서서 지혜를 모으지 않으면 안 될 생존의 문제다. 북한의 핵 능력이 나날이 고도화되고 있다. 북한은 핵 무력을 등에 업고 공갈을 일삼고 있다. 실체적이고 절대적인 생존의 위협이다. 우리 군의 능력 확충도 중요하지만 국제적 협력체제를 구축해 제대로 대비해야 한다.

12·3 비상계엄 사태로 인해 군은 또다시 큰 위기에 빠지고 말았다. 그러나 위기는 언제나 새로운 기회가 될 수 있다. 드러난 문제를 잘 진단하고 곪은 상처를 과감히 도려내야 한다. 그리고 우리 군에 누적된 여러 가지 모순을 바로잡는다면 오히려 더 강한 군으

로 거듭날 수 있는 소중한 계기가 될 수 있다. 국민 대다수가 문제를 느꼈기에 새롭게 도약하는 동력이 될 수 있을 것이다. 그런 희망을 꿈꾸며 이 책을 쓴다.

이 책은 보기에 따라 불편할 수 있는 우리 군의 문제들을 다루고 있다. 그런데 이런 관점에서 누적된 선행 연구 자료들을 거의 찾을 수 없었다. 따라서 필자의 군 생활 경험, 오랜 고민, 그리고 간접적 사례에 의존할 수밖에 없었다. 보는 시각에 따라 논리적 비약이 있다고 느낄 수도 있다. 충분히 비판받을 수 있는 타당한 관점이다.

다만 이 책을 계기로 우리 군의 문제들을 본격적인 논의의 장으로 끌어올 수 있기를 기대한다. 우리 군이 미래의 다양한 안보적 위협에 제대로 대응할 능력을 갖춘 진정한 강군이 되려면 반드시 짚어야 할 담론들이기 때문이다. 우리 국민의 집단지성을 믿는다.

이 책에서 바라보는 장군들의 모습이 모든 군인을 대표하지 않는다. 군인은 본질적으로 목숨을 담보로 한다. 헌신하겠다는 진정성이 없으면 오랫동안 열악한 환경을 견디며 온전히 복무할 수 없다. 그렇게 헌신하며 때로는 목숨을 바쳐 오늘까지 국군을 이끌어 온 수많은 선배 장병이 있어 대한민국이 존재해왔다. 그럼에도 군대는 더 잘해야 할 책임이 있다. 미래는 더 위험할 수 있다. 군이 못한다면, 무능하다면 국민과 국가의 미래는 없다.

군에 복무하는 많은 장교가 이 책을 읽었으면 좋겠다. 그들이 이 책을 통해 자극받고 스스로 자신들의 문제를 직시해 실력 있는 군사전문가로 거듭나는 계기가 되기를 진정으로 바란다. 그리고 많은 국민이 읽었으면 좋겠다. 국민이 정확한 눈으로 군이 올바르게 가는 것을 엄중히 지켜봐야 한다. 특히 국가를 이끌고 군을 지도할 지도층이 반드시 읽었으면 하는 바람이다.

이 책이 일부 비난받더라도 우리 군이 국민의 진정한 신뢰를 등에 업고 강군으로 거듭나는 계기가 된다면 그것으로 충분히 의미 있는 일이라고 생각한다.

  마지막으로 책 내용을 꼼꼼히 살펴보고 많은 의견을 주신 장용석 박사님, 여석주 선배님, 최화식 장군님, 전계청 동기에게 크게 감사드린다. 책 출간을 흔쾌히 결정하고 편집해 주신 클라우드나인 안현주 대표님과 임직원분들께도 더할나위 없이 감사의 말씀을 드린다. 항상 내편이 되어 성원해 주는 우리 가족들에게도 깊은 감사를 전한다.

2025년 3월
강건작

차례

서문 대한민국 군대를 생각한다 · 5

강군의 조건 1 **엄격한 정치적 중립** · 27

1. 군의 정치개입: 대한민국에 깊은 상처를 남기다 · 29
   대한민국 현대사의 3분의 1이 군사정권이었다 · 29 | 왜 군의 정치개입 수단으로 계엄령을 사용하는가 · 31

2. 군사 전문성: 정치개입이 전문성을 약화시키다 · 35
   군사 전문성, 민주주의, 정치 중립은 함께 성장했다 · 35 | 군의 정치개입은 국방력 약화를 불러온다 · 39 | 군 사조직이 사기와 전문성을 떨어뜨린다 · 43

3. 방첩사령부: 한국군의 경쟁력을 망치다 · 47
   방첩부대, 명칭을 바꾸어가며 권력의 친위부대로 존재하다 · 47 | 민간정부 출범 후에도 본질적 역기능은 지속되다 · 52 | 왜 한국군에만 쿠데타 방지부대가 있어야 하는가 · 56

4. 장군 인사제도: 장군의 무기력을 부추기다 · 59
   한국군의 전격적 장군 인사의 폐해는 무엇인가 · 59 | 검증과 안배를 중시한 인사가 우수 인재를 도태시키다 · 66

5. 문민통제: 민주주의 국가는 어떻게 군을 견제하는가 · 72
   영국은 의회 중심의 문민통제 시스템이다 · 73 | 프랑스는 대통령제 기반의 문민통제 시스템이다 · 74 | 독일은 정치적 균형을 맞춘 문민통제 시스템이다 · 76 | 미국은 의회와 대통령의 이중 문민통제 시스템이다

• 78 | 한국형 객관적 문민통제 시스템을 만들어야 한다 • 84

6. **한국적 문민통제: 헌법적 가치를 지키는 군을 만들자** • 87

순수 민간인 국방부 장관을 임명하자 • 87 | 정부 인력을 활용해 문민 우위의 틀을 강화하자 • 91 | 방첩사령부를 해체해 역사의 전설로 보내자 • 92 | 장군 보직 안정성을 위해 국회의 견제 기능을 확장하자 • 93 | 군 법무 기능을 강화해서 윤리와 법적 책임을 확립하자 • 95 | 한국적 '내적 지휘'로 군복 입은 시민을 만들자 • 98 | 제대로 개혁한다면 위기는 기회가 될 수 있다 • 105

강군의 조건 2 **전쟁할 수 있는 군대** • 109

1. **작전권 전환의 역사: 대한민국 안보의 역사다** • 111

전작권 전환 이슈는 진보와 보수를 떠난 안보의 문제다 • 111 | 1950년 한국전쟁 중 작전지휘권을 유엔사령부에 넘기다 • 113 | 1953년 반공포로 석방이 작전통제권 환수의 발목을 잡다 • 114 | 1960년대 한국군 작전통제권의 허용 범위가 변화하다 • 117 | 1970년대 닉슨 독트린으로 한반도 안보가 딜레마에 빠지다 • 119 | 1978년 작전통제권 행사하는 한미연합군사령부가 창설되다 • 124 | 1994년 평시작전통제권 환수로 평시와 전시가 이원화되다 • 126

2. **한국군 지휘체제: 복잡한 구조로 전쟁을 하기 어렵다** • 133

한국에는 미군이 주도하는 다양한 사령부가 있다 • 133 | 합동참모본부는 대한민국 군령의 최고기관이다 • 135 | 육해공군 본부는 군정을 책임지는 기관이다 • 137 | 작전사령부는 군령과 군정이 교차하는 기관이다 • 138 | 군정, 군령, 전시, 평시가 나뉘어 비효율적이다 • 140

3. **평시작전권 30년: 불완전한 체제가 문제를 누적시키다** • 148

전시와 평시로 나뉜 불완전한 체제가 30년이 넘었다 • 148 | '결전태세' '즉·강·끝'은 안정적 정전관리에 역행한다 • 149 | 평화를 위해서는 '의지'와 '절제'의 균형이 필요하다 • 155 | 한국군은 경계에만 몰입해 군대의 본질을 잃고 있다 • 164 | DMZ, GP, GOP, 민통선 등 누적된 경계에 소모되고 있다 • 167 | 9·19남북군사합의 무산으로 다시 경계 임무에 얽매이다 • 171

4. **국방개혁: 전쟁을 위탁하고 불완전한 변화를 추구하다** • 175

역대 정부에서는 어떻게 국방개혁과 전력을 증강해 왔는가 • 175 | 육해공군은 '싸우는 방법' 없이 무기 도입 경쟁에 몰입했다 • 180

5. 전쟁기획 능력: 전쟁할 수 있는 군대가 되어야 한다 • 187
한미연합사 체제가 한국을 방위하는 완전한 체제가 아니다 • 187 | 한반도 전쟁에 군사적 판단과 정치적 결정의 회색 지점이 있다 • 189 | 한국군의 독자적인 전쟁기획 능력을 갖추어야 한다 • 192

6. 미완의 군대: 외적 능력에 맞는 내적 역량을 구축하자 • 196
대한민국 군대는 외형적 능력을 이미 충분히 갖추었다 • 196 | 대한민국 장군들이 경계보다 전쟁에 관심을 가져야 한다 • 198

강군의 조건 3 일본군의 잔재 청산 • 203

1. 군 내 폭력: 군 내 폭력과 사적제재는 어디서 왔는가 • 205
군 내 만연한 사적제재가 임 병장과 윤 일병 사건을 낳았다 • 205 | 한국전쟁 때 즉결처분권이 극단적 폭력문화의 시작이다 • 207 | 한국군에 미국식 군법보다 일본식 관행이 지배했다 • 214 | 일본제국군과 만주군에는 즉결처분이 만연했다 • 217 | 일본군의 폭력문화가 한국군에 이어져 뿌리 내리다 • 219

2. 일본제국군: 역사에 없던 괴물군대가 만들어지다 • 223
1868~1945년 일본제국군은 어떻게 탄생했고 사라졌는가 • 223 | 메이지 유신이 괴물군대 일본제국군 탄생의 뿌리다 • 225 | 극단적 사무라이 정신이 일본제국군의 군대문화를 주도하다 • 226 | 일본 군사문화를 경험한 젊은이들이 한국군의 주역이 되다 • 230 | 서구 유럽의 군대에서는 군 내 폭력을 어떻게 극복했는가 • 232 | 군대 윤리와 올바른 군사문화는 전쟁 수행의 필수 조건이다 • 236

3. 민간인 살해: 국민을 지켜야 할 총으로 국민을 쏘다 • 242
일본군은 점령지 계엄령 '군율'로 민간인을 살해하다 • 243 | 1920년 간도 경신참변을 계기로 초토화작전에 눈뜨다 • 248 | 초토화작전 '삼광작전'으로 중국인을 지옥으로 내몰다 • 250 | 신생 대한민국 군대가 자기 국민에게 총부리를 겨누다 • 251 | 미군은 베트남전 미라이 학살을 어떻게 극복했는가 • 258 | 청산되지 못한 역사가 1980년 광주의 비극을 가져오다 • 262

4. 전쟁 윤리: 전쟁범죄는 어떤 경우에도 용납될 수 없다 • 265
   아픈 과거를 직시해야 현재를 바꿀 수 있다 • 265 | 전쟁범죄를 방지해
   야 제대로 싸울 수 있는 군대가 된다 • 267

강군의 조건 4 미래를 준비하는 군대 • 271

1. 냉정한 직시와 단절: 과거에서 배우고 미래를 위해 성찰하자 • 273
   누적된 문제를 해결해야 정상적인 군대가 될 수 있다 • 273 | 국민의 온
   전한 신뢰를 받아 미래로 나아가자 • 274

2. 대한민국 안보 현실: 만만치 않은 현상과 위기에 직면하다 • 276
   인구절벽은 대한민국 육군의 절대적 위기이다 • 276 | 한국 군대의 훈
   련 수준은 세계 최저수준이다 • 278 | 상비군과 예비군의 투자와 전력
   차이가 크다 • 281 | 인구 감소에 대비한 신뢰할 만한 대안이 없다 •
   284 | 대한민국은 모든 다양한 안보 위협에 대비해야 한다 • 287 | 한
   반도의 가장 큰 위협은 북한의 재래전 능력이다 • 289 | 북한의 핵과 미
   사일은 심각하고 절대적인 위협이다 • 292 | 기후와 지형의 변화를 제
   대로 읽어야 한다 • 295

3. 미래 안보 위협 대비: 제대로 준비해 진정한 강군이 되자 • 298
   전쟁의 스펙트럼에 맞추어 군 구조를 개편하자 • 298 | 병력 절약형 기
   동형 방어 개념으로 바꾸어야 한다 • 301 | 예비군을 상비군 수준으
   로 변신시켜야 한다 • 304 | 경계하는 군대에서 훈련에 몰입하는 군대
   로 바꾸자 • 307 | 한국형 재래식 핵 억지력 확보가 충분히 가능하다 •
   309

후기 30년간의 고민이 군 변화의 씨앗이 되기를 바란다 • 315

참고문헌 • 318

강군의 조건 1
엄격한 정치적 중립

1
군의 정치개입
: 대한민국에 깊은 상처를 남기다

대한민국 현대사의 3분의 1이 군사정권이었다

대한민국 군대의 정치화된 일부 세력은 두 차례 군사 정변을 통해 정권을 잡았다. 우리 현대사에서 군사정권이 지속된 기간은 무려 26년 9개월이다. 노태우 정부를 사실상 준 군사정권으로 본다면 무려 31년 9개월의 기간이다.

1960년 4·19 혁명으로 이승만 정부가 붕괴하고 내각제 개헌 이후 들어선 장면 내각은 민주주의 정부로 기대를 모았다. 그러나 정치 혼란과 경제 불안이 가중되고 내각 내부 갈등과 정책 실패로 국민의 신뢰를 잃어갔다. 한편 군 내 인사 적체로 젊은 장교들 사이에 불만이 증가했다. 또한 미군의 한국군 전문화 프로그램에 따라 미국 군사학교에 단기 유학을 다녀온 일부 장교들은 무능한 정부를 대신해서 군대가 중심이 돼 전쟁으로 피폐해진 국가를 재건해야 한다고 생각했다. 박정희 소장은 이런 부분을 파고들었다. 1961

년 5월 16일 새벽 박정희 소장을 중심으로 한 일련의 군부 세력은 서울 방위를 맡은 제6군관구 병력과 서울 인근의 30사단, 33사단, 해병 2사단 병력을 동원해 총리 숙소, KBS방송국, 서울시청 등을 전격 장악했다. 이어 윤보선 대통령에게 계엄령을 강제로 추인받아 전국에 비상계엄을 발령했다.

이후 군부 세력은 박정희를 중심으로 국가재건최고회의를 구성해 정부의 입법, 사법, 행정의 모든 기능을 장악했다. 국가재건최고회의는 헌법을 초월한 국가재건비상조치법을 스스로 제정해 존재 근거를 마련했다. 국가재건최고회의는 1963년 12월 17일 박정희 대통령이 취임할 때까지 1년 7개월간 존속하면서 대한민국 정부를 대신했다. 이 기간 전국에 계엄령이 지속돼 집회, 결사, 언론 활동이 통제됐다. 5·16군사정변으로 시작된 박정희 군사정부는 두 차례 헌법개정을 통해 집권을 연장했다. 1979년 10월 26일 박정희 대통령이 암살되기까지 18년 5개월간 지속됐다.

박정희 대통령의 암살로 정국이 불안했던 1979년 12월 12일 전두환 소장을 중심으로 한 신군부 세력은 군사반란을 통해 군대의 실권을 장악했다. 정부 내 주도권을 장악해가던 신군부 세력은 점증하는 국민의 민주화 요구를 잠재우기 위해 1980년 5월 17일 비상계엄을 전국으로 확대하면서 정권 장악에 나섰다. 국회를 해산하고 집회와 정치활동을 금지하면서 주요 정치인을 체포해 구금했다. 이에 반발해 광주에서 민주화 운동이 확대되자 계엄군을 투입해 참혹하게 진압했다. 5·18광주민주화운동을 무력 진압한 신군부 세력은 최규하 대통령을 10개월 만에 사임시키고 1980년 9월 1일 전두환을 대통령으로 선출해 권력장악을 공식화했다. 전두환 군사정부는 국민의 직접 투표로 선출된 노태우 정부가 공식 출범한 1988년 2월까지 7년 6개월간 지속됐다. 12·12군사반란부터 고려하면 신군부가 집권한 기간은 8년 4개월이다.

왜 군의 정치개입 수단으로 계엄령을 사용하는가

계엄은 국가비상사태에서 공공의 안녕과 질서를 유지하기 위해 대통령이 선포하는 특별 조치로 비상계엄과 경비계엄으로 구분된다.

비상계엄은 전시, 사변, 또는 그에 준하는 국가비상사태에서 적과 교전 상태에 있거나 사회질서가 극도로 교란돼 행정과 사법 기능 수행이 현저히 곤란한 경우 대통령이 선포한다. 비상계엄이 선포되면 군대는 치안 유지뿐만 아니라 행정과 사법 기능까지 담당할 수 있다. 경비계엄은 전시, 사변, 또는 그에 준하는 국가비상사태에서 사회질서가 교란돼 일반 행정기관만으로는 치안을 확보할 수 없는 경우 대통령이 선포한다. 비상계엄은 국가의 기능이 사실상 정지된 상황에서 선포된다. 반면 경비계엄은 경찰력을 보조하는 조치로 군대는 치안 유지에만 관여한다. 한국군은 대한민국 정부 수립 이후 여러 차례 발령된 계엄령에 따라 국내 치안 유지 목적으로 계엄 임무를 수행했다.

정부 수립 이후 지금까지 발령된 계엄령은 12·3 비상계엄까지 대략 17회다. 이 중에 최소 세 차례는 군이 정치개입을 위해 능동적으로 계엄령 발령을 주도했다. 통치권자가 자신의 정치적 입지를 강화하기 위해 군을 이용한 사례도 12·3 비상계엄까지 모두 세 차례였다.

대한민국의 계엄 발령

	발령	해제	종류	비고
1	1948. 10. 21	1949. 02. 05	계엄	여수·순천 사건
2	1948. 11. 17	1948. 12. 31	계엄	제주 4·3사건
3	1950. 07. 08	1950. 11. 10	비상계엄	한국전쟁 발발

	발령	해제	종류	비고
4	1950. 11. 10	1950. 12. 06	경비계엄	전쟁 상황에 따라 조정
5	1950. 12. 07	1951. 04. 10	비상계엄	전쟁 상황에 따라 조정
6	1951. 04. 08	1952. 04. 07	경비계엄	전쟁 상황에 따라 조정
7	1951. 12. 01	1952. 04. 07	비상계엄	전쟁 상황에 따라 조정
8	1952. 05. 25	1952. 07. 28	비상계엄	부산 정치파동
9	1960. 04. 19	1960. 04. 28	비상계엄	4·19 혁명
10	1960. 04. 28	1960. 07. 15	경비계엄	4·19 혁명
11	1961. 05. 16	1961. 05. 27	비상계엄	5·16쿠데타
12	1961. 05. 27	1962. 12. 07	경비계엄	5·16쿠데타
13	1964. 06. 03	1964. 07. 29	비상계엄	한일회담 반대 시위
14	1972. 10. 17	1972. 12. 13	비상계엄	유신체제 선포
15	1979. 10. 18	1979. 10. 27	비상계엄	부산·마산 민주항쟁
16	1979. 10. 26	1981. 01. 24	비상계엄	박정희 대통령 암살
-	1980. 05. 17	1981. 01. 24	비상계엄	비상계엄 전국 확대
17	2024. 12. 03	2024. 12. 03	비상계엄	국정 혼란? / 총 6시간

*회색바탕은 군의 정치개입 또는 군이 정치에 이용된 사례

왜 쿠데타 세력과 권위적 통치자는 군의 정치개입에서 계엄령을 중요 수단으로 사용하는 것일까? 그것은 계엄령을 통해서만 군대가 경찰권을 온전히 대신할 수 있고 비상계엄 시에는 행정과 사법 기능까지 장악할 수 있기 때문이다.

대한민국 헌법과 법률은 군대에 의한 민간인 통제를 엄격히 제한하고 있다. 평상시 민간인에 대한 치안 유지는 경찰이 전담한다. 군대가 민간인을 통제할 수 있는 경우는 계엄법, 통합방위법, 군사시설 보호법에 근거한 경우다. 군인은 통합방위법에 따라 적의 침투나 무력 공격 등의 이유로 통합방위사태가 발령된 지역이나 군사시설 보호법에 따라 지정된 군사시설 보호구역에 한해 민간인의 이동을 통제하거나 경찰과 협력해 검문 검색을 할 수 있다. 또는 현장에서 확인된 위법 행위자를 제지할 수 있다. 그러나 이러한 경우에도 고유의 경찰권을 대신할 수는 없다. 경찰과 협력하는 것이

필수다.

대한민국 헌법과 법률에 따라 군대가 경찰권을 온전히 대신하거나 국민의 기본권을 제한할 수 있는 확실한 근거는 계엄령밖에 없다. 더구나 비상계엄이 발령되면 군사법원이 사법 기능을 대신한다. 민간인도 일반 형법보다 더 무거운 군법을 적용할 수 있는 것이다.

12·3 비상계엄 사태를 두고 "비상계엄은 대통령이 취한 고도의 통치 행위"라는 이해하지 못할 이야기를 하는 사람들이 있다. 중령 시절 사단의 작전참모를 하면서 합참 계엄과와 함께 '계엄 세미나'를 개최한 일이 있다. 당시 세미나 내용이 모두 기억나는 것은 아니다. 다만 계엄 관련 법령과 계획을 세부적으로 살펴보면서 계엄은 전쟁이 일어났을 때 군사작전 지원 수단으로 존재한다는 것을 알 수 있었다. 대통령이 계엄령을 발령하더라도 국회가 즉각 해제할 수 있다는 것과 헌법 기능을 정지할 수 없다는 것 등 과거 정치 수단으로 사용하던 계엄령은 지나간 역사의 유산이라고 생각해 안심했다.

다만 군사적으로는 전쟁이 일어나면 생길 수 있는 혼란과 무질서를 최소화하고 적의 유언비어로 인한 분란전 시도를 차단하면서 군사작전에 미칠 부정적 요인을 줄이는 수단으로 계엄령이 유효할 수 있겠다고 생각했다. 여기에 딜레마가 있다. 전쟁이 일어났을 때 군사작전에 집중해야 하는 군대가 계엄업무까지 주도하자면 전투력을 분산하지 않을 수 없다. 세미나에서 얻은 결론은 적의 침략으로 행정 기능, 사법 기능, 경찰력이 작동되지 않는 지역에는 군이 이들 기능을 대신할 수밖에 없지만 정부 기능을 가능한 조기에 회복해야 한다. 정부 기능이 작동하면 정부 기능을 군사작전에 부합하도록 조정하면서 계엄업무에 군 병력 투입을 최소화하는 것이다. 따라서 전쟁 시에도 계엄은 부차적 수단으로 사용해야 한다는 것이었다. 어떤 경우에도 헌법기관과 입법 기능은 보호해야 할 대상이지 제한할 이유가 없는 것이다.

실제 한국전쟁 시 1년이 넘도록 비상계엄이 발령됐다. 하지만 적과 전투해야 하는 군대가 계엄군이 돼 정상적으로 기능을 발휘하는 국가기관을 장악한 경우는 없었다. 수복지역이나 점령지역에서 정부 기관이 제대로 역할을 하지 못할 때 한시적으로 군이 치안을 유지하다가 정부 기능이 작동하면 즉각 위임하고 군사작전에 집중했다. 계엄령은 이렇게 사용하는 수단이다.

군의 거의 모든 훈련에서 계엄업무는 기본적인 훈련 과제다. 나는 사단장, 군단장 등 지휘관을 하면서 계엄은 군사작전의 부수적 수단이라는 관점에서 참모들을 지도했다. 참모들이 계엄 관련 법과 절차에 함몰돼 정작 집중해야 할 핵심인 군사작전을 놓치지 않도록 하는 것이 중요했다. 적에게 승리해야 계엄이든 정부 이양이든 가능한 것이다.

12·3 비상계엄 사태에서 군 지휘관들이 계엄업무를 몰랐다고 하는 이야기를 들으면서 실망스럽고 부끄러웠다. 장군이 되기까지 수십 년씩 군 생활을 했을 텐데 기본임무라 할 계엄을 들여다보지 않았다는 것은 이해할 수 없었다. 또한 일각에서 계엄령을 고도의 정치 행위라고 운운하는 것은 계엄을 정치 수단으로 사용해놓고 그 책임을 회피하고자 하는 언어적 유희에 불과하다.

2
군사 전문성
: 정치개입이 전문성을 약화시키다

군사 전문성, 민주주의, 정치 중립은 함께 성장했다

오랜 군사정부 기간이나 반복된 정치적 계엄이 우리 경제발전에 얼마나 도움이 됐는지, 또는 우리 사회의 민주화에 얼마나 역행했는지는 논외로 하고 싶다. 그에 대해서는 수많은 담론이 형성돼 있다. 다만 군대 내 내부 역량, 즉 장교들의 군사 전문성 향상에 어떤 영향을 주었는지는 생각해볼 필요가 있다.

직업군인인 장교 집단은 19세기 유럽 근대사회가 만든 독특한 역사적 산물이다. 장교가 일반인과 구별될 만큼 특수한 전문기술을 습득하게 된 것은 나폴레옹 전쟁이 계기가 됐다. 나폴레옹 전쟁을 계기로 군사 전문기술에 내재한 여러 가지 기준, 가치, 조직적 특성 등이 발전하기 시작했다. 전문직업적 특성을 가진 장교단이 형성된 정확한 날짜를 특정할 수는 없지만 1800년 이전에는 존재하지 않았다. 1890년에는 직업 장교단이 유럽의 거의 모든 국가에 존재하고 있었다.

　18세기 말 프랑스 혁명을 계기로 프랑스에서 국민개병제에 기반한 국민군대가 탄생했다. 국민개병제는 평민과 귀족 구분 없이 모든 국민이 병역 의무를 지고 국가의 징병 요구에 부응하는 제도다. 다른 유럽 국가들은 국민개병제에 기초한 나폴레옹의 동원 능력에 자극받아 점진적으로 전환했다. 1807년 프로이센은 프랑스에 이어 군사개혁을 통해 국민개병제 도입에 성공했다. 19세기 후반에 이르러 영국을 제외한 대부분의 유럽 주요 국가들이 국민개병제를 기반한 징병제를 시행했다.

　문제는 국민개병제만으로 대규모 군대의 군사능력을 제대로 키울 수 없었다. 당시 유럽 군대의 장교는 귀족의 전유물이었다. 국민개병제로 인한 군대 규모의 급격한 확장과 산업혁명과 함께 이뤄진 무기체계의 급격한 발달 등에 맞춰 군사능력을 가진 직업적 전문집단이 필요했다. 귀족 장교단만으로는 이러한 변화에 호응할 수 없었다. 프로이센은 군 전문직업주의의 선구자였다. 1807년 국민개병제로 전환한 그해 8월에 군 전문직업주의 정책 지침을 담은 '장교 임용 포고령'을 발표했다.

　"장교 임용 포고령에 필요한 유자격은 평화 시에는 교육과 전문적 지식이고 전시에는 용기와 훌륭한 지각력이어야 한다. 따라서 전국의 어느 누구라도 이러한 자질을 구비한 자는 군대의 최고직을 차지할 자격이 있다. 과거 군대의 모든 계급적 특권은 철폐되며 모든 사람은 신분에 구애됨 없이 평등한 의무와 평등한 권리를 갖는다."

　프로이센이 신분을 구분하지 않는 직업 장교단을 만들겠다는 결론에 도달하게 된 것은 1806년 '예나-아우어슈테트 전투Battle of Jena-Auerstedt'에서 나폴레옹 군에게 당한 결정적 패배에 크게 자극

받은 것이 계기였다. 그러나 그 이전 10년 이상 게르하르트 폰 샤른호르스트Gerhard von Scharnhorst와 아우구스트 폰 그나이제나우August von Gneisenau 등 군사 이론가들을 중심으로 사상, 토론, 저술 활동이 이어졌고 1807년 혁신적인 군제개혁은 그 축적의 산물이기도 했다.

19세기 유럽은 국가 간 치열한 경쟁으로 전쟁에서의 패배는 국가 존망으로 이어진다는 강박감이 지배하고 있었다. 프로이센의 직업 장교단은 '군사적 안보'만을 전담하는 전문 직업 집단이었다. 이후 프로이센은 여러 전쟁에서 두각을 나타냈다. 1807년 프로이센, 1815년 프랑스, 1856년 영국이 직업 장교단을 만들었고 19세기 말에 이르러 군 전문직업주의가 전 유럽으로 확산했다.

한편 18세기 계몽주의 사상의 영향으로 1776년 미국 독립혁명과 1789년 프랑스 혁명이 일어났다. 특히 프랑스 혁명은 시민계급의 성장과 함께 유럽에 민주주의 요구를 촉발하는 계기가 됐다. 19세기에 이르러 유럽 전역에 민주주의 제도가 점진적으로 확산하며 군 전문직업주의를 가속하는 역할을 했다. 민주주의와 군 전문직업주의는 서로 깊은 영향을 미치며 긴밀히 연결돼 발전했다. 민주주의가 확산하면서 군대는 전통적인 왕실과 귀족의 도구에서 벗어나 국민 전체를 대표하는 조직으로 변화했다. 이는 군대의 성격을 근본적으로 바꿔 민주적 통제 아래에서 정치적 중립성과 책임성을 요구하게 됐다. 군 전문직업주의는 이러한 변화 속에서 군인의 역할을 정치와 분리하고 전문성을 강화하며 민주주의 체제의 안정을 뒷받침하는 중요한 요소로 자리 잡았다.

민주주의가 성장함에 따라 군대는 국가와 국민을 보호하기 위한 전문 조직으로 재편됐다. 민주주의 체제에서는 군대가 민간 정부의 통제 아래에서만 작동해야 하며 정치적 중립성을 엄격히 지켜야 한다는 원칙이 확립됐다. 민주주의는 군대가 국민의 군대로 기능하도록 이끌었고 군 전문직업주의는 민주주의 체제의 안정을 유지하는 데 기여했다.

군 전문직업주의는 군대의 전문성을 강화하고 군인이 군사 업무에만 집중하도록 하는 체제다. 직업군인은 전문적인 훈련과 교육을 통해 군사 기술과 전략을 발전시키며 국가안보를 책임지는 핵심 역할을 맡는다. 민주주의 국가에서 군 전문직업주의는 군대의 정치적 중립성을 유지하는 데 기여하며 국민의 신뢰를 얻기 위한 윤리적 기준과 행동 규범을 만들어냈다.

민주주의와 군 전문직업주의는 상호보완적인 관계를 형성하고 있다. 민주주의는 군대에 대해 국민의 감시와 통제를 요구하며 이를 통해 군대의 책임성을 강화한다. 군 전문직업주의는 군대가 전문성을 바탕으로 정치 안정과 국가안보를 제공함으로써 민주주의 체제를 보호하는 역할을 한다. 그러나 이러한 관계는 항상 긴장을 내포한다. 군대가 과도한 권력을 가지게 되면 민주주의를 위협할 수 있으며 군사 쿠데타와 군국주의로 이어질 위험이 있다.

1930년대 들어 주요 국가에서 군의 정치참여가 두드러진 사건들이 발생했다. 1936년 스페인의 군사 엘리트였던 프란시스코 프랑코Francisco Franco는 반공주의와 보수적 이념을 내세우며 반란을 일으켰다. 3년간의 내전에서 승리를 거둔 그는 군사 독재 정부를 수립했다. 독일은 국방군이 나치당과 협력하며 민주주의를 약화시켰다. 1934년 히틀러는 군부 엘리트와 협정을 맺어 권력을 공고히 했고 군부는 히틀러에게 충성을 맹세했다. 히틀러의 개인 군대가 된 독일 국방군은 제2차 세계대전에 휩쓸려 결국 패망의 길을 걸을 수밖에 없었다. 1930년대 일본 군부는 정치에 개입하며 침략적 외교정책과 군국주의를 강화했다. 만주사변(1931), 2·26사건(1936)을 통해 민간 정부의 통제를 약화시키고 군부가 주도하는 정책으로 국가를 지배했다. 군부의 독단적 결정으로 태평양전쟁이 발발했고 일본은 1945년 제2차 세계대전에서 결정적 패배에 이르게 됐다.

이렇게 군부의 정치개입이 현실화되자 민주주의 체제에서는 민간 통제와 군사 예산 감시를 강화하며 군의 정치개입을 방지하고자 노력했다. 오랜 기간 군 전문직업주의를 정착시킨 미국, 영국, 프랑스 등은 각종 법률과 제도로 군의 정치개입을 차단하고 정치적 중립을 견지했다. 군 정치개입의 폐해를 경험한 독일, 일본, 스페인, 포르투갈은 헌법에 군의 정치적 중립과 군인의 정치개입을 금지하는 조항을 넣었다.

군의 정치개입은 국방력 약화를 불러온다

군이 정치에 직접 개입할 경우 군 전문직업주의가 훼손되고 군사 전문성이라는 고유한 기능이 약해지는 현상으로 이어졌다. 군사정부가 군대의 군사 전문성 향상에 부정적인 영향을 미친 사례는 여러 나라에서 나타났다. 아프리카의 리비아·짐바브웨·우간다, 중동의 이라크·시리아, 남아메리카의 아르헨티나·칠레, 동남아시아의 미얀마 등 1960년대 이후 쿠데타로 등장한 군사정부의 장기집권으로 군대 자체의 내부 역량이 현저하게 약해졌다.

일반적으로 군사정부는 군사적 통치와 정치적 권력 유지에 초점을 둔다. 군대 본연의 역할인 국방력 강화와 전문성 향상이 후순위로 밀리거나 왜곡되는 경향을 보인다. 또한 자신들이 가진 권력의 가장 큰 위협을 군대 자체로 보기도 한다. 따라서 군대의 역량을 의도적으로 약화시키고 민간 정부보다 더 견제하고 감시하려는 속성이 나타나기도 한다. 두말할 것도 없이 군사 전문성이 약해진 군대는 외부의 군사적 위협이나 국가안보 위기 상황에 효과적으로 대응하기 어렵다. 군사정권이 군대의 전문성을 약화시키는 요인을 구체적으로 열거해보면 다음과 같다.

첫째, 군사정부는 군대를 정치 수단으로 활용하므로 군 내부에 정치적 파벌과 사조직이 형성될 가능성이 크다. 군의 정치화로 전문성이 훼손되고 군 내부의 단결과 신뢰가 약해진다.

둘째, 군사정부는 군사적 전문성보다 정권에 대한 충성도를 인사 승진의 주요 기준으로 삼는 경우가 많다. 정치적 목적에 치중한 인사정책은 유능한 군사 지도자의 성장을 저해하고 군사 리더십의 질적 저하를 가져온다. 결과적으로 유능한 군사 인재가 배제됨에 따라 군의 지휘 체계가 흔들리고 작전 수행 능력이 떨어진다.

셋째, 군사정부는 군대 내 자신들과 같은 제2의 정치군인 집단이 생기는 것을 극히 경계한다. 군대를 감시하고 더 강력히 통제하려는 속성을 보인다. 군대 고유의 역량이 강화되는 것을 견제하는 경향이 있다.

넷째, 군사정부는 군사 예산과 자원을 국방력 강화보다는 국내 치안 유지와 정치적 탄압에 우선으로 투입한다. 군 병력을 동원해 정치적 반대 세력을 탄압하거나 반대 진영의 쿠데타 진압과 같은 내부적 목적으로 사용하는 데 운용한다.

다섯째, 군사 전문성 향상을 위해 필요한 첨단 무기 개발, 장기적 군사 연구, 훈련 프로그램 등이 뒷전으로 밀린다. 군사정부는 정치적 안정에 필요한 단기적 군사력 유지에 집중하기 때문에 군의 장기적 발전이 저해되는 경향이 있다.

여섯째, 군사정부는 군사훈련을 본래의 전투 준비 목적보다는 정권 홍보와 군대의 정치적 충성을 과시하는 데 활용한다. 대규모 열병식이나 정치 행사에 동원하기 위한 훈련을 중요시한다.

일곱째, 군 병력과 자원이 국내 치안 유지에 집중되면서 본격적인 국방 훈련과 전투 준비 시간이 부족해진다. 이에 따라 실전 상황에서 전투 수행 능력이 저하될 가능성이 커진다.

여덟째, 군사정부는 군대의 정치적 중립성을 훼손해 군사 윤리를 약화시킨다. 군이 정치권력을 유지하는 도구로 간주됨에 따라 사명감이 약해지고 도덕적 기준이 낮아진다. 이는 군 내부의 사기를 저하할 뿐만 아니라 군에 대한 국민의 신뢰도 떨어뜨린다.

아홉째, 군사정부는 국제 사회에서 신뢰를 얻기 어려워 첨단 기술 교류와 국제적 군사 협력이 제한될 가능성이 크다. 특히 민주주의 국가와의 군사적 관계가 약해진다. 군사 전문성 향상을 위한 연구개발 투자 부족으로 첨단 기술 도입이 지연되고 군사 현대화가 늦어진다.

해외 사례에서 확인되는 군사정부의 군에 대한 부정적 영향 요인이 우리의 과거 군사정부 역사에 그대로 투영됐다고 하기에는 더 연구가 필요하다. 박정희 정권에서 1970년대부터 시작한 자주국방 노력으로 한국의 방위산업 기초가 마련됐다는 증거는 많다. 박정희 정부는 1970년 국방과학연구소를 설립하고 율곡사업 등 한국군 현대화 계획을 수립하고 추진했다. 물론 자주국방 정책이 미국의 주한미군 철수 정책에 대응한 불가피한 선택이었다는 평가도 있다. 박정희 정부 말기에 미국의 주한미군 철수 정책을 연합사령부 창설로 전환해 국방을 안정화한 것을 큰 성과로 보기도 한다. 전두환 정권은 박정희 정부의 율곡사업을 이어받아 K-1 전차와 K-55 자주포를 독자 개발했고 KF-16 전투기와 한국형 잠수함 도입을 추진했다. 반면에 미국의 견제에 굴복해 국방과학연구소 인원 3분의 2를 강제 퇴직시키고 국방 연구개발비를 크게 줄이는 등 자주국방을 약화시키고 미사일 개발을 지연했다는 평가도 받는다.

그럼에도 30년의 군사정권 시절에 외형적으로 한국군의 현대화가 이뤄진 것은 분명한 사실이다. 정통성이 약한 군사정권의 특성상 미국의 대외정책 변화에 적응하면서 북한과의 경쟁 속에서 국민에게 가시적 성과를 보여야 한다는 압박도 분명히 작용했을 것이다. 이러한 부분은 한국 군사정부와 외국 사례와의 차이점일 수 있다.

반면 군사정부 시절 군의 내부 역량이 함께 성장했다고 볼 수 있는 증거는 많지 않다. 군사정부 기간에 군 수뇌부에 대한 인사가 쿠데타에 동조한 세력과 통치자 개인에게 충성한 사람, 그리고 친연관계를 중심으로 이뤄진 사례는 많다. 예를 들어 박정희 정부 때 군의 가장 요직이라 할 수 있는 육군참모총장의 경우 22대 정승화 장군을 제외하고 전원 구 일본군 출신이었다. 이들은 박정희 대통령과 군사 경력을 공유하면서 5·16군사정변에 동조했거나 유신체제 구축에 핵심 역할을 한 인사들이다. 이러한 경향은 군 내 충성 경쟁을 불러일으켜 군사 전문성을 지향하는 군대와 멀어지게 됐다. 또한 군 우수 인재들은 대부분 군사정부의 요직을 맡아 외부로 유출돼 상대적으로 군의 내부 역량은 약해지는 결과로 이어졌다.

전두환 정부 육군참모총장들은 전원 12·12군사반란에 직접 참여한 인물들이었다. 이어진 노태우 정부의 육군참모총장은 전원 하나회 출신 장군들의 몫이었다. 역대 한국 군사정부의 정치적으로 편중된 군 인사는 군의 정치적 편향성을 증대시키고 동시에 군사 전문성 향상에 대한 군인들의 동기를 크게 약화시키는 요인이 됐다.

다만 박정희 정부의 군사 엘리트들은 한국전쟁과 베트남전을 직접 겪은 인재가 많았다. 두 전쟁에서의 실전 경험은 군사정부 기간에도 군사 전문성이 가시적으로 후퇴하지 않게 한 중요한 요인이었다. 베트남전에서 활약한 채명신 장군은 이러한 여건에서 나타난 특출한 인물이라 볼 수 있다. 그는 한국전쟁 시 백골병단이라는 게릴라 부대를 지휘하는 등 비정규전에 대한 경험이 풍부했다. 그의 이러한 전투 경험이 베트남전의 비정규전 양상에 탁월한 성과로 나타났을 수 있다.

그러나 두 전쟁의 참전 경험만으로 급격히 변화하는 내외부 안보 환경에 대응해 군사 전문성이 더 높아지는 동력으로 작용하기에는 분명한 한계가 있었다.

군 사조직이 사기와 전문성을 떨어뜨린다

한편 박정희 정부 때 군 내에 대표적인 사조직이 만들어졌다. 1960년대 중반 전두환, 노태우 등 육사 11기를 중심으로 결성된 '하나회'는 군사정부에서 자신들의 영향력을 키우기 위한 정치적 목적의 결사체였다. 조직결성의 중요한 목적이 정치적 야망 실현이었다. 결국 1979년 12·12군사반란을 주도해 정권을 찬탈했다. 정규 4년제 육사 출신만으로 구성된 하나회는 조직의 역량을 강화하기 위해 육사 출신 중에 비교적 성적이 우수하고 리더십 등 능력을 갖춘 인물을 엄선해 회원으로 받아들였다. 이는 군사 엘리트를 양성하기 위해 만든 육군사관학교의 가장 우수한 그룹의 인재들이 가장 정치화되고 자신들의 집단이익에만 충성하는 결과를 만들고 말았다. 수십 년간 군 내 요직을 독식한 하나회의 출현은 하나회가 아닌 장교들의 상실감을 키워 결과적으로 군의 단결과 사기를 크게 떨어뜨리는 요인이 됐다. 일부 장교들은 12·12군사반란을 계기로 정권을 잡은 하나회가 더 이상 조직을 확대하지 않는 것을 보고 '알자회'라는 사조직을 만들었다. 10년 가까이 규모를 확대해온 알자회는 1990년대 초에 그 실체가 드러나 해체됐다.

군사정부 기간에 등장한 대표적인 사조직들은 한국 군대의 핵심 인재들이 얼마나 정치 편향적이고 집단이익에 쉽게 전도됐는지를 방증한다. 이러한 상황에서 군 전문직업주의, 군사 전문성 향상이 군의 관심에서 멀어진 것은 어쩌면 당연한 것이었다. 통치자에 대한 충성경쟁을 도외시하면서 군사 전문성만 인정받아 진급하기는 어려운 분위기였다. 혹 그런 인재가 있다고 하더라도 군에서 고위직에 진출하는 것은 불가능에 가까운 일이었다.

군사정부가 종식되고 군 내 사조직이 완벽히 제거된 것은 김영삼 정부가 출범한 이후였다. 김영삼 대통령은 취임한 지 11일 만인 1993년 3월 8일 하나회 출신의 육군참모총장과 기무사령관을 전격 해임하면서 하나회 숙청을 시작했다. 이어 하나회 소속 특전사령관, 수방사령관, 군단장과 사단장을 보직에서 해임했다. 나아가 하나회 소속 영관급 장교들도 군 내 진출을 좌절시켰다. 30년 넘도록 한국군을 지배했던 대표적인 정치장교 집단이 제거된 것이다. 김영삼 정부의 하나회 제거는 군이 현실 정치에 관심을 버리고 본연의 역할로 돌아가는 출발점이 됐다. 그 후 30년간 군의 탈정치화는 중요한 정치적 주제 중 하나였다. 그러나 군 내 깊숙이 새겨진 정치화의 상처가 아물고 또 군 내 군사 전문성을 위한 혁신의 물결이 스스로 일어나기에는 부족했다.

나는 1990년대 중반 대위 계급으로 대령이 지휘하는 부대의 참모로 있었다. 김영삼 정부가 중반으로 접어들어 군 분위기도 상당히 안정됐다. 한번은 상급사령부에서 대령급 지휘관을 대상으로 전쟁 발발 시 지휘관으로서 적의 구체적인 공격 양상을 예상해보고 어떻게 싸울 것인지에 대한 복안을 문서로 적어 내도록 했다. 사령관이 직접 읽고 대령급 지휘관들의 작전 수준을 평가하겠다는 것이었다. 우리 부대 지휘관의 작전복안서 작성은 내 몫이었다. 나는 지휘관으로부터 어떠한 지침도 받지 않은 채 군사 지식과 상상력을 발휘해 성심껏 문서를 만들었다. 지휘관은 내가 작성한 문서를 훑어본 다음 한 글자의 수정도 없이 그대로 사령부로 보내라고 지시했다. 내 작전복안서는 당당히 1등을 차지했다. 대위가 작성한 작전복안서가 수십 명의 대령들의 것을 넘어선 것이다. 어쩌면 다른 부대도 참모들이 작성했는지도 모를 일이었다. 그만큼 한국군 고급장교들의 군사 전문성에 한계가 있었다. 하지만 나는 이후 지휘관에게 크게 질책당했다. 지휘관이 사령부에서 1등을 했다는 소리에 그 문서를 다시 자세히 읽어보니 오탈자가 많아 그 문서를 보신 사령관에게 미안하셨단다. 내 지휘관을 욕보일 마음은 전혀 없다. 내가 만난 상급자 중에서 각별히 카리스마 넘치고 자기 절제력이 강하면서 현명한 지휘를 많이 한 분으로 무난히 장군 진급에 성공했다.

그분이 하신 이야기 중에서 기억에 남는 것이 있다. 하나회가 사라지고 나서 대령급 장교들이 모이면 골프나 정치 이야기보다 전술, 전략 등 군사 관련 이야기를 많이 하기 시작했다는 것이었다.

2003년 4월 남재준 대장이 육군참모총장으로 취임하면서 군 내부 분위기의 건전성이 크게 개선됐다. 그는 군인의 도덕성 확립, 장군단의 윤리의식 개선으로 대표되는 장교단 정신혁명운동을 통해 부정과 비리 등을 일소하는 데 큰 역할을 했다. 그의 기준에 벗어나는 군인은 지위 고하를 막론하고 책임을 물었다. 내가 초급장교 시절 장교들 사이의 만연화된 도박 분위기가 남재준 총장 이후 싹 사라진 것은 우연이 아니었다. 남재준 총장의 타협 없는 성품으로 육군은 도덕성 높은 집단으로 거듭날 수 있었다. 육군의 변화는 다른 군을 자극해 군 전체 분위기가 바뀌는 선순환을 일으켰다. 그러나 군사 전문성에 관한 관심 전환은 약간 다른 문제였다.

남재준 총장은 영관 시절 전두환 대통령을 공개적으로 비판했고 불이익을 많이 받았다고 알려져 있다. 군사정부 시절 보기 드물게 소신 있는 장교였던 것은 분명해 보인다. 그렇지만 그가 소신만큼 높은 군사 전문성을 갖췄는지는 확실치 않다. 내가 소령 시절에 남재준 총장의 지시로 시작된 '전술'이라는 교범 작업에 참여한 일이 있었다. 아마 그분도 군 내에 군사 전문성에 관한 관심을 높이는 것도 중요하다고 여겼을 것이다. 육군대학과 교육사령부에서 몇 달씩 연구와 토론을 한 끝에 초안을 완성하고 나서 육군참모총장을 모시고 교범 발간을 위한 세미나를 진행했다. 그러나 세미나 동안 총장의 군사적 혜안이 담긴 지침을 듣지 못했다. 연구진의 노고에 대한 과분한 칭찬은 기억에 남는다.

30년 가까이 두 번의 군사정부를 거치면서 한국군 장교단은 정치적 변화에 민감한 집단이 됐다. 그 결과 정작 군이 집중해야 할 군사 전문성은 정체하거나 점차 퇴보하고 말았다. 군사정부는 종식됐지만 상실된 군사 전문성이 되살아나기에는 한계가 있었다.

3
방첩사령부
: 한국군의 경쟁력을 망치다

방첩부대, 명칭을 바꾸어가며 권력의 친위부대로 존재하다

12·3 비상계엄 사태에 주도적으로 참여한 부대 중 하나는 국군 방첩사령부다. 방첩사령부는 1948년 5월 군사정보 유출을 방지하는 방첩을 주 임무로 해 조선경비대 정보처 특별조사과로 출발했다. 미 24사단의 방첩부서인 CIC_{Counter Intelligence Corps}를 모델로 한 것이었다. 1949년 육군본부 정보국 방첩대로 개편됐다가 1950년 10월 육군본부 직할 특무부대로 창설됐다. 특무부대는 여수·순천 사건 이후 군 내 공산주의자를 색출하는 숙군작업을 주도했다. 이 과정에 두각을 나타낸 사람이 김창룡 중령이었다. 김창룡 중령의 활약에 주목한 이승만 대통령은 1949년 10월경부터 김창룡의 독대 보고를 받았다. 이후 김창룡이 부대장으로 취임하면서 특무부대는 이승만 대통령에게 충성하는 개인 친위부대가 됐다. 김창룡이 1949년 백범 김구 선생 암살과 1952년 부산 정치파동의 이

유가 된 금정산 공비 출현 등 여러 정치공작의 배후로 강력히 의심되는 것은 이러한 편향된 정치 행보 때문이다. 아무튼 이승만 정권의 특무부대는 군 내 반발 세력을 감시하고 정권을 옹위하면서 역성 쿠데타를 방지하는 특별 부대가 됐다. 이승만 대통령은 특무부대를 통해 군의 세부 동향을 파악했다. 그걸 활용해 파벌을 일부러 조성했으며 파벌 간 알력과 경쟁을 부추겨 특정 파벌이 자신에 대한 위협 세력으로 성장하는 것을 차단했다. 특무부대는 1956년 김창룡 부대장의 암살 사건으로 위축되는 듯했다. 그러나 이승만 정부 마지막까지 군 내 동향을 파악하는 대통령 친위부대로서 역할에 충실했다.

육군 특무부대는 1960년 4·19 혁명을 계기로 부대 명칭을 육군 방첩부대로 개칭했다. 이승만 정권이 종식되고 민주정권이 들어서자 방첩이라는 부대 본연의 임무에 충실하겠다는 의지를 반영한 명칭 변경이었다. 그러나 5·16군사정변으로 군사정부가 집권하면서 다시 군 내 감시와 사찰 역할이 강화됐다. 군사 쿠데타로 정권을 잡은 박정희 정부의 가장 큰 위협은 또 다른 군사 쿠데타였다. 군사정부는 군 내 제2의 쿠데타 움직임을 원천 차단해야 했기에 방첩부대의 역할이 중요했다. 박정희 대통령은 이승만 대통령과 똑같은 이유로 방첩부대를 친위부대로 활용했다. 정기적으로 방첩부대장의 독대 보고를 받고 방첩부대에서 만든 인사자료를 중요하게 참고해 군 인사를 시행하는 시스템이 정착됐다. 당연히 군 내에 방첩부대의 영향력이 커졌다.

군 내부의 쿠데타 움직임을 감시하고 방지하는 기능 자체는 문제가 아니라고 보는 시각도 있다. 김창룡 특무대장이 일본 패망의 궁극적 원인을 군인정치와 군국주의로 보았다는 증언이 있다. 그 말이 사실이라면 그가 민간 정부인 이승만 정권을 위해 군 내부의 쿠데타 움직임을 감시하고 방지하기 위해 노력한 나름의 이유가 있었다고 볼 수 있다. 반면 박정희 장군은 1950년대 말부터 군부 정치를 꿈꿨다는 증언이 많다. 1930년대 일본에서 군부 쿠데타를 시도한 황도파 장교들을 우국충정을 가진 군인의 모델로 보았다는 것이다.

일본은 1930년대 경제 혼란과 대공황의 여파로 군부의 영향력이 급격히 커졌다. 1929년에 발발한 세계 대공황으로 일본 경제는 심각한 타격을 입었고 실업률이 급증하며 농촌과 도시 모두 위기를 겪었다. 이러한 혼란 속에서 군부는 민간 정부가 경제 문제를 해결하지 못하고 있다고 비판하며 강력한 지도력을 요구했다.

당시 군부는 내부적으로 황도파와 통제파로 나뉘어 있었다. 특히 황도파는 천황 중심의 이상적인 국가를 건설하려는 열망이 강했다. 이들은 부패한 정치와 자본주의를 타파하고 일본을 군사적으로 재편하려는 목표를 가졌다. 이런 배경에서 1932년 5·15사건과 1936년 2·26사건 같은 쿠데타가 시도됐다. 1932년 5·15사건은 해군 장교들과 민간 극우 세력이 총리를 암살하며 쇼와 유신을 외친 사건이었다. 그러나 대중적 지지 부족과 정부의 빠른 진압으로 쿠데타는 실패로 끝났다. 이어 1936년 2·26사건에서는 황도파 젊은 육군 장교들이 도쿄에서 쿠데타를 감행했다. 이들은 정부 고위 인사를 살해하고 천황 중심의 군사정권을 세우려 했으나 천황의 반대와 함께 진압돼 역시 실패했다.

하지만 두 번의 쿠데타 이후 급격히 약해진 민간 정부는 군부의 통제를 받게 됐다. 이는 일본이 군국주의로 나아가는 결정적 계기가 됐다. 2·26사건 이후 황도파가 몰락하고 현실적인 군사전략과 경제 관리를 중시하는 통제파가 주도권을 장악했다. 하지만 통제파도 장교 집단이었다. 결과적으로 군인정치가 시작됐고 일본의 정치와 사회 구조가 급격히 군사화됐다. 제어 기능이 없어진 일본의 군국주의는 중일전쟁과 태평양전쟁으로 나아갔고 결국 패망했다.

일본에서 벌어진 이러한 일련의 과정을 두고 한 사람은 쿠데타를 꿈꾸고 다른 한 사람은 쿠데타 방지를 위해 헌신한 것으로 볼 수도 있다. 그러나 김창룡 개인의 소신과 의지가 정당했다 하더라도 그가 한 정치적 행위와 그가 세운 조직이 군에 긍정적으로만 작동하지 않았다는 비판을 피하기 어렵다. 또한 쿠데타 방지라는 임무로 특무부대와 방첩부대는 정권과 가까워졌고 정권 수호부대와 통치자 친위부대로 쉽게 변신했다.

1968년 북한 무장공비들의 청와대를 습격한 1·21사태 이후 육군 방첩부대는 육군 보안사령부로 개칭됐다. 무장공비들이 방첩부대 훈련을 빌미로 검문소를 손쉽게 통과한 것이 명칭 변경의 이유가 됐다는 이야기가 있다. 사실관계를 떠나 북한이 이용할 만큼 방첩부대의 위상이 커졌던 것이다.

유신체제 시절인 1973년 당시 수도경비사령관 윤필용 소장을 중심으로 한 쿠데타 모의 사건이 있었다. 이후 과정을 종합해보면 실제 쿠데타 모의가 있었는지는 불분명하다. 다만 사건의 조사를 보안사령부에 맡겼다는 데서 당시 박정희 대통령이 보안사를 어떤 성격의 부대로 운영했는지를 명확히 알 수 있다. 박정희 정부의 보안사는 군 내 반발 세력을 감시하고 쿠데타를 감시해 정권을 옹위하는 친위부대였던 것이다. 대통령의 깊은 신임을 받은 육군 보안사는 1977년 10월 육·해·공군 보안부대를 통합해 국군보안사령부로 확대 개편되며 그 위상과 역할이 크게 확대됐다.

1979년 3월 전두환 소장이 제2대 국군보안사령관에 취임하고 그해 10월 26일 박정희 대통령 암살 사건이 발생하자 비상계엄령이 발령됐다. 계엄령에 따라 전두환 보안사령관은 대통령 암살 사건 수사를 총괄하는 합동수사본부장이 돼 보안사는 물론 중앙정보부, 경찰, 검찰 등 대한민국의 정보와 수사권을 손쉽게 장악했다. 혼란기에 전두환 보안사령관에게 과도하게 권한이 집중되면서 12·12군사반란이 일어났고 박정희 정권에 이어 또다시 새로운 군사정권이 등장하게 됐다.

전두환, 노태우로 군사정권이 이어지는 동안 보안사는 승승장구했다. 전두환, 노태우 대통령은 박정희 대통령이 그랬던 것처럼 보안사를 활용해 군을 감시하고 통제했다. 보안사령관은 모두 가장 믿을 만한 하나회 출신들이었고 충실하게 보안사령관 임무를 수행하고 나면 군 최고 지위까지 승진했다. 군사정부 대통령의 친위부대로서 위치를 공고히 한 보안사는 1980년대 군 내 활동을 넘어 민간인 불법사찰, 간첩조작, 정치공작으로 악명을 떨쳤다. 군의 정치적 중립은 고사하고 군의 정치화를 앞장서서 이끌었다.

1990년 10월 보안사에서 근무하던 윤석양 이병의 민간인 사찰 자료 폭로를 계기로 노태우 정부는 1991년 민간인 사찰 금지를 약속하며 보안사령부 명칭을 기무사령부로 바꿨다.

군사정부가 종식되고 문민정부가 수립됐지만 기무사령부의 군 내 사찰, 감시, 견제는 계속됐다. 민간 정부 입장에서도 쿠데타를 반복한 군대를 경계하지 않을 수 없었다. 간헐적이긴 했지만 기무사령관의 대통령 독대 관행이 완전히 없어지지 않았다. 대통령 독대가 아니어도 군 진급 인사에서 기무사의 인사자료 보고는 절대적 영향력을 발휘했다. 정상적인 군 인사시스템이 차츰 확립됐지만 군 내부 사정에 어두운 민간 정부 관계자들은 불신의 눈을 거두지 않았다. 이러한 가운데 기무사는 특정 정부가 원하는 방향을 파악해 그 방향에 맞춰 인사자료를 작성했고 지휘 계통에 의해 축적된 인사자료보다 더 신뢰를 얻었다.

민간정부 출범 후에도 본질적 역기능은 지속되다

2003년 4월 육사 38기 장교들이 당시 남재준 총장에게 육군의 인사정책에 대한 문제를 담은 이메일을 보냈다. 주요 내용은 당시 군 내 진급 적체에 대한 우려였다. 이러한 인사 적체의 배경에는 김영삼 정부에서 하나회 척결과 함께 군의 정년을 연장해 직업 안정성을 높이고자 하는 인사정책의 부작용도 일부 작용했다. 이 이메일은 청와대, 국방부, 기무사 등 관계 기관에 전파돼 상당한 반향을 일으켰다. 막 출범한 노무현 정부는 이 이메일을 계기로 군 인사 절차의 투명성과 효율성을 높이기 위해 인사 절차에 대한 변화를 모색했다. 특히 군 인사 추천 과정에서 복수의 후보자를 추천받아 검증하는 방식을 요구했다. 남재준 총장은 군 인사의 정치적 중립성과 독립성을 강조하며 청와대의 개입 시도에 강하게 반발했다. 그는 "왜 정치권이 군 인사에 개입하는가. 군 인사의 결정권자는 참모총장이다."라고 주장하며 군 인사권 독립에 대한 강한 의지를 표명했다. 남재준 총장의 강경한 입장 표명으로 군 인사 절차에 대한 청와대의 개입 시도는 무산됐고 기존의 군 인사 절차가 유지됐다. 그러나 이 사건으로 군과 민간 정부 간 긴장관계가 주목받으며 민간 정부 관계자들은 민군관계에 관심을 가지게 된다. 군 인사 시스템에 대한 신뢰 문제를 넘어 민간 정부에 대한 일종의 도전으로 보는 일부 정치인들은 군을 강하게 견제해야 한다는 필요성을 느끼게 됐다. 이 사건은 민간 정부에게 기무사의 존재 당위성을 강화하는 계기가 됐다.

기무사는 직제상 국방부장관이 통제하는 국방부 직할부대다. 그러나 기무사령관의 대통령 독대 보고, 대통령실에 대한 군 내 동향 보고, 인사자료 보고 등을 통해 국방부장관의 통제를 벗어나 자신들만의 독자적인 영역을 유지했다. 정권에 따라 대통령이 기무사령관의 독대 보고를 받기도 하고 그렇지 않기도 했다. 그러나 모든 정권에서 군 내 동향 보고와 인사자료 보고를 받았다.

　모든 민간 정부에서 가장 믿을 만한 사람을 기무사령관에 보직했다. 기무사령관에게 적절히 힘을 실어 국방부장관을 비롯해 군을 감시하고 견제해야 한다는 기무사 조직의 존재 이유를 환기시켰다. 역대 정부의 모든 기무사령관은 이러한 민간 정부의 요구에 충실했다. 일부 기무사령관들은 이러한 독특한 위치를 이용해 자신의 이익을 위해 더 정치적 행보를 내디뎠다. 아예 정치인으로 변신하기도 했다. 기무사가 처한 이런 입장에 따라 기무사령관뿐만 아니라 많은 기무사 요원이 정치 편향적으로 됐다. 정치 편향에 방향성이 일정한 것은 아니었다. 기무사는 정권을 보위하기 위해 군 내 반발을 감시해야 한다는 존재 목적에 따라 정권에 순응하고 더 나아가 정권의 편이 됐다. 그러다 보니 급기야 군 내 사찰을 넘어 기무사 출범 이후 금지됐던 민간인 사찰의 경계선을 침범하기도 했다.

　문재인 정부가 출범한 이후 기무사는 박근혜 정부 시절의 세월호 유가족 사찰, 계엄 문건 작성 등의 문제가 불거져 2018년 9월 군사안보지원사령부로 재출범했다. 안보지원사령관에 육군이 아니라 공군과 해군 장성을 보직하기도 했다. 사령관이 대통령에 직보하는 관행도 사라졌다. 그러나 군 내 동향 보고와 인사자료 보고는 지속했다. 인사자료 보고로 그 영향력이 오히려 커졌다고 보는 것이 타당하다. 문재인 정부의 민정수석실과 인사수석실은 군 자체 인사시스템을 크게 신뢰하지 않았다. 노무현 정부 출신 인사들이 요직을 차지하면서 2003년 남재준 총장의 군 인사권 수호 사례를 반면교사로 삼았다. 나는 당시 청와대에 근무하면서 민정수석실 관계자에게 안보지원사령부를 통한 군 인사권 관여에 대해 바람직하지 않다는 의견을 준 적이 있었다. 그 관계자는 선출된 권력이 임명된 권력을 통제하는 것이 당연하고 그 중요한 수단이 안보지원사령부임을 분명히 했다.

윤석열 정부는 특별한 계기도 없이 안보지원사를 2022년 11월 국군방첩사령부로 개편했다. 문재인 정부의 안보지원사가 군 내 보안 및 방첩 기능을 약화시켰다는 것이 표면적 이유였다. 방첩 전문부대로서 정체성을 명확히 한다는 이유로 1960년대 사용했던 육군 방첩부대 이름을 그대로 가져왔다. 정원도 대폭 늘렸다. 그러나 사실상 대통령 친위세력을 강화한 것 그 이상의 변화를 확인하기는 어렵다. 국군방첩사령관은 다시금 권력과 가까워졌다. 대통령과 학연으로 얽힌 사령관이 취임하자 수시로 음주 회식을 함께 하면서 정권과 밀접한 관계를 맺었다. 2024년 중반 국군방첩사령관과 식사를 한 일이 있었다. 그의 고민은 군 수뇌부 인사에 관한 것이었다. 사실상 대통령과 국방부장관에게 직접 제안할 만큼 막강한 권한을 위임받은 것이다. 군 내 반발 세력을 견제하고 쿠데타 방지라는 방첩사의 오랜 기능을 생각하면 국군방첩사령관이 군 인사 전반에 비선으로 관여하는 것은 암묵적인 사실이었다. 부대의 이름이 변경되면서 약간의 권한 차이는 있어도 대한민국 역대 정권에서 이러한 방첩사의 위상은 한 번도 바뀌지 않았다. 윤석열 정권은 방첩사를 강화해 그 옛날 정권 친위세력의 대명사인 특무대, 보안사, 기무사로 환원하고 싶어 한 것이 분명하다.

역대 모든 정권에서 그 이름은 달랐어도 방첩사를 친위부대 삼아 군을 견제하고 정권에 반하는 쿠데타를 방지하는 수단으로 활용한 것은 변함없었다. 그러나 이러한 쿠데타 방지 전문부대가 있음에도 여러 번의 쿠데타가 성공했다. 거의 모든 쿠데타 시도에서 방첩사는 쿠데타 세력과 함께했다. 1952년 부산 정치파동에서 김창룡의 특무부대는 친위 쿠데타를 시도한 이승만 대통령과 함께 하면서 이종찬 참모총장을 견제했다. 1961년 5·16군사정변 때 이철희의 방첩부대는 무력했다. 정변이 성공하자마자 방첩부대는 쿠데타의 친위세력으로 변신했다. 1972년 강창성 육군보안사령관은 친위 쿠데타의 대명사인 유신체제의 성공을 위해 헌신했다. 1979년 전두환 국군보안사령관은 12·12 군사반란을 일으킨 쿠데타 세력의 주모자였다. 2024년 12·3 비상계엄 사태에서 방첩사령관은 친위 쿠데타 시도의 핵심을 담당했던 것으로 의심받고 있다. 이쯤되면 방첩사는 쿠데타 방지 부대가 아니라 그냥 쿠데타 부대라 부르는 것이 맞을 정도다.

한국군 내에서 방첩사의 존재감은 매우 강력하다. 군 인사권에 큰 영향력을 발휘하기 때문이다. 이러한 경향은 군사 정부와 민간 정부 구분이 없었다. 그들이 작성하는 인사자료 보고가 자신의 진급에 어떻게든 작용한다는 것을 잘 알고 있는 고위 장교들은 방첩사 요원의 눈치를 보지 않을 수 없었다. 대령급이 지휘하는 부대 이상 제대는 방첩사 요원이 상주하고 있다. 방첩사 요원의 계급 구조는 대령급 부대는 대위 또는 준위, 소장급 부대는 중령, 중장급 이상 부대는 대령, 각 군 본부는 장성이 부대장으로 상주한다. 사실상 지휘관과 밀접한 관계를 유지하면서 지휘관의 세부 동향을 감시하고 있다. 이러한 세부 관찰을 통해 동향자료를 작성해 보고한다. 이렇게 축적된 자료가 방첩사의 인사자료로 활용되는 것이다. 지휘관은 이들의 계급이 비록 낮지만 결코 무시할 수 없다. 사람에 따라 다르지만 방첩사 중령이 대령과 친구처럼 지내고 방첩사 대령이 소장, 중장과 막역한 사이처럼 행동한다. 그러나 실제 마음도 터놓고 지내는 경우는 많지 않다. 물론 내가 만난 방첩사 요원 중에 중심을 지키면서 자신의 본분을 벗어나지 않으려는 사람도 많았다. 반면 그러한 지휘관의 눈치를 권리처럼 여기는 사람도 많았다. 이런 와중에 지휘관의 고유한 지휘권이 이완되는 경우가 허다했다. 같은 중령이지만 방첩사 중령과 일반 부대 중령은 같은 중령으로 취급받을 수 없었다. 야전부대에서 방첩부대장의 실질적 지위, 대우, 권한은 부대의 부지휘관 이상이다. 자신의 능력을 키우기보다 출세 지향적인 군인일수록 방첩부대원에게 비굴할 정도로 저자세를 취하는 사람이 많았다.

물론 순기능이 없는 것은 아니다. 지휘 계통으로 확인이 안 되는 예하 지휘관, 참모들의 개인 비리, 지휘 결함을 방첩부대 계통으로 먼저 보고받는 경우도 있었다. 비리를 저지르거나 독단적으로 지휘하면 방첩부대를 통해 보고된다고 생각하는 지휘관은 행동을 조심한다. 더 큰 부작용을 미연에 방지할 수 있다는 점에서 지휘에 도움이 되는 경우도 있다. 하지만 엄정해야 할 군의 기강이 흐트러지고 고유의 지휘권이 제약된다는 측면에서 작은 순기능이 큰 역기능을 넘어설 수는 없다.

왜 한국군에만 쿠데타 방지부대가 있어야 하는가

군 내 보안과 방첩을 담당하는 부대는 세계 거의 모든 군대에 존재한다. 미국은 육·해·공군에 각각 군사 범죄, 보안, 방첩을 담당하는 기관으로 CID_{Criminal Investigation Division}, NCIS_{Naval Criminal Investigative Service}, AFOSI_{Air Force Office of Special Investigations}를 두고 있다. 필요한 경우 군 내 범죄와 연관된 민간인에 대한 수사도 가능하다. 영국은 SIB_{Special Investigations Branch}를 통해 군 내 범죄 수사, 보안, 방첩 활동을 수행한다. 프랑스도 DPSD_{Direction de la Protection et de la Sécurité de la Défense}를 두어 군 내 보안과 방첩 활동을 전담시키고 있다. 당연히 군 내 쿠데타 활동이 있으면 이를 범죄적

관점에서 차단한다. 이들 민주주의가 발달한 국가의 방첩기관은 독자적인 활동을 보장하고 있지만 정치권력과는 거리가 있다. 군의 인사권에 개입할 수도 없다. 대부분 군사경찰 기능에 가깝다.

우리 방첩사와 같이 막강한 권한을 갖고 군 내 범죄와 방첩, 정권 보위를 위해 활동하는 별도 부대를 가진 국가는 대부분 공산주의 국가다. 북한이나 중국 등 공산권 국가들의 군대에는 공산당이 직접 운영하는 '정치군관'들이 보직돼 있다. 이들은 '정치부지휘관'으로 거의 지휘관에 버금가는 막강한 권한을 갖고 있다. 지휘관을 감시하면서 장병이 집권자와 공산당에 대한 충성심이 투철한지를 끊임없이 확인한다. 지휘관과 정치부지휘관이 의견이 다르면 예하 부대는 지휘관에 복종할지 정치군관에 복종할지 갈등하지 않을 수 없다. 우리 군사학교에서는 북한군의 이러한 이원화된 지휘체계가 북한군의 가장 큰 취약점이라고 가르치고 있다. 정치군관은 당과 연결돼 지휘관의 진급 등 인사권에 막강한 영향력을 행사하는 것은 물론이다. 따라서 실질적으로 정치군관 제도는 지휘권의 일원화에 큰 지장이 될 것이다. 이런 문제점에도 공산주의 국가에서 정치군관을 유지하는 것은 군대가 그들 체제에 직접적 위협이 돼서는 안 되는 강박이 있기 때문일 것이다. 공산주의가 억지로 유지되지 않으면 안 되는 취약한 정치체제임을 반증하는 것일 수도 있다.

제2차 세계대전을 일으킨 히틀러의 독일군은 히틀러 개인에게 충성하는 군대였다. 독일 장군들은 히틀러에게 충성을 맹세했다. 하지만 히틀러는 장군들의 충성을 완전히 신뢰하지 않았다. 히틀러와 나치는 친위대SS를 운영했다. 히틀러의 개인 경호부대로 출발한 친위대는 1933년 이후에는 무장친위대Waffen-SS를 출범시켜 정규군에 버금가는 수준으로 성장시켰다. 히틀러는 친위대를 정규군을 견제하고 유사시 쿠데타 세력을 제압할 수 있는 주요 수단으로 운용했다. 그리고 친위대 산하에 보안국SD을 설립해 군을 비롯한 독일 내 반대 세력을 감시했다. 1939년에는 국가보안본부RSHA를 만들어 나치 독일의 모든 정보 및 보안 활동을 관리하도록 했다. 국가보안본부 산하의 비밀경찰인 게슈타포는 군을 포함한 독일 내 모든 정치적 반대 세력을 감시하고 색출하는 핵심 임무를 수행했다. 보안국과 게슈타포는 상호 견제하면서 군인들의 충성도도 검증했다. 1944년 롬멜이 관여된 히틀러 암살 미수사건도 보안국과 게슈타포가 주도적으로 수습했다. 히틀러의 나치는 스탈린의 소련군을 흉내 내어 정치군관제도도 운영했다. 나치의 정치군관은 독일군 장병들의 히틀러와 나치당에 대한 충성도를 관리하는 것이 주된 임무였다. 독재자의 특성상 히틀러가 두려워한 것은 체제에 대한 내부의 반발이었다. 가장 두려운 것은 군대의 반발이었다. 히틀러는 이를 막기 위해 2중, 3중의 감시와 견제 대책을 강구하며 노심초사했던 것이다.

우리의 방첩사는 안타깝게도 공산국가나 독재국가의 정치군관제도와 크게 다르지 않다. 보안과 방첩 임무를 수행하면서 그렇게 축적한 군 내 정보력을 바탕으로 반발 세력을 감시하고 나아가 정권에 반기를 드는 것을 사전에 막는 부대라는 점에서 말이다. 또한 군 인사권 등 영향력을 바탕으로 강력한 권한을 갖고 있다는 점에서도 그렇다. 방첩사의 존재가 한국군 자체의 경쟁력을 떨어뜨리는 존재라는 것을 부정하기 어렵다.

왜 우리는 발달된 민주국가 중에 어느 나라도 운용하지 않는 쿠데타 방지 전문부대인 방첩사령부를 운영하는 것일까? 반대로 왜 선진 민주국가는 전문 쿠데타 방지 부대가 없어도 군대가 정치적 중립을 지키며 정치에 개입하지 않는 것일까?

4
장군 인사제도
: 장군의 무기력을 부추기다

한국군의 전격적 장군 인사의 폐해는 무엇인가

우리 군의 장군 인사제도에 매우 특이한 점이 있다. 국방부나 각 군 본부의 보직 명령이 나자마자 단 며칠 안에 임지로 떠나야 한다. 사전에 어느 직책에 보임될 것이니 준비하라는 예령이 일절 없다. 현재 보직이 끝나는 시기도 사전에 알려주지 않는다. 새로운 보직을 받은 장군은 며칠 안에 자신이 하던 일을 마무리하고 새 보직을 준비하는 동시에 가족과 함께 살고 있다면 이사까지 마쳐야 한다. 여유를 주지 않는다. 그렇다 보니 마무리도 준비도 제대로 할 수 없다. 이런 인사제도에 대해 장군들은 세계 여느 후진적 군대보다 못하다고 자조 섞인 푸념을 한다. 하지만 내 군 생활 동안 이런 패턴은 한 번도 바뀐 적이 없다.

동맹국 미군의 장군 보직 방식은 이와 전혀 다르다. 한국에 보직되는 주한미군사령관은 적어도 수개월 전에 지명된다. 지명되면 주한미군 상황과 미 정부의 한국 정책 등을 파악해 상원 인사청문회를 준비해야 한다. 인사청문회의 인준을 받더라도 즉각 취임하지 않는다. 취임하기 전 충분한 준비시간이 주어진다. 이렇게 준비된 사령관은 취임하자마자 즉각 임무를 수행한다. 사령관만 그런 것이 아니다. 참모직에 있는 장군들도 짧게는 수개월에서 길면 1년 가까이 사전 지명돼 준비시간이 주어진다. 1년에 두 번 있는 연합훈련 기간에 수많은 미군 장군이 참관인 자격으로 한국에 들어온다. 많은 미군 장군은 향후 주한미군 등 한국에 보직될 사람들이다. 한국 사정을 파악하고 한국군과의 연합훈련을 직접 참관해 나중에 보직되자마자 임무 수행이 가능하도록 충분한 준비시간을 주는 것이다.

준비된 미군 장군은 한국에 온 지 얼마 되지 않아도 한국 사정에 충분히 밝고 주한미군사령부나 연합사령부에서 즉각 능력을 발휘한다. 반면 한국군 장군은 모두 갑자기 보직돼 취임하고 나서야 업무 파악에 들어간다. 업무 파악이 제대로 안 된 상태에서는 어떠한 결심도, 의견 제시도 하기 어렵다. 업무를 모르고 결심하지 못하는 장군이 무능해 보이는 것은 당연하다. 미군 장군의 시각에 한국군 장군은 대부분 능력이 부족해 보일 것이다.

장군 보직은 대략 1년이다. 하지만 6개월 만에 보직이 바뀌는 경우도 허다하다. 이렇게 짧은 기간 안에 제대로 업무를 파악하는 것은 쉽지 않다. 나아가 업무 성과를 내거나 창의적 접근을 하는 것은 불가능에 가깝다. 부하들에게 업무를 지도하고 중요한 사항을 결심하거나 지침을 내려 부대와 집단을 지휘해야 할 장군 운용을 이런 방식으로 하는 것은 비효율 그 자체다. 더구나 수십 년간 북한군과 치열하게 경쟁하는 한국군이 장군 운용을 이렇게 한다는 것은 비상식적이다. "나는 이런 능력이 있으니 이런 보직에 가서 헌신하고 싶다."라거나 "이런 일을 해서 군과 국가 발전에 이바지하고 싶다."

라는 개인 의견이 반영되는 경우도 거의 없다. 각 군 총장이나 국방부장관 등 인사권자의 판단에 맡겨야 한다.

최전방을 책임지는 사단장이나 군단장도 마찬가지다. 이들 지휘관은 통상 진급과 동시에 보직된다. 진급 발표 전까지 진급 여부를 알지 못한다. 진급했더라도 보직 명령이 나기 전까지 어느 부대 지휘관으로 나가는지 모른다. 보직 명령이 나고 개인에게 주어지는 시간은 겨우 2~3일 정도다. 거의 아무런 준비 없이 무거운 책임을 지는 최전방 지휘관으로서 임무를 시작하는 것이다. 게다가 임지에 대한 근무 경험이 없더라도, 군 생활 동안 최전방 경험이 전혀 없더라도 그런 것은 중요한 고려 사항이 아니다. 진급시켜주고 보직시켜주는 게 어딘데 당신이 알아서 하고 잘못하면 전적으로 책임지라는 식이다. 전방 지휘관의 책임이란 것이 국가에 얼마나 큰 부담이 될 것인가는 크게 우려하지 않는다. 최전방 지휘관이 업무 파악이 제대로 안 되는 동안 사실상 안보는 취약한 상태로 방치돼 있는 것이다.

이런 깜깜이 인사 방식은 준장이나 대장이나 별반 다르지 않다. 참모총장을 예로 들더라도 예고 없이 갑작스럽게 진급하고 느닷없이 임명되는 경우가 대부분이다. 국가를 위해 매우 중요한 정책을 결정해야 하는 막중한 자리임에도 이런 식이다. 장군에게 준비와 임무 수행할 여건을 주지 않아 발생하는 위험은 온전히 국민과 국가가 감수해야 한다. 이런 환경에서 장군 스스로 능력을 키우는 것도 한계가 있다. 업무를 겉핥기식으로 할 수밖에 없으니 보직을 경험하더라도 그 경험을 축적해 능력으로 발현하지 못한다.

대한민국 장군 보직 중 유일하게 준비시간을 주는 자리가 있다. 합동참모의장이다. 현역 군인 중에 유일하게 국회 인사청문회를 해야 하기 때문이다. 평시 안보를 책임지는 자리에 나름대로 준비하고 취임할 수 있으니 그나마 다행이다. 군의 최고 상위직위인 합참의장에게 준비시간을 주어도 사실 장군 인사제도상 아무런 지장이 없다. 합참의장 취임이 늦어져 대비 태세에 문제가 있다고 들어본 적이 없다. 그동안 전임자가 임무를 수행하고 있기 때문이다. 오히려 준비가 안 된 사람이 갑자기 보직되는 것이 더 위험하다. 이를 보더라도 장군 보직인사를 갑작스럽게 해치울 이유가 없다.

왜 장군 보직인사를 그렇게 하는가? 군 내 쿠데타 모의 기회를 줄이고자 하는 것이다. 5·16군사정변을 주도한 박정희 소장은 1948년 여순사건 이후 숙군 과정에서 남로당 군사조직과 연계됐다는 이유로 군에서 일시적으로 제명됐다가 한국전쟁 때 복권돼 군 생활을 계속했다. 이러한 경력 때문에 군 내에서 그를 백안시한 경향이 있었다. 4·19 혁명 이후 1960년 초반에 이르러 일부 군 수뇌부와 정치인들은 군 내부의 정화 작업을 통해 박정희 소장과 같은 인물을 배제하거나 예편시키려는 움직임을 보였다. 이러한 상황에서 박정희 소장은 자신의 군 경력과 영향력이 약해질 것으로 우려했을 수 있다. 이는 그가 쿠데타를 결심하는 데 영향을 미쳤을 가능성이 있다.

1979년 보안사령관 전두환 소장은 10·26사건으로 비상계엄이 발령되자 합동수사본부장을 맡았다. 보안사, 중앙정보부, 경찰, 검찰 조직까지 장악한 전두환 소장은 차츰 정치적 야심을 드러냈다. 그의 행보에 문제가 있다고 판단한 정승화 계엄사령관이 전두환 소장을 동해안경비사령관으로 좌천시키려고 계획했다. 아울러 하나회 군인들을 핵심 요직에서 밀어내려고 준비했다. 이를 사전에 파악한 전두환 소장과 하나회 장교들은 인사명령이 내려지기 전인 12월 12일 오히려 정승화 계엄사령관을 전격 체포하기에 이른다. 12·12군사반란이었다.

군사 쿠데타로 집권한 두 정부는 장군 인사를 사전에 알리지 않고 전격적으로 시행했다. 제2의 쿠데타 모의를 원천적으로 차단하기 위해서였다. 이들에게 장군들의 안정적인 임무 수행은 중요한 고려 사항이 아니었다. 쿠데타를 방지하려면 개인이 생각지 못하는 보직이나 경험해보지 않은 곳으로 보직하는 것이 더 유리했다. 안보상의 이점보다 자신들의 잠재적 경쟁자가 생길 가능성을 더 우려했기 때문이다.

  한편 쿠데타 방지를 위한 부대인 방첩사령부 인사도 동일한 방식으로 한다. 방첩사의 영관급 이상 장교들의 보직인사는 어느 날 갑자기 전격적으로 이뤄진다. 새로운 보직이 정해지면 3~4일 안에 새로운 부대에 출근해야 한다. 감시자들과 감시대상자들의 결탁을 방지해야 하기 때문이다.

  수십 년간 이렇게 장군 인사를 해오다 보니 이것이 전통이 됐다. 군사정부는 30년 전에 종식됐지만 민간 정부도 그대로 따랐다. 왜 이렇게 하는지나 국가안보에 얼마나 부정적 영향을 미치는지 제대로 따져보았다는 것을 들어보지 못했다. 민간 정부도 군의 쿠데타가 걱정되는 것은 마찬가지였다. 아니, 우려가 더 크다고 보는 것이 맞을지도 모르겠다. 군을 적절히 견제하는 것이 더 안전하다고 여겼을 것이다.

  이런 보직인사의 배경에는 장군 계급을 바라보는 부정적 인식이 깔려 있다. 장군이 되기까지 인생을 바쳐 국가를 위해 헌신했으니 앞으로도 능력을 잘 발휘해서 더 헌신해달라는 인식과는 거리가 있다. 장군이라는 혜택을 받았으니 이제는 개인 의지보다는 조직의 지시에 복종하라는 도구적 시각이 존재한다. 인재를 능력에 기초해 적재적소에 보직하기보다는 장군이면 능력이 별반 차이가 없으니 어느 보직이나 부여하면 된다는 식이다. 장군 보직인사에서 개인의 특정 능력이나 조직의 효율성은 뒷전이다. 특정 능력을 인정받아 한시적으로 그 능력을 발휘하라고 임기제로 진급하는 장군들도 엉뚱한 보직에서 임기제 기간을 보내고 군 생활을 마무리하는 경우가 허다하다.

이 상황을 그냥 받아들여야 하는 장군들에게 깜깜이 인사 방식은 부정적으로 작용한다. 특정 보직을 받았을 때 업무를 잘 파악해 조직 발전을 위해 헌신하겠다는 생각보다는 어차피 그 보직을 위해 준비한 것도 없고 보직이 언제 끝날지도 모르니 그저 주어진 계급적 권한과 혜택을 누리면서 보직 기간을 현상 유지만 하면서 잘 때우겠다는 생각을 가지게 한다. 장군이 특정 보직을 잘 수행했거나 그 보직에서 성과가 있었다고 해서 차후 진급에 크게 영향을 미치는 것도 아니다. 큰 실수나 눈에 띄는 과오만 없으면 된다는 생각이 지배적이다. 이러한 전반적 경향은 조직의 활력과 군 전체의 효율을 떨어뜨린다. 게다가 장군은 근무 결과에 따른 인사평가가 없다. "이 장군은 품성이 훌륭하다." "저 장군은 업무를 꼼꼼히 한다."라는 등의 평판만 존재한다. 그래서 이런 평판을 수집하는 방첩사 요원의 동향 보고와 방첩사의 인사평가가 장군의 진급에 더 결정적으로 작용한다. 방첩사에는 군사 전문성 등 장군의 실질적 능력을 가늠할 수 있는 프리즘이 존재하지 않는다. 그러다 보니 장군은 자신의 군사 전문성을 높이는 것에 필요성을 느끼지 못하고 방첩사 요원에게 잘 보이는 것에 더 관심이 있다. 많은 장군의 이런 행태는 방첩사의 권한을 더 강화하는 방향으로 작용한다.

한국군에는 법으로 정해진 장교와 장군 인사제도에 따라 추천권, 제청권, 임용권이 구분돼 있다. 모든 장교의 진급이나 임용권은 대통령에게 있다. 각 군 참모총장은 추천심사를 통해 적절한 인재를 국방부장관에게 추천한다. 국방부장관에게는 총장이 추천한 인재를 검토한 후에 대통령에게 보고해 결심을 건의하는 제청권이 있다. 다만 대령 이하는 그 결정 권한을 국방부장관에게 위임한다. 국방부장관은 대상자 일부를 다시 각 군 총장에게 위임해 행사하고 있다. 즉 영관급 장교의 인사는 국방부장관이 최종적으로 결정하고 위관급 이하는 각 군 총장이 결재하는 구조다. 다만 장군 인사는 위임 없이 대통령의 재가를 거쳐야 확정된다.

각 군의 인사시스템은 준장으로 진급할 때까지 3심제의 엄격한 추천과 선발심사 과정을 거친다. 각 심사자료는 그때까지의 모든 경력을 반영한다. 예를 들어 준장 진급 심사에는 소위부터 대령까지 모든 인사 참고자료를 반영한다. 주로 상급자가 매년 두 번씩 평가한 평정자료가 핵심이지만 병과학교나 각 군 대학 등 군사교육기관의 교육성적, 우수 부대 평가자료, 징계 또는 표창 기록 등 그 장교가 걸어온 모든 기록을 망라한다. 최근에는 부하와 동료 평가를 반영하고 대상자의 이름과 출신 등을 가린 블라인드 평가를 늘려 객관성을 더 높이는 시스템을 강화하고 있다.

영관 이하 장교는 보직을 부여할 때도 보직 안정성을 위해 1년이나 2년의 정해진 보직 기간을 완료하지 못하면 불이익을 주기도 한다. 보직 심사제도도 만들어 보직을 부여할 때 객관성을 담보하기 위한 장치도 있다. 보직 예고제를 만들어 빠르면 1년 전에 차후 보직을 알려주기도 한다. 그러나 이러한 시스템은 대략 대령 초반 때까지의 이야기다.

추천 심사위원으로 선발되는 사람도 군 내 능력과 신망이 있는 장교 중에서 부대별, 출신별 안배를 거쳐 선발된다. 선발됐다는 사실도 진급부서 장교가 직접 와서 통보하고 최소한의 준비시간만 주고 나서 호송하듯이 심사 장소로 데려오기도 했다. 그 짧은 시간에도 있을 수 있는 부정 청탁을 방지하기 위해서다.

수십 년간 발전해온 군의 인사시스템은 군 내에서 상당한 신뢰를 받고 있다. 이런 과정을 통해 진행하므로 선발되지 않더라도 크게 불만을 품거나 공정성을 의심하지 않는다. 선발된 사람도 정당하게 인정받았다는 자부심을 느낀다. 구체적으로 들어가면 문제점이 전혀 없는 것은 아니지만 실질적으로 가장 우수한 사람을 선발할 가능성이 높은 시스템이다.

검증과 안배를 중시한 인사가 우수 인재를 도태시키다

그런데 준장 진급부터 그전에 없던 과정이 추가된다. 대통령실의 인사 검증이다. 인사 검증은 윤석열 정부 이전에는 민정수석실이 주도했다. 윤석열 정부에서는 이를 법무부로 이관했다. 사실 인사 검증 과정은 대통령이 인사권을 행사하는 모든 고위공무원에게 공통으로 적용하는 과정이다. 대령 이하 경력이 아무리 우수해도 인사 검증에서 통과하지 못하면 사실상 진급이 어렵다. 정권마다 기준을 세워 검증한다. 능력 검증은 크게 기대할 수 없다고 하더라도 도덕성 문제나 악성 리더십을 가진 사람을 걸러내는 것이야 비난할 이유가 없다. 도덕적 흠결이 있거나 행위가 잘못된 인사를 발탁하면 비난 여론이 일어나고 국가를 운영하는 데 부정적 영향을 미치니 대통령의 결심 이전에 검증하지 않을 수 없다는 것도 이해가 간다. 그런데 인사 검증에 여러 정부를 넘어서 일관되게 적용할 명확한 잣대가 없다는 점이 문제다.

장군 숫자는 국방개혁기본법에 정원이 정해져 있다. 2024년 기준으로 대한민국 육·해·공군의 장군 정원은 대략 370명이다. 장군 진급은 정원에 결원이 생기는 만큼만 이뤄진다. 그런데 인사 검증 과정을 거치며 이른바 '안배'를 한다. 우수 인재를 선발하기도 전에 장군 정원 내에서 인력을 인위적으로 배분하는 것이다. 전라도·경상도 등 출신 지역별 안배, 사관학교·ROTC 등 임관 출신별 안배, 일정 수준의 여군을 진출시키기 위한 성별 안배, 특정 병과와 직능 안배, 부대별 안배에다 진출률이란 이유로 소위 임관 연차별로 적정 수준의 진급자를 내야 한다는 원칙도 작용한다.

안배 개념은 군사정부에서 시작됐다. 제2의 쿠데타 세력이 만들어지는 것을 막는 방법으로 안배를 생각해낸 것이다. 특정 연차 그룹, 특정 지역 그룹, 특정 임관 그룹 등의 집중과 독점을 막는 것이 군을 견제하는 데 효과적이라 생각했을 것이다. 능력과 관계없이 진급을 분배하면서 불만을 줄이는 효과도 있었을 것이다. 군사정부는 끝났지만 이러한 안배 개념은 장군 인사의 핵심 기준으로 정착했다.

안배는 균형된 인사를 통해 특정 출신의 세력화를 방지하고 조직의 통합성과 공정성을 유지하기 위한 장치로서 긍정적 요인이 없는 것은 아니다. 그러나 안배 기준은 정권에 따라 천차만별이다. 그리고 정치적 기준이 작용한다는 것도 문제다. 그물처럼 촘촘한 여러 안배 기준으로 인해 또는 정치적 기준이 작용함으로써 수많은 능력 있는 장교가 더 이상 국가를 위해 활용되지 못하고 탈락한다는 것이 큰 문제다. 여러 갈래로 짜인 안배를 기준으로 이른바 인사구도가 만들어졌고 장군 인사는 개인의 능력보다 이 인사구도에 따라 결정되는 경우가 많다. 이런 환경에서는 우직하게 직분에 충실한 군인보다는 정치 변화에 민감한 기회주의자가 빛을 볼 가능성이 크다. 안배를 기준으로 한 인사구도에 잘 올라타면 능력이 없는 사람도 출세의 기회가 열리는 것이다.

우리 군은 인재가 외부에서 수혈이 안 되는 구조다. 능력 기준이 아니라 다른 이유로 우수 인재가 탈락하고 기회주의자로 채워지고 나면 더 이상 보충할 방법이 없다. 수십 년간 축적된 인적 자산이 엉뚱하게 버려지고 능력 없는 사람들이 그 자리를 채우는 것이다. 내가 모신 국방부장관이나 육군참모총장들은 한결같이 장군 중에서 쓸만한 인재가 없다는 이야기를 많이 했다. 능력이 아니라 다른 기준, 즉 안배로 인사가 이뤄지다 보니 우수 인재가 엉뚱한 이유로 유출된다는 안타까움에 내비친 속내였을 것이다.

안배 기준 가운데 가장 문제가 있는 것은 출신 지역 안배다. 지역 균형을 맞추는 경우도 있지만 노골적으로 지역적 불균형을 만들기도 한다. 어떤 경우에는 호남 출신 인재를 많이 발탁하고 또 다른 경우에는 영남 출신 위주로 발탁한다. 왜 그런 기준이 만들어졌는지도 불투명하다. 호남에서 태어나 고등학교를 부산에서 나온 장군들이 있었다. 문재인 정부에서는 출생지를 기준으로 호남 출신이라고 발탁했다가 윤석열 정부에서는 부산에서 고등학교를 나왔다고 영남 출신으로 분류해서 발탁했다. 이 경우는 출신 지역이라는 안배가 개인에게 유리하게 작용한 경우지만 그 반대로 작용하는 경우가 더 많다. 특정 지역에서 태어나고 특정 지역에서 학교를 졸업한 것이 그가 장군으로서 기여해야 할 군대에 무슨 도움이 되고 나아가 국가안위에 무슨 도움이 된다는 말인가.

더 심각한 우려는 최근 정치적 기준의 검증이 심화됐다는 것이다. 특정 지역 출신을 의도적으로 배제하는 것은 물론이고 이른바 전 정권에서 혜택을 받았는지가 중요한 검증 요소로 등장했다. 윤석열 정권은 전임 정부 때 진급했거나 중요한 직위를 역임했다는 이유로 차기 진급에서 배제하는 경우가 많았다. 아무리 장군 진급 시스템이 부실하다지만 그래도 우수한 사람이 발탁될 가능성이 훨씬 크다. 게다가 경험을 통한 능력 향상도 없는 것이 아니다. 그런데 전 정부에서 일찍 진급했다고 불이익이 주어지면 능력이 없어 진급이 안 됐던 사람이 오히려 깜짝 발탁되는, 그야말로 부조리한 현상이 생긴다. 한마디로 줄서기를 조장하는 것이다.

윤석열 정부는 출범하자마자 합참의장 지명자를 제외하고 4성 장군을 한꺼번에 전역시켰다. 취임한 지 6개월이 안 된 장성도 예외가 없었다. 그래도 가장 중요하다는 합참의장은 기존의 대장 중에서 발탁했다. 하지만 2023년 후반기 인사에서는 육·해·공군의 모든 대장을 동시에 전역시키고 윤석열 정권 출범 후에 진급한 중장들을 한꺼번에 대장으로 진급시켜 군 수뇌부에 보직했다. 우리나라에서 한 번도 전례가 없던 일이다. 군의 사기가 떨어지고 안보가 흔들린다는 우려는 아랑곳하지 않았다. 자신들에게 진급과 보직 혜택을 입은 사람들로 군 수뇌부를 채움으로써 군대를 정권에 충성하는 조직으로 만들고자 한 것이다.

1980년대 이후 수십 년 동안 장군 직위에 대한 잦은 교체, 깜깜이 인사, 정치적 기준에 따른 안배와 검증이 반복되면서 군은 각 정권으로부터 큰 영향을 받아왔다. 진보정권, 보수정권이 반복되면서 모두 군 인사시스템을 신뢰하지 못하고 정권 친화적인 인사를 찾아서 발탁했다. 능력 있는 군인보다는 정권의 코드에 맞는 장군을 찾았다. 군은 고도의 군사 전문성을 바탕으로 엄정하게 정치적 중립을 지켜야 한다. 하지만 이런 현상이 반복되면서 군사 전문성은 점점 약해졌고 정치적 중립은 고사하고 정치가 휘두르면 그저 그대로 휘둘리는, 정치에 그냥 순응하는 군대가 됐다.

윤석열 정부에서 이런 현상은 극에 달했다. 군 수뇌부를 두 번이나 전면 교체하면서 정권의 위력(?)을 보였다. 마음에 안 들면 몇 달 만에 보직을 바꿨다. 어떤 사단장은 정해진 임기를 훌쩍 넘어서도 후임자를 보임하지 않았다. 그들은 그나마 남아 있던 인사시스템마저 붕괴시켰다. 이런 방식으로 육군참모총장과 주요 작전사령관들을 정권에 무조건 충성하는 하수인으로 만들었다. 정치적 중립 의무는 너무나 먼 가치였다. 장군들은 무기력하게 12·3 비상계엄의 동조 세력이 됐다.

비상계엄이라는 정치적 이벤트에 군이 내몰리는 경우가 없더라도 정권의 정치적 기준에 따라 군 인사를 하게 되면 군 조직에 심각한 문제가 누적된다. 정권 차원에서는 단기적으로 자신들의 정권 안정과 입지를 강화하는 데 도움이 될 수 있을지 몰라도 장기적으로는 군에 심각한 부작용이 생기는 것이다. 그 부작용들을 열거해보자.

첫째, 정치적 기준에 전도된 인사는 군의 능력 중심 인사 원칙을 훼손한다. 군의 핵심 임무는 국가안보와 국방 수행에 있다. 이를 위해 장군은 전문적인 군사 지식, 경험, 그리고 리더십을 갖춰야 한다. 그러나 정치적 기준이 우선시되면 이러한 능력과 자질이 뒷전으로 밀린다. 그 결과 군의 작전 수행 능력과 조직 운영의 효율성이 떨어진다.

둘째, 정치적 인사는 군 내부의 사기를 떨어뜨린다. 군 내부에서는 능력과 성과를 기반으로 한 공정한 평가와 진급이 중요한데 정치적 기준이 작용하면 인사의 공정성을 의심하게 된다. 이는 장병의 사기 저하와 조직 내 불신과 갈등을 일으킬 수 있다. 특히 정치적 기준에 따라 특정 지역이나 특정 출신이 독점적으로 승진하면 조직의 다양성과 통합성이 흔들린다.

셋째, 민주주의 국가의 군대가 가져야 할 군의 정치적 독립성이 훼손된다. 민주주의 국가의 군대는 본질적으로 정치적 중립을 유지해야 하며 이를 통해 국가안보와 국민의 신뢰를 확보해야 한다. 그러나 정치적 기준이 과도하게 개입하면 군이 특정 정권이나 정치집단의 이익을 대변하는 도구로 전락할 우려가 있다. 군에 대한 국민의 신뢰를 잃을 뿐만 아니라 군 내부의 사명감이 약해질 수 있다.

마지막으로 넷째, 정치적 인사는 장기적으로 군 조직의 구조를 왜곡할 수 있다. 정치적 코드에 맞추려는 문화가 군 내부에 자리 잡게 되면 미래의 인사에도 부정적 영향을 미친다. 이는 군 조직의 비효율성은 높아지고 군사적 위기 상황에서 대응 능력은 약해지는 결과로 이어질 수 있다.

군의 약화와 장군 집단의 와해는 정권 차원의 문제가 아니다. 어마어마한 국방예산을 투입하더라도 결국 그것을 운용할 사람들이 무기력하다면 강한 국방력은 기대할 수 없다. 국방력이 약해지면 북한을 비롯한 외부의 압력에 끌려다니게 된다. 국방비보다 몇 배 큰 비용을 들여 평화를 구걸해야 할 수도 있다. 그렇게 해도 안보는 항상 위태로울 것이다. 안보가 약해지면 나중에는 정권을 차지하는 것조차 의미가 없을 수 있다.

이러한 악영향에도 불구하고 또는 악영향을 의식하지 못하고 민간 정부가 군을 의심의 눈초리로 보고 여러 가지 강력한 통제 수단을 갖고자 하는 이유는 분명하다. 군이라는 막강한 무력집단이 총부리를 외부가 아니라 내부로 향하는 순간 이것을 막을 방법이 없기 때문이다. 그리고 우리 역사에서 그것을 실제로 여러 번 겪었다. 12·3 비상계엄은 그나마 잊혀가던 그 악몽을 되살리고 말았다. 군의 총부리가 내부로 향할 수 있다는 우려는 사실 세계 모든 국가의 공통된 과제였다.

군에 대한 직접 통제를 선호한 공산국가나 독재국가와는 달리 대부분의 민주국가는 군의 정치적 관여를 제한하면서 군의 전문성은 강화하는 방법으로 문민통제 시스템을 구축해 시행하고 있다.

5
문민통제
: 민주주의 국가는 어떻게 군을 견제하는가

'국군은 국가의 안전보장과 국토방위의 신성한 의무를 수행함을 사명으로 하며, 그 정치적 중립성은 준수된다.'

대한민국 헌법 제5조 제2항의 내용이다. 군의 정치적 중립성 준수를 명시하고 있다. 1962년 헌법부터 포함된 내용이다. 5·16군사정변으로 정권을 잡은 박정희 군부가 민정 이양을 준비하는 과정에서 군의 정치적 중립성을 강조할 필요성이 있어 포함된 내용이었다. 어떻든 헌법에 문구가 명시되면서 군대가 정치적 사안에 개입하거나 특정 정파의 이익을 위해 활동하지 않고 오로지 국가와 국민을 위해 헌신해야 한다는 의무가 명확해진 것이다.

그러나 헌법에 군의 정치적 중립 준수가 명시됐는데도 1972년 유신체제, 1979년 12·12군사반란 등에서 군의 정치적 중립은 지켜지지 않았고 정치개입은 반복됐다. 급기야 2024년 12·3 비상계엄이라는 정치적 사건에 군이 또다시 대거 관여되고 말았다.

민주주의가 발달한 다른 나라는 어떤 시스템으로 돼 있기에 우리와 같은 불행한 사건이 반복되지 않는 것일까?

영국은 의회 중심의 문민통제 시스템이다

영국의 문민통제 시스템은 의회제 민주주의와 입헌군주제의 전통을 바탕으로 발전해왔다. 영국은 군사력이 민간 정부의 통제 아래 있어야 한다는 원칙을 확립했다. 이를 통해 군의 정치적 중립성을 유지하고 군사정책이 민주적 절차에 따라 이뤄지도록 보장하고 있다.

영국의 문민통제는 17세기 명예혁명과 권리장전Bill of Rights에서 시작됐다. 권리장전은 군대 유지와 자금 지원에 대한 의회의 통제권을 명확히 규정함으로써 군사력이 군주 개인의 도구로 사용되지 못하도록 했다. 군사적 권한이 왕실에서 의회로 이전되면서 영국 군대는 의회와 내각의 지휘를 받는 체제로 변화했다. 이후 19세기와 20세기에 걸쳐 군의 정치적 중립과 문민통제를 강화하는 여러 제도가 도입됐다. 이는 현대적 문민통제 시스템의 기초가 됐다.

영국의 군사력은 총리와 국방부장관의 지휘 아래 있으며 군사정책의 방향은 의회가 결정하고 감독한다. 총리는 국가안보와 군사정책의 최고 책임자로서 역할을 하며 국방부장관은 군사정책의 구체적 실행을 관리한다. 국방부장관은 반드시 민간인이어야 하며 군사작전과 예산을 감독하고 군사적 결정을 책임진다. 군 지휘관은 정책 실행을 맡는다. 군사력 사용에 대한 최종 책임은 민간 지도부에 있다.

의회는 군사정책과 작전을 감독하고 국방예산을 심의하며 군의 활동을 투명하게 관리한다. 군 조직 유지와 관련된 모든 자금은 의회의 승인을 받아야 하며 이는 매년 갱신된다. 의회 내 국방위원회

Defence Committee는 군사정책과 작전을 감독하며 국방부장관과 군 지휘관은 정기적으로 의회에 보고한다. 이러한 시스템은 군사정책과 작전이 법적, 윤리적 기준을 충족하도록 보장한다.

영국 군대는 정치적 중립성을 엄격히 유지하므로 군인은 특정 정당의 활동이나 정치적 논쟁에 관여할 수 없다. 이는 군사적 결정이 정치적 이해관계에 좌우되지 않도록 하는 핵심 원칙이다. 2003년 이라크 전쟁 당시 토니 블레어 총리는 군사작전을 시작하기 전에 의회의 승인을 거침으로써 군사작전의 민주적 정당성을 확보했다.

프랑스는 대통령제 기반의 문민통제 시스템이다

프랑스의 문민통제 시스템은 공화주의 전통과 대통령 중심제를 기반으로 발전했다. 프랑스는 군사정책과 군사력 사용을 민간 지도부와 의회가 통제하도록 설계했다. 이를 통해 군이 정치적 중립성을 유지하고 공화국의 가치를 수호하도록 하고 있다.

1789년 프랑스 혁명은 군사력에 대한 문민통제의 출발점이었다. 혁명 이전 군대는 왕실의 권력을 유지하는 도구로 사용됐다. 하지만 혁명 이후 군대는 국민과 공화국을 수호하는 조직으로 재편됐다. 나폴레옹 시대에 군의 정치개입이 문제가 됐다. 이를 계기로 군의 역할을 국가안보로 제한하고 민간 통제를 강화하기 시작했다. 제2차 세계대전 이전까지 프랑스의 문민통제는 변증법적 발전 과정을 거치면서 점진적으로 정착됐다.

나폴레옹 몰락 이후 복귀한 부르봉 왕조는 군대를 왕과 의회의 통제 아래 두고 다시 정치적 영향력을 확장하지 못하도록 조치했다. 이어진 나폴레옹 3세의 제2제정 시기와 제3공화국을 거치면서 군의 역할을 정치적 중립을 지키면서 해외 식민지 확장과 국가방위 역할로 한정했다. 제1차 세계대전 동안 민간 정부에서 군 총사령관을 임명하고 해임했으며 조르주 클레망소 총리는 전쟁 내각을 구성해 군사작전을 직접 감독했다. 1930년대 프랑스 내각이 독일의 재무장과 나치의 부상에 대응해 군사력을 증강했을 때도 군사정책과 전략은 여전히 민간이 통제했다. 대표적으로 마지노선 건설 결정을 군부가 아니라 의회와 정부가 주도했다. 이 시기에 군대는 정치적 중립을 유지하며 공화국 정부의 방침을 따랐다.

현재의 프랑스 문민통제 시스템이 구축된 것은 제2차 세계대전 이후다. 1958년 샤를 드골 대통령이 주도한 '제5공화국 헌법'은 대통령을 군 통수권자로 규정하고 군사정책과 작전의 최종 결정을 내릴 권한을 부여했다. 헌법 제15조는 대통령이 국가안보와 군사정책의 책임을 지도록 명시하고 있다. 이에 따라 대통령은 군사적 결정을 내리고 국방부장관과 군 지휘관에게 지시한다. 국방부장관은 대통령과 총리의 지시에 따라 군사정책을 실행하며 군사작전과 예산을 감독한다. 장관은 반드시 민간인이어야 하며 군사적 결정과 자원의 사용이 합법적이고 효과적으로 이뤄지도록 책임을 진다. 군사적 결정권은 민간 지도부에 집중된다.

프랑스 의회는 군사정책과 작전을 감독하고 국방예산을 심의하며 군사력 사용의 정당성을 확보한다. 의회는 해외 병력 파견과 전쟁 선포를 승인할 권한을 가지며 군사작전이 공화국의 법과 원칙을 준수하도록 보장한다. 알제리 독립전쟁(1954~1962) 당시 군사작전의 법적 정치적 정당성을 두고 의회와 정부 간에 논쟁이 벌어지기도 했다. 프랑스 군대는 정치적 중립을 유지하며 군인은 정치활동에 관여할 수 없다. 군의 역할은 공화국의 가치를 수호하고 국민의 안전을 보장하는 데 국한한다.

영국과 프랑스는 각각의 역사적 경험과 정치체제에 따라 문민통제 시스템을 발전해왔다. 영국은 의회제 민주주의 전통을 바탕으로 의회가 군사정책과 작전을 철저히 감독하는 체계를 구축했다. 반면 프랑스는 대통령 중심제를 통해 민간 지도부가 군사정책과 작전을 통제하는 시스템을 발전시켰다.

두 나라는 모두 민간 지도부와 의회가 군사력을 감독하도록 보장함으로써 군사적 권력이 남용되지 않도록 견제 장치를 마련했다. 또한 군대의 정치적 중립성을 강조해 군이 민주주의와 법치주의의 수호자로서 역할을 다하도록 하고 있다. 이러한 문민통제 시스템은 국민의 대표 기관과 민간 지도부가 군사정책을 감독하고 군사적 결정을 내리도록 보장하며 민주적으로 군사력을 운영하도록 한다.

독일은 정치적 균형을 맞춘 문민통제 시스템이다

독일은 19세기 초 프로이센 시기부터 군 직업주의를 선도하고 직업 장교단을 만들어 군사 전문성을 강화했다. 그러나 우수한 장교단에 대한 문민통제 시스템이 제대로 정착되지 못했다. 독일의 장교단은 자신들만의 우수한 전문성에 기반해 정치적 사회적 엘리트로서 자부심에 충만했고 군을 통한 권력 유지를 중요시하는 경향이 있었다. 이러한 구조는 군대를 하나의 '국가 안의 국가'로 만들었으며 정치적 중립보다는 권력에 복무하는 성향을 강화했다. 이런 경향으로 제1차 세계대전 패배와 사회 혼란을 거치면서 군 전체가 비교적 손쉽게 독재자 히틀러의 정치적 도구가 되고 말았다.

독일의 문민통제 시스템 설계는 제2차 세계대전과 나치정권의 실패에서 얻은 교훈에 바탕을 두고 있다. 나치정권 당시 군부는 독립성을 상실하고 정치적 도구로 전락했으며 이는 독일 민주주의의 붕괴와 군사적 실패로 이어졌다. 이러한 역사적 경험은 군의 역할을 재정립하고 문민통제를 제도적으로 확립하려는 강력한 동기로 작용했다. 전후 독일은 민주주의 체제를 강화하고 군사력이 정치적 권력에서 독립해 법적인 통제를 받도록 헌법과 법률을 통해 문민통제를 제도화했다.

독일의 문민통제는 1949년에 제정된 '독일연방공화국 기본법 Grundgesetz'에 명확히 규정돼 있다. 독일 헌법인 기본법은 군사력의 통제와 사용에 대한 원칙을 제시하며 군대가 민간 정부의 감독을 받도록 보장한다. 기본법 제65a조는 독일 국방부장관을 군 최고 지휘관으로 명시하고 있다. 군의 모든 작전과 활동은 국방부장관의 명령으로만 수행할 수 있으며 국방부장관은 반드시 민간인이어야 한다.

군사적 의사결정 체계는 국방부장관을 중심으로 설계됐다. 독일은 독특하게 평시 군 통수권이 국가의 정부수반인 총리에게 부여되지 않고 정치적 중립을 유지하고 있는 국방장관에게 부여된다. 전시에는 총리에게 군 통수권이 부여되지만 국방부장관을 통해 행사된다. 국방부장관은 군사정책의 최종 책임자로서 군 지휘관의 활동을 지휘하고 감독한다. 군 지휘체계는 국방장관에서 연방군 참모총장을 거쳐 각 군 지휘관으로 이어진다. 대통령은 상징적 국가원수로서 군과 관련된 의전적 역할만을 수행하며 실질적인 군사적 권한은 행사하지 않는다. 이러한 체계 아래에서 군사적 권한은 자율적으로 작동되지 못하며 민간 지도부가 모든 군사 활동을 통제한다.

독일 의회는 군사력 사용과 정책에 중요한 감독 권한을 가지고 있다. 연방의회는 국방위원회를 통해 군사정책과 작전을 감독한다. 국방장관과 군 지휘관은 정기적으로 의회에 보고해야 한다. 또한 군사작전과 병력 동원은 의회의 사전 승인을 받아야 한다. 독일군이 국제 작전에 참여하거나 병력을 해외로 파견할 때도 의회 승인은 필수다. 독일 의회의 감독 권한은 군사력 사용이 법적, 민주적 정당성을 확보하도록 보장하는 중요한 장치이다.

독일의 군사적 운영 철학은 흔히 '내적 지휘Innere Führung' 등으로 번역할 수 있는 독특한 개념에 기반을 두고 있다. 내적 지휘는 군인을 단순한 전투 기계가 아니라 헌법과 민주주의 가치에 충실한 '군복을 입은 시민'이 돼야 함을 강조한다. 군인은 군복을 입었을 때도 시민으로서 권리와 의무를 잊지 말아야 하며 사회와의 연결 고리를 유지해야 한다.

또한 내적 지휘에 의한 리더십은 전통적인 명령과 복종에 기반한 지휘 방식에서 벗어나 지휘관이 부하들에게 목표와 상황을 명확히 설명하고 자발적 참여를 유도해야 한다고 강조한다. 군대는 법치주의 원칙에 따라 운영되며 모든 명령은 법률에 부합해야 한다. 만약 상관의 명령이 법률이나 규정에 부합하지 않으면 거부할 권리가 있다. 이는 장병의 자율성과 책임감을 높여 복잡하고 불확실한 전쟁 상황에 효과적으로 대응할 수 있도록 기여할 수 있다는 것이다.

내적 지휘를 통해 군대가 정치적 중립성을 유지하고 민주적으로 선출된 정부의 통제 아래 있어야 함을 강조한다. 군사 독재와 쿠데타를 방지하고 민주주의 체제를 수호하는 데 중요한 역할을 해야 한다는 것이다.

미국은 의회와 대통령의 이중 문민통제 시스템이다

미국의 문민통제 시스템은 헌법, 법률, 그리고 전통을 통해 군사력을 민간 정부의 통제 아래 두도록 설계됐다. 문민통제는 미국 민주주의의 근본적인 원칙 중 하나로 이를 보장하기 위한 제도적 장치와 문화적 전통이 오랜 역사 속에서 발전해왔다.

미국 헌법이 제정된 1787년 독립전쟁 당시 영국군의 억압적 통치를 경험한 미국인은 상비군의 위험성을 경계하며 군사력을 철저히 민간 통제 아래 두는 헌법 구조를 설계했다. 초기 문민통제는 군사적 권한을 민간인인 대통령과 의회로 나눠 군의 자율적 권력 행사를 방지하는 데 초점을 맞췄다. 남북전쟁(1861~1865) 기간에는 링컨 대통령이 군을 적극적으로 지휘하며 민간 통제의 효과성과 효율성을 입증했다. 1947년에 국방부를 창설하면서 국방부장관은 민간인으로 임명해야 한다는 원칙을 확립했다. 이와 함께 합참의장 제도를 도입해 군 내부의 지휘 체계를 통합하고 민간 지도부와 협력체제를 강화하는 방향으로 발전했다.

미국 헌법 제2조 제2항은 대통령을 군대의 최고 통수권자Commander-in-Chief로 명시해 군사적 결정권이 민간 지도자인 대통령에게 귀속됨을 명확히 하고 있다. 이로써 군대가 군인만으로 독립적으로 행동하거나 정치적으로 권력을 행사할 여지를 원천적으로 차단했다.

국방부장관Secretary of Defense은 미국 법률(국가안전보장법)에 반드시 민간인이어야 한다고 명시돼 있다. 군인이었더라도 최소 7년간 군 복무 경험이 없어야 한다. 예외를 적용할 땐 의회의 특별승인을 받아야 한다. 바이든 정부의 로이드 오스틴 국방부장관은 7년 규정에 저촉돼 의회 특별승인 과정을 거쳤다. 국방부장관은 대통령의 지침을 받아 합참의장과 사령관을 지휘하고 감독한다. 모든 군사적 결정은 민간인 출신의 국방부장관의 책임하에 이뤄진다. 국방부장관은 군사전략과 정책, 군사력 운용의 우선순위를 결정하지만 전술적 군사작전에 직접 개입하지 않는다.

한편 각 군에도 민간 출신 장관을 두고 있다. 육·해·공군 장관은 군 내부의 작전 사항보다는 정책, 예산, 조직 운영을 관리한다. 민간 출신 장관은 군사전략을 정책으로 구체화하며 군의 작전적 효율성을 보장하면서 군사력 사용이 합법적이고 효과적으로 이뤄지도록 한다.

군사적 의사결정체계도 민간 통제를 보장하는 방향으로 설계돼 있다. 군의 작전은 대통령에서 국방부장관을 거쳐 합참의장과 각 군 지휘관으로 전달된다. 이러한 지휘체계는 군 내부의 과도한 자율성을 제한하고 민간 지도부가 군사정책의 최종 결정권을 행사하도록 한다.

한편 대통령과 국방부장관, 군 지휘부가 자의적으로 군사적 행동을 하지 못하도록 미국 의회가 많은 권한을 갖고 있다. 헌법 제1조는 의회에 선전포고권, 군사 예산 승인권, 군 관련 법률 제정권을 부여하고 있다. 따라서 대통령은 군대의 최고 통수권자로서 군사작전을 지휘할 수 있지만 전쟁을 개시하거나 지속하기 위해서는 의회의 승인을 받아야 한다. 엄정한 예산 심의를 통해 의회는 군사정책의 방향과 범위를 조정하며 군사 활동의 자율성을 제한한다. 군 조직과 운영을 규정하는 법률 제정권은 군사적 행동이 법치주의의 틀 안에서 이뤄지도록 한다. 1973년 제정된 '전쟁권한법War Powers Resolution'은 대통령의 군사적 행동 권한을 견제하는 대표적인 법이다. 이 법은 대통령이 의회의 승인 없이 군대를 60일 이상 사용할 수 없도록 규정하고 있으며 60일 내 의회의 승인을 받지 못할 경우 군대를 철수해야 한다. 이러한 의회의 권한은 군사력 사용이 의회의 통제를 받도록 보장하고 대통령과 군사 지도부가 자의적으로 군사적 행동을 결정하지 못하도록 견제 역할을 함으로써 문민통제의 이중적 안전장치로 작동한다.

또한 의회는 군 고위직 인사에 대해 중요한 승인 권한이 있다. 헌법 제2조 제2항에 따라 대통령이 임명하는 국방부 고위 공직자와 군 지휘관은 상원의 승인을 받아야 한다. 대통령이 지명한 모든 대장과 중장 진급자 중 주요 직위자, 국방부 차관 등은 상원의 청문회를 거쳐 최종 승인을 받아 대통령이 임명한다. 장군의 인사권을 대통령이 독단적으로 행사할 수 없도록 했다. 이러한 체계는 군 지휘부의 신뢰성과 책임성을 보장하며 군사정책에 대한 민주적 통제를 강화하는 중요한 장치로 작동한다. 이러한 과정을 거쳐 임명된 주요 직위자는 대통령 마음대로 교체하기도 쉽지 않다. 2021년 트럼프와 공화당에서 바이든과 민주당으로 정권이 교체됐지만 그 과정에서 이유 없이 해임된 군 주요 직위자는 단 한 명도 없었다. 트럼프 대통령이 2019년 합참의장에 임명한 마크 밀리 대장은 2023년까지 4년간의 임기를 채웠다.

문민통제와는 조금 거리가 있지만 미국 군사체계가 다른 나라와 다른 점을 주목해볼 여지가 있다. 미군은 '연방군Federal Military'과 '주 방위군National Guard'으로 이원화돼 있다. 이 두 체계는 헌법과 법률의 기반 위에서 각각의 역할과 권한을 수행하며 상호 견제와 보완 관계를 형성하고 있다. 군 구조를 이원화한 데는 연방정부와 주정부 간 권한의 균형을 유지하면서도 국가와 지역의 안보를 동시에 보장하려는 목적이 있다.

연방군과 주방위군은 각각 연방정부와 주정부의 통제하에 있다. 군사적 권력이 한쪽으로 집중되는 것을 방지한다. 연방정부는 헌법에 따라 주방위군을 동원할 수 있지만 이는 전쟁이나 비상사태와 같은 특정 상황에서만 가능하다. 주방위군의 존재는 연방정부의 군사력 독점에 대한 견제 장치로 작용하며 주정부의 권한과 독립성을 보장한다. 미국의 독특한 군사제도다.

미국의 문민통제 시스템은 민간과 군, 행정부와 의회, 중앙정부와 지방정부 간에 서로 견제와 균형 그리고 보완적 체계로 구축돼 있다. 군사력의 일방적 사용과 남용을 방지하고 군대가 민주주의와 법치주의를 수호하는 조직으로서 안정적으로 기능하도록 여러 제도적 장치를 마련한 것이다. 이러한 미국의 문민통제 시스템은 군사 전문성과 민간 지도자의 전략적 방향 설정 간의 균형을 이루며 군이 독립적으로 정치에 개입하거나 권력을 행사하지 못하도록 한다. 또한 미 행정부와 의회가 군 통제와 권한을 나눠 가짐으로써 군대가 정치적 목적으로 오용되는 것을 방지하고 정치적 중립성을 유지하도록 한다.

미국의 안정적인 문민통제 시스템 덕분에 미국 장군은 정부 교체와 상관없이 임기를 보장받으며 본연의 임무와 역할에 충실하게 임할 수 있다. 정치적 중립을 지키며 군사 전문성을 배양해 그 능력과 열정을 미국의 국익을 위해 사용하며 헌신한다. 2017년 7월 트럼프 대통령이 프랑스 독립기념일에 군사 퍼레이드를 보고 미국에서도 군사 퍼레이드를 개최하도록 지시했다. 당시 합참의장이었던 해병대장 조지프 던퍼드가 군의 의견을 대표해 군사 퍼레이드가 군의 목적과 우선순위에 부합하지 않는다고 보고했다. 여기에 의회까지 반대하자 결국 트럼프 대통령은 지시를 거뒀다.

트럼프 행정부에서 현역 중장 신분으로 국가안보보좌관을 지낸 허버트 맥매스터는 회고록에서 현역 시절 군사적 중립을 지키기 위해 투표권을 행사하지 않았다고 밝혔다. 트럼프 행정부의 핵심 직위에 발탁됐지만 군인의 의무를 저버리지 않았다는 것이다. 미국 장군의 정치적 중립에 대한 자세를 엿볼 수 있는 대목이다.

마크 밀리 합참의장은 퇴역식 연설에서 군대의 본질적 역할과 군인의 충성 대상에 대해 강렬한 메시지를 전했다. 그는 군인은 국가와 헌법에 충성해야 하며 개인이나 특정 지도자, 특히 독재자에게 충성해서는 안 된다고 강조했다. 그는 군 경력 전반에 걸친 신념과 군이 정치적 중립성을 유지해야 한다는 원칙을 분명히 드러냈다. 밀리의 재임 기간 중인 2020년 6월 조지 플로이드 사망 사건으로 촉발된 대규모 시위에서 트럼프 대통령이 군대를 동원하려 했다. 당시 밀리는 대통령의 요청을 거부하며 군대의 정치적 중립성과 헌법적 역할을 지키는 데 앞장섰다. 그리고 퇴역식 연설에서 밀리는 군의 독립성과 헌법적 책임이 흔들려서는 안 된다면서 군대는 어느 한 개인의 권력 강화 도구로 전락해서는 안 된다고 다시 한번 목소리를 높였다. 그는 모든 군인이 헌법에 대한 맹세를 지킬 것을 촉구하며 군이 민주주의와 국민을 수호하는 최후의 방어선임을 상기시켰다.

미국 군인들이 특정 정권에 굴하지 않고 정치적 중립에 대한 목소리를 분명히 내면서 자신의 소신을 지키는 것이 평생을 군에 몸담았던 한 사람으로서 매우 부럽다. 그들 개개인의 능력이 우리 장군보다 우수해서만은 아니다. 국가적 시스템이 탄탄해서 소신 있고 능력 있는 군인을 많이 배출한 것이다.

미국의 문민통제 시스템은 ① 군인의 정치적 중립 신념 구축 → ② 국민, 정부, 의회의 군에 대한 신뢰 증진 → ③ 군인의 본분 충실과 전문성 배양 → ④ 세계 최강의 군대 위상 확립으로 이어졌다. 미국의 문민통제 시스템은 단순히 군사 조직의 통제 차원을 넘어 국민과 민간 정부가 군사정책을 주도할 수 있도록 보장함으로써 민주적 가치를 지키는 핵심 시스템이다. 미국의 안정된 민주주의와 강력한 군사력을 조화롭게 유지하는 원동력인 셈이다.

2025년 2월 22일 트럼프 대통령은 찰스 브라운 합참의장을 전격 해임했다. 2023년 10월에 취임한 브라운 합참의장은 4년 임기를 채우지 못하고 1년 반 만에 교체된 것이다. 미국 역사에 합참의장이 임기 중에 해임된 첫 번째 사례다. 전임 정권에서 임명됐다는 것이 이유가 아니라 참모총장 재임 중 소수인종 장려 정책을 추진했다는 것이 경질 이유라고 알려졌다. 그렇지만 미국 역사에서 임기가 끝나지 않은 군의 주요 직위자를 정권의 입맛에 맞지 않는다고 바꾸는 첫 사례가 된 것이다.

다만 미국의 국가 시스템이 공고하고 정치적 중립에 대한 미군 장성들의 신념이 확고해 미국 문민통제 체제 전반에 큰 영향을 주지는 못할 것이다. 혹시 영향이 있더라도 머지않아 정상으로 돌아올 것이라 믿어 의심치 않는다.

한국형 객관적 문민통제 시스템을 만들어야 한다

우리나라도 외형적으로 문민통제 시스템을 구축하고 있다. 대한민국 헌법은 군사력의 민주적 통제를 명확히 규정하고 있다. 특히 헌법 제74조는 대통령을 국군의 최고 통수권자로 명시하며 군사적 권한이 민간 지도자인 대통령에게 귀속됨을 분명히 하고 있다.

또한 헌법 제60조는 국회에 전쟁 선포, 국군의 외국 파병, 외국 군대의 주둔에 대한 동의권을 부여하고 있다. 이는 군사정책과 군사력 사용이 국민의 대표 기관인 국회의 승인을 통해 이뤄지도록 한 것이다. 국회는 또한 국방예산을 심의하고 승인하는 권한을 가지며 이를 통해 군사 활동의 방향과 범위를 조정하고 통제할 수 있다.

국군조직법은 국방부장관을 군의 최고 관리자로 명시하며 국방부장관은 반드시 민간인이어야 한다고 규정하고 있다. 국군의 작전지휘체계는 대통령에서 국방부장관, 합동참모의장, 각 군 지휘관으로 이어지며 모든 군사적 결정은 민간 지도부의 승인을 거쳐야 한다.

헌법 제5조는 국군의 정치적 중립성을 명확히 규정하고 있다. 군인은 정치적 활동에 관여할 수 없다. 이는 군대가 특정 정치세력의 도구로 사용되지 않도록 하는 헌법적 장치다. 우리나라 군대는 국민과 헌법에 복무하는 조직으로 정의된다. 이를 보장하기 위해 군 내부 교육과 훈련에서 민주적 가치와 법치주의의 중요성을 강조하고 있다. 법적, 제도적으로 문민통제 시스템에 별다른 문제점이 없어 보인다.

다만 다른 민주주의 국가의 경우와 가장 큰 차이가 있다. 대한민국은 군사정부 이후 순수한 민간인을 국방부장관에 임용한 적이 없다. 그러면서 정부는 별도의 명령체계를 가진 부대인 방첩사를 두어 군 위계 내에서 군을 직접 감시하고 여기서 획득한 정보를 바탕으로 군의 활동과 세부적인 인사에 직접적 영향력을 행사하고 있다.

미국의 정치학자 새뮤얼 헌팅턴은 저서 『군인과 국가』(1957)에서 문민통제 시스템을 '주관적 문민통제Subjective Civilian Control'와 '객관적 문민통제Objective Civilian Control'로 구분했다. '주관적 문민통제'란 헌법과 법률 등을 동원해 군부권력을 최소한으로 축소하고 민간권력을 상대적으로 극대화해 군을 통제하는 방식이다. 헌팅턴은 민주주의 국가에서 정부 또는 정부와 의회가 군대를 통제하는 방식을 주관적 문민통제의 한 가지 유형으로 설명하고 있다. 한편 극단적 유형으로 전체주의 정권 등에서 특수부대를 창설해 군 위계조직 내에 독립된 명령체계를 가진 조직을 침투시켜 군을 통제하는 방식도 제시하고 있다. 이 독립된 부대는 군사 전문성보다는 정치적 충성심을 기준으로 활동한다. 이러한 방식은 군대 내의 명령체계를 약화시키고 군의 내부 균열을 조장함으로써 군사조직 전체의 능력과 효율성을 떨어뜨린다.

우리 정부의 군 인사에 대한 세부 검증, 안배, 방첩사의 권한 강화 등은 주관적 문민통제의 가장 나쁜 유형을 정확히 따라 했다고 볼 수 있다. 주관적 문민통제 방식에서 군의 분열, 사기 저하, 신뢰 상실, 전문성의 퇴보는 너무나 당연한 현상이다. 더 치명적인 부작용으로 정권을 쥔 민간 정부 당사자가 군을 정치적으로 이용하고자 할 때, 즉 친위 쿠데타를 시도할 때 제어하지 못할 가능성이 더 커진다.

새뮤얼 헌팅턴은 이상적인 문민통제를 '객관적 문민통제'로 봤다. 객관적 문민통제는 군사 조직이 정치적 영역으로부터 독립된 전문 기관으로 기능하면서 동시에 민간의 통제 아래 놓이도록 하는 방식이다. 이 방식은 장교단과 장군의 전문성을 인정하고 군사와 민간의 역할을 명확히 분리하는 것을 중시한다. 군대는 민간 정부의 정책 결정에 간섭하지 않고 오직 국가안보와 군사작전에만 집중한다. 민간 정부는 장군의 군사 전문성에 의존해 정책을 수립하지만 최종적인 통제 권한을 갖고 있다. 객관적 문민통제는 군대의 전문성을 보존하면서도 민주적 통제를 유지할 수 있는 이상적인 모델이라 할 수 있다.

12·3 비상계엄 사태에 따라 일각에서 군을 더 강력하게 통제해야 한다는 의견이 많다. 그러나 한국에서 민간 정부가 지금보다 군을 더 강하게 통제할 방법이 거의 없다. 방법이 있다 하더라도 더 강하게 통제했다가는 군이 더 약화될 것이 자명하다. 우리나라의 안보와 국토방위를 군에 맡기지 않아도 된다면 몰라도 더 이상 빈대 잡자고 초가삼간을 태워서는 안 된다. 더구나 정권이 주기적으로 교체되는 우리 민주주의 구조상 군이 정치적 중립의 저항력을 아예 상실하면 정권을 장악한 통치자가 불순한 의도로 비상계엄을 또다시 시도할 때 제대로 막을 방법이 없어지게 된다.

6
한국적 문민통제
: 헌법적 가치를 지키는 군을 만들자

우리나라도 주관적 문민통제 방식에서 객관적 문민통제 방식으로 전환할 때가 됐다. 군이 스스로 정치에 개입하는 행위도 방지해야 하지만 특정 정치세력이 군을 국내 정치에 끌어들이는 일도 예방할 수 있어야 한다. 군이 엄정하게 정치적 중립을 지킬 자생력을 갖도록 해야 한다. 객관적 문민통제를 강화해야 하는 이유다.

순수 민간인 국방부 장관을 임명하자

1982년부터 국군조직법에 따라 국방부장관은 반드시 민간인으로 임명하도록 하고 있다. 그러나 1961년 이후 모든 국방부장관은 전역해 신분은 민간인이었을지 몰라도 장군들이었다. 군 경력이 없었던 그야말로 민간인 국방부장관은 이승만 정부 신석모, 이기붕, 김용우 3명과 4·19 혁명 이후 장면 내각에서 현석호와 권중돈 2명이 있었다. 북한과의 엄중한 경쟁 구도하에 있는 우리나라에서 민간인보다 장군 출신이 안정적으로 군대를 이끌 것이라는 기대를 반영한 결과로 볼 수 있다. 그리고 장군 출신 장관은 임명되기 직전까지 군복을 입고 있다가 전역과 동시에 양복으로 갈아입고 국방부장관에 임명된 경우가 대부분이다.

1947년 창설된 미국 국방성은 28명의 국방부장관이 있었다. 이 중 군 장군 출신은 단 3명이었다. 1950년 임명된 조지 마셜, 2017년 임명된 제임스 매티스, 그리고 2021년 임명된 로이드 오스틴이다. 이들은 전역한 지 최소 4년 이후 의회의 특별승인을 받아 임명됐다. 미국 국방성이 창설되기 이전은 육군을 담당했던 전쟁부 Department of War(공군 창설 이전으로 육군항공대 포함)와 해군을 담당했던 해군부Department of the Navy가 있었다. 전쟁부와 해군부는 민간인 임명에 대한 명시적 제한은 없었지만 미국의 문민통제 원칙에 따라 군 장군 출신이 임명된 경우는 거의 찾아볼 수 없다. 이러한 원칙은 영국, 프랑스, 독일도 마찬가지다. 이들 국가에서도 국방부장관에 군 장군 출신은 거의 임명되지 않았다. 민간인 여성이 국방부장관에 임명되는 경우도 드물지 않다. 이들 국가에서 국방부장관이 민간인 출신이어서 국가안보에 문제가 됐다는 이야기를 들어보지 못했다.

장군 출신이라고 국방부장관에 임명되지 않아야 한다면 또 다른 편견이라고 생각할 수도 있다. 그러나 군의 장군은 수십 년의 군 생활을 명령 계통에서 보낸다. 명령에 복종하고 받은 명령을 일사불란하게 이행하는 것에 최적화된 사람들이다. 민주주의의 다양성을 혼돈과 혼란으로 생각하고 진보적 의견을 이념적 편향으로 오해할 위험이 있다. 사람에 따라 다를 수 있지만 대부분 장군은 범국가적 사고와 전략적 사고에 익숙하지 않다. 수십 년간 명령 계통 내에서 군사작전과 전술 관점으로 업무를 해왔기 때문이다. 관점이나 시각이 너무 미시적인 경우가 많다.

장군 출신이라고 해서 육군, 해군, 공군, 해병대를 모두 통찰하는 경우도 거의 없다. 대부분 출신 군의 업무에만 익숙하고 타군을 이해하는 경우는 드물다. 자칫 자군 이기주의에 함몰된다. 실제 국방부장관 기간 내내 자군의 이익만 챙기는 경우도 봤다. 장관의 노골적인 자군 위주 행보는 타군의 사기를 떨어뜨리고 군의 단결을 방해한다.

국방업무는 다양하다. 장군이 됐다 하더라도 국방전략, 국방정책, 군사력 건설, 평시작전, 연합작전, 전쟁 대비, 훈련, 동원 업무 등 모든 국방업무에 정통하기는 사실상 불가능하다. 오히려 자기 경험에 머물러 자신이 경험하지 않은 다른 업무에 편견을 갖기 쉽다. 국방부장관이 자신의 군 경험에서 비롯된 편견을 갖게 되면 이를 뒤집기 어렵다. 국방의 특정 분야가 왜곡될 위험이 있다. 차라리 세부 업무는 모르더라도 편견 없이 경청하고 사리에 맞게 결정하는 것이 현명할 수 있다.

또한 대외 안보 업무를 힘의 우위로만 단순히 생각할 우려도 있다. 군인은 평생을 적과 아군, 우군과 적군으로 나누며 생각해왔다. 때로는 적을 속이고 이기는 것이 최선의 방법이라고 배운다. 경우에 따라 적이라도 대화하고 협력해야 하며 명쾌하지 않은 결론이더라도 받아들여야 하는 것에 익숙하지 않다. 안보를 안정적으로 관리하는 것을 대결에서 이기는 것으로만 생각할 수 있다. 이런 성향은 오히려 큰 틀에서 안보를 위태롭게 할 수도 있다. 이렇게 보면 장성 출신 국방부장관이 능력 있는 민간인보다 더 나을 이유가 없다. 우리는 12·3 비상계엄 사태에서 편견을 가진 장군 출신 국방부장관이 얼마나 위험한지 봤다.

앞서 문재인 정부는 국방부장관을 장성 출신으로 임명하고서 민정수석실 계통에서 장관을 견제해야 한다는 강박감을 가지고 있었다. 국방부장관을 그냥 군으로 보는 것이다. 선출된 민간 권력이 임명된 군사 권력을 통제해야 한다는 생각이었다. 그래서 안보지원사령관을 굳이 국방부장관과 거리가 있는 사람으로 어렵게 찾아 임명했다. 하지만 안타깝게도 그 사령관은 정권이 바뀌자마자 상대 정당의 국회의원 후보가 됐다. 사령관 재임 동안 군사안보지원사령부를 정권에 유리하게 운영했으리라는 보장도 없었다. 장관을 견제하기 위해 장관이 올리는 인사안을 더 세밀하게 검증하고 토를 달았다. 그 와중에 엉뚱한 인재들이 피해를 보았을 수도 있다.

국방부장관을 정권을 창출한 민간인 중에서 잘 찾아 임명하면 이러한 엉뚱한 걱정, 노력의 낭비, 부작용이 줄어들 것이다. 오히려 차기 대통령이 될 만한 인물이면 더 좋지 않을까? 이런 과정을 거쳐 성장한 인물이 대통령이 되고 대통령이 국방부 업무에 정통하다면 아마도 모든 국민이 안심할 것이다. 이참에 우리도 미국과 같이 국방부장관의 자격조건에 7년 이내 군 경력이 없어야 한다는 명시적 조항을 넣자. 장성 출신을 임명하려면 인사청문회 이전에 별도로 국회의 승인을 받도록 하자.

민간인 장관의 군 경험이 부족한 부분은 우수한 장군들이 보좌하면 된다. 편견과 줄 세우기가 아니라 그야말로 능력 위주로 장군들을 선발하면 얼마든지 우수한 인재들을 찾을 수 있고 또 인재들을 수없이 키워낼 수 있다. 군 수뇌부를 사령관이 아니라 합동참모의장, 참모총장 등 '참모' 명칭으로 부르는 것은 민간인 대통령과 국방부장관의 군사 참모 역할을 하라는 뜻이다. 능력만으로 선발한 여러 분야의 장군들이 장관의 참모 역할을 제대로 하면 된다. 국방부장관의 비서실장 명칭도 민간인 장관을 고려해 '군사보좌관'이라 부르고 있다.

정부 인력을 활용해 문민 우위의 틀을 강화하자

'국방부 문민화'란 말이 있다. 국방부 직원 중에 군인을 줄이고 민간 공무원으로 대신한다는 것이다. 그러기 위해 국방부에 공무원이 몇 퍼센트 이상 돼야 한다는 정책 목표가 있었다. 십 년 넘게 국방부 직원을 의식적으로 공무원으로 채우다 보니 국방 공무원이 막상 군대를 이해하지 못하기도 했고 장병의 입장을 대변하기보다 공무원 입장만 내세우는 부작용이 나타나기도 했다. 상황이 이러하니 군인들이 정권뿐만이 아니라 정책을 결정하는 국방 공무원의 눈치까지 보고 있다.

국방부 직원을 주기적으로 보직 이동을 해야하는 군인보다는 오랫동안 보직할 수 있어 특정 국방업무에 익숙한 공무원으로 하는 것에 반대할 이유가 없다. 그러나 단순히 문민통제 관점에서 군인을 공무원으로 통제하겠다는 것에는 동의하기 어렵다. 특정 업무를 군인으로 할 것인가, 공무원으로 할 것인가는 업무의 적합성, 효율성, 인력 운용의 적절성에서 찾아야지 문민통제를 여기에 갖다 붙이는 것은 무리가 있다. 다만 예산과 인력 운용 등 전문성이나 문민통제의 목적에 맞는 특정 분야는 공무원이 하는 것도 의미가 있다. 이미 국방 공무원의 역사가 깊어 우수한 공무원이 많이 양성됐다. 그들을 능력에 맞게 잘 활용하면 되는 것이지 공무원이 군인보다 우위에 있어야 한다는 억지 틀을 만들 이유가 없다. 오히려 국방 공무원과 군인의 신분 간 반목을 불러일으킬 뿐이다. 어차피 공무원도 정치적 중립의 의무가 있어 공무원이 아무리 늘어나도 특정 정부 정책을 따를 가능성도 크지 않다. 정권이 국방부와 군에 대해 가진 근원적 불안감이 낮아질 가능성도 없다.

정권 차원에서 군 장악력을 강화하고자 한다면 국방예산과 인력 분야에 직접 자기 사람을 파견해 감독하는 방법도 있다. 국방부

뿐만 아니라 각 군 본부와 주요 사령부에 정부 인력을 파견할 수도 있다. 각 군의 예산과 인력 운용을 직접 들여다보면서 정책고문으로 각 군 총장과 사령관과 직접 소통하게 하는 방법도 있다. 청와대에서 근무하는 국회 출신 공무원 중에도 업무능력이 출중한 사람이 많았다. 국방 업무에 특히 해박한 사람들도 있었다. 이런 사람들을 더 양성해 운용하면 안 될 것도 없다.

물론 이들이 국방부장관을 벗어나 외부의 다른 계통과 별도의 소통 체계를 갖는 것은 문제가 있다. 국방부장관의 통제하에 있어야 한다. 이들의 의견이 국방부장관을 거쳐 대통령실과 연결되는 것도 가능한 일이다. 미국이 국방부장관 이외에 각 군 장관을 두고 강력한 권한을 행사하는 것을 고려하면 우리가 이런 방식을 시행하지 못할 이유가 없다.

방첩사령부를 해체해 역사의 전설로 보내자

쿠데타를 반복하는 군 정치화의 대명사가 된 방첩사를 해체해야 한다. 그리고 역사의 뒤안길로 보내야 한다. 정권을 구분하지 않고 살아 있는 정권에만 충성하는 이상한 부대다. 그들이 정권을 위해 또 언제, 무슨 일을 벌일지 알 수가 없다. 물론 임무에 충실한 방첩부 대원도 많다. 그럼에도 조직의 태생과 구조가 그렇다.

방첩사가 하는 업무는 국방부의 다른 부대에서 수행해도 문제가 없다. 군 내 대공 수사권은 군사경찰이 하면 된다. 일반 군사보안과 사이버보안은 국방부 정보화 관리관실과 각 군 본부의 정보작전지원부, 사이버사령부, 정보본부에서 수행해도 된다. 국방부장관이 정권에서 임명한 민간인이라면 군이 국방부장관의 인사권을 침해해 별도의 세부 검증을 할 필요도 없어진다. 각 군과 국방부 인사 계통의 정상적 보고를 장관이 검토하고 대통령과 직접 소통하면 된다. 정권 차원에서 장성 한 명 한 명을 정치적 도덕적 잣대로 다시 들여다볼 이유가 없다.

보안 조사, 보안 측정은 정보 계통이나 인사 계통에서 하고 불법성이 확인되면 군사경찰과 군검찰에서 수사하도록 하면 된다. 장군의 동향을 살핀다고 유선전화를 도청하고 있을 이유도 없다. 휴대폰으로 통화하면 도청할 법적 근거도 없는데 방첩사 군인을 불법의 경계선에 위태롭게 서 있게 하고 있다.

공산주의, 전체주의, 독재국가가 아닌 모든 민주주의 국가는 군을 감시하기 위한 별도의 부대가 없다. 업무에 정통한 전문가에 의해 방첩과 보안 기능이 철저히 유지되고 있다. 방첩사를 해체하면 군의 방첩과 보안 기능이 약해지리라는 것은 기우일 뿐이다.

장군 보직 안정성을 위해 국회의 견제 기능을 확장하자

우리 군의 장성 인사시스템 중 가장 문제가 큰 것은 제대로 임기 보장이 되지 않는 것이다. 그나마 합참의장은 대부분 2년 임기가 지켜지고 있다. 정권이 바뀌면 4성 장군의 보직이 1년은 고사하고 6개월 만에 교체되는 경우도 있었다. 대통령에게 인사권이 있더라도 장군 인사를 마음대로 하라는 것은 아닐 것이다. 합참의장은 워낙 중요한 자리고 다른 직위는 중요하지 않기 때문도 아니다. 합참의장과 다른 직위 대장들의 큰 차이는 장군 중에 합참의장만 국회의 인사청문회를 거쳐야 한다는 것이다. 국회를 거쳐야 하니 대통령과 국방부장관도 합참의장을 함부로 바꿀 수 없다. 임기를 단축해서 교체하고자 하면 그 합당한 이유를 국회와 국민에게 설명해야 한다.

미국의 모든 4성 장군과 많은 3성 장군은 대통령이 지명하면 상원 인사청문회를 거치고 상원의 승인을 받아 대통령이 임명한다.

미국의 4성 장군은 30명이 훌쩍 넘지만 모두 같은 과정을 거친다. 더구나 모든 장군 진급은 상원 인준을 받아야 한다. 장군 인사에 있어 의회의 영향력이 막강하다. 미국 대통령에게 통수권이 있으면서도 장군 인사는 대통령 마음대로 할 수 없다. 미국 참모총장과 합참의장 대부분이 임기 4년을 채우는 이유이기도 하다.

장군의 보직이 좀 더 안정성을 갖고 충분한 임기 보장을 통해 정책의 일관성을 담보할 수 있다면 모든 대장 임명을 국회 청문회를 거치도록 해 임기를 보장하는 방안도 검토할 필요가 있다. 한국군에 대장이 7명이니 국회 청문회 부담도 크지 않다. 해병대 사령관까지 포함해도 8명이다. 별 근거도 없이 임관 기수별로 대장 계급을 나눠야 한다는 고정관념을 버리면 된다. 기수별로 적절히 균형을 갖겠다면 한 기수는 육군 총장을 2년 하고 다른 기수는 지상작전사령관을 2년 하면 된다. 대신 가장 능력 있는 장군을 찾아야 한다. 능력이 검증되면 3년이고 4년이고 임기를 연장해서 활용해야 한다. 그래야 군이 안정되고 정상적으로 돌아갈 것이다. 제대로 된 검토 없이 정권의 입맛에 따라 잘하든 못하든 단기간에 해임하고 분배하듯이 진급시켜 보직하는 것이 더 위태롭다.

현재 시행하는 합참의장의 청문회도 필요 없다는 주장이 있다. 국회의 먼지 털이식 인사청문회 과정에서 사생활이 노출돼 리더십이 손상된다는 우려에서다. 현재의 정쟁식 인사청문회의 폐단이다. 그러나 장군의 직위가 정권 초월적인 위치로 정착된다면 대장 청문회는 정쟁에서 벗어날 수 있다. 그야말로 리더십, 군사 전문성, 직위를 위한 식견을 검증하게 될 것이다. 한편으로 사생활 때문에 리더십이 흔들릴 정도로 살아왔다면 애초에 책임 있는 자리에 앉으려 하면 안 된다.

장교가 대장으로 진급하기 위해서는 세부적인 사생활이 노출될 수도 있다는 것을 인식한다면 군 생활 전체 기간 더 몸조심할 것이다. 장교와 장군의 도덕성과 윤리의식이 더 높아지는 순기능도 기대할 수 있다. 주어진 임무에만 매달리지 않고 군사 전문성과 통찰력을 갖추기 위해 노력하는 분위기도 만들어질 수 있다. 그리고 특정 정부가 정권 친화적 인물이라고 준비가 안 된 사람을 내세우기도 쉽지 않을 것이다.

군 법무 기능을 강화해서 윤리와 법적 책임을 확립하자

준장 시절 한미연합군사령부에서 근무했다. 2017년 당시 한미연합사의 한국군 측 법무장교는 16명 정도였다. 미군은 70명이 넘는 법무관이 있었다. 한 사령부에 16명의 법무장교도 매우 많은 인원인데 미군은 한국군보다 5배 가까운 법무관이 있었다. 사단장을 할 때 인접해 있던 미군 201 화력여단장(대령)과 저녁 식사를 함께 한 일이 있었다. 식사하러 나올 때 관용차를 탈 수 있는지 법무관에게 확인하고 나왔다고 했다. 그리고 자기 부대에 법무관은 3명이라고 했다. 당시 우리 사단 법무장교가 3명이었다. 미 2사단에는 60여 명의 법무관이 편제돼 있다고 했다. 미군 대령이 이야기한 사단의 법무팀 인원을 정확히 확인해보지는 않았지만 미군은 우리가 생각하는 이상으로 법무관을 많이 운용하는 것이 분명했다.

미군이 법무 기능을 강화한 것은 현대전의 효과적인 전쟁 수행을 위해 필요하다고 판단했기 때문이다. 미군은 베트남전 이후 군의 법무 기능을 획기적으로 강화했다. 베트남전 당시 미군은 국제법과 윤리적 기준을 준수하지 못했다는 비판에 직면했다. 특히 '미라이 마을 학살 사건'과 같은 민간인 피해 사례는 국제적 비난을 불러왔다. 이 사건은 미군 내부에서 군사작전과 법적 책임의 균형을 재정립해야 한다는 강한 필요성을 인식하게 했다.

베트남전은 미군에 여러 도전을 안겨주었다. 전투 현장에서 지휘관이 법적 조언을 받을 체계가 부족해 작전 수행과 윤리적 판단에서 혼란을 초래했다. 또한 민간인 피해를 방지하기 위한 명확한 교전규칙ROE, Rules of Engagement의 부재로 국제법을 준수하지 못했다. 이러한 문제들 때문에 군 내부와 정치권에서 군대에 법률적 통제와 조언 기능을 강화해야 한다는 요구가 있었다.

베트남전 이후 미군은 법무 기능 강화를 위해 몇 가지 중요한 변화를 도입했다. 가장 주목할 만한 변화는 법무관JAG, Judge Advocate General 역할의 확장이다. 법무관은 전투 작전, 교전규칙 해석, 군사재판, 국제법 준수 지원 등 다양한 법률 과제를 담당하며 지휘관을 지원했다. 또한 모든 군인이 국제법과 교전규칙에 대한 체계적 훈련을 받도록 의무화해 전투 현장에서 윤리적이고 법적으로 올바른 행동을 하도록 만들었다.

법률적 조언은 군사작전의 모든 단계에 통합돼 지휘관의 전략적 결정을 지원하는 데 중요한 역할을 했다. 이와 더불어 법무팀은 작전계획 단계부터 참여해 국제 규범을 준수하도록 보장함으로써 미군의 작전 수행 방식 변화에 매우 중대한 영향을 미쳤다.

미군은 걸프전(1990~1991), 이라크전(2003~2011), 아프간전(2001~2021)을 거치면서 군 법무단JAG Corps이 실제 전장에서 효과를 발휘한다는 것을 명확히 확인했다. 미군은 법무 기능을 모든 군사 계획과 실행에 완벽히 통합했다. 더구나 현대전의 복잡성으로 전쟁에서 법적 판단과 절차가 더 많이 요구됐다. 법무관은 미군이 국제법 등 각종 법령과 교전규칙을 준수해 민간인 피해를 최소화하면서도 효과적인 작전을 수행할 수 있는 핵심 역할을 한다. 한편으로 법무 기능의 강화는 전쟁범죄가 될 수 있는 행동을 억제하는 데도 효과가 있었다. 군 법무단의 효과적인 운용 덕분에 미군이 여러 전쟁을 수행하면서도 국내외적으로 긍정적 평가를 잃지 않게 됐다.

법무관은 평시에는 미군 내 준법을 감시해 범죄를 예방하고 장병의 일탈을 방지하는 역할을 한다. 지휘관의 명령과 지시의 준법성을 확인하고 평시 작전, 훈련, 부대 활동, 행정 등에서 법적 조언을 아끼지 않는다. 미군의 모든 활동이 법치주의의 틀 안에서 행해지도록 이끌고 있다. 또 부대와 장병 개인이 법적 문제에 관여됐을 때 법률서비스를 제공하고 있다. 그러다 보니 나와 식사했던 미 여단장이 일과 후 일정에 관용차를 이용할 수 있는지 법적으로 확인하고 행동한 것이었다.

12·3 비상계엄 사태에서 7명의 방첩사 법무장교들이 계엄군의 선관위 투입을 반대해 불법행위가 확대되는 것을 막았다. 수방사령관과 특전사령관도 대통령과 국방부장관의 명령 이행 과정에서 법무장교에게 의견을 구했다. 사령관들이 대통령의 지시를 강하게 밀어붙이지 못한 이유 중에는 법무장교의 존재가 있었다. 이처럼 법무 기능이 제대로 작동하면 군이 법치주의의 틀 안에서만 움직이도록 만들 수 있다.

나는 사단장과 군단장 시절 모든 공식 명령과 문서는 법무참모가 검토하고 서명하도록 했다. 훈련할 때면 법무장교가 지휘관 옆에 반드시 위치하도록 했다. 상황조치 간에 법적 조언을 하라는 이유였다. 그러나 사실상 이러한 것이 무리한 지시임을 뒤에 알았다. 모든 훈련에 참여하고 일반 행정문서 검토까지 하기에는 사단과 군단의 법무 인력이 너무 적었다. 부대 내 징계 건수라도 늘어나면 법무참모실은 밤을 새워야 했다. 군에 보직되는 법무장교는 군판사와 군검사 역할까지 나눠서 해야 한다. 군 사법체계가 발전하면서 역설적으로 지휘관과 부대에 일반적인 법무 조언을 할 수 있는 인력은 더 줄어들었다.

군 내 법무 인력을 충분히 확충해야 한다. 적어도 대령이 지휘하는 부대에는 한 명 이상의 법무관이 보직돼야 한다. 장군이 지휘하는 모든 부대의 명령, 지시, 행정문서를 법무장교가 검토해야 한다. 이를 위해 충분한 법무 인력 보충은 필연적이다.

이러한 여건이 마련되면 평시에는 군 내 법치주의를 강화해 불법적 지시에 군대가 폭주하는 등의 불확실성을 줄일 수 있다. 군 내 부조리한 관습도 크게 줄어들 것이다. 그리고 전시에는 미군과 같이 국제법과 교전규칙을 준수하면서 효과적으로 임무를 수행할 수 있는 선진형 군대의 기틀을 마련하게 될 것이다.

한미연합사 근무 시절 전쟁 연습을 할 때 중요한 훈련 과제 중 하나가 임기표적 처리 절차였다. 사전에 계획하지 않았던 중요한 표적을 식별하면 임기표적 처리 절차를 진행한다. 정보 기능이 신속히 처리해야 하는 중요 표적의 성질을 설명하면 화력 기능과 공군 등에서 타격 방법을 추천한다. 현행작전과 장차작전 기능에서 동의하면 최종적으로 법무 기능에서 부수 피해나 전쟁법 위배 가능성을 검토하고 최종 동의해야 지휘관의 결심을 받아 시행한다. 법무 기능이 동의하지 않으면 지휘관에게 넘어가지 못하고 타격 방법부터 다시 검토한다. 연습 때마다 여러 차례 이러한 과정을 훈련했다. 이렇게 작전의 적법성을 담보하면서도 전체 작전 수행과 작전 효율성에 아무런 지장이 없었다.

한국적 '내적 지휘'로 군복 입은 시민을 만들자

12·3 비상계엄 사태에서 국회에 투입된 장병들이 무력 사용을 의도적으로 자제하는 모습을 보여줬다. 그들은 대한민국에서 가장 전투력이 강한 부대 중 하나다. 그들이 마음의 거리낌 없이 지시받은 그대로 행동했다면 상황이 어떻게 전개됐을지 상상하기 싫다.

중앙선관위에 투입된 방첩사 요원은 근처 편의점에서 라면을 사먹으며 상황이 끝나기를 기다렸다. 명령받았지만 부당한 명령에 따르지 않겠다는 양심이 작동한 것이다.

앞에서 살펴보았듯이 현대 독일군에는 '내적 지휘' 개념이 있다. 이 개념은 제2차 세계대전 이후 독일 연방군이 설립되면서 형성된 군사 철학으로 민주적 가치와 군사적 의무를 조화시키는 데 중점을 둔 접근 방식이다. 제2차 세계대전 당시 독일군은 나치체제에 충성하며 수많은 전쟁범죄와 인권 침해에 연루됐다. 이런 경험은 전후 독일이 새로운 군사체제를 구축하는 데 민주주의와 법치주의를 중심에 두게 만든 이유가 됐다.

독일군의 내적 지휘 개념의 특징을 살펴보자.

군인을 '군복을 입은 시민'으로 간주해 군인이 민주적 가치와 법적 책임을 이해하고 실천해야 함을 강조한다. 군인을 단순히 명령을 따르는 존재가 아니라 자기 행동에 대한 도덕적 책임을 인식하는 자율적 주체로 인정하는 것이다.

상관이나 지휘관은 단순히 명령을 내리는 역할을 넘어 윤리적 기준을 바탕으로 부하들을 이끌어야 한다. 군의 전통적 위계질서를 넘어 지휘관과 부하 군인 간의 상호 신뢰와 소통을 기반으로 한 리더십을 강조한다. 명령은 합법적이고 도덕적이어야 하며 모든 군인은 비윤리적 명령을 거부할 권리와 의무가 있다. 모든 군인은 군사적 결정 과정에서 자신의 의견을 표현할 수 있다. 명령 복종은 무조건적이지 않으며 법적 윤리적 기준에 따라 판단해 이행한다. 군대는 폐쇄적인 조직이 아니라 사회와 지속적으로 소통하고 통합된 기관으로 작동해야 한다. 그러기 위해 군대는 외부 비판에 개방적이고 민주 사회의 요구에 부응할 수 있다.

내적 지휘는 독일군을 단순한 군사 조직이 아니라 민주주의와 시민적 책임을 내재한 현대적 군대로 변모시킨 핵심 철학이다. 이 개념은 군인에게 법적 윤리적 책임을 부여하고 군대를 사회와 격리되지 않고 통합된 기관으로 자리 잡게 함으로써 독일의 민주적 군사체제 형성의 근간이 됐다. 이러한 독일군의 변화를 우려하는 시선도 있었다. 이러한 우려는 "민주주의 군대는 있지만 군대 민주주의는 없다."라는 표현으로 축약할 수 있다. 군대는 본질적으로 효율적이고 신속한 의사결정을 위해 명령과 복종을 핵심으로 하는 위계 구조다. 이 구조는 조직의 생존과 임무 수행에 필수다. 민주주의처럼 토론과 합의 과정을 통해 모든 결정을 내리기에는 군대의 특수성이 허락하지 않는다는 것이다.

그러나 독일군의 내적 지휘는 이러한 군대의 본질을 약화시키자는 것이 아니다. 군인들이 민주적 가치와 법적 책임을 충분히 이해하고 실천하도록 요구한다. 하지만 동시에 군대의 명령체계라는 특수성도 법적 제도적으로 보장하고 있다. 사실 '민주주의 군대' '군대 민주주의'란 말도 독일군의 내적 지휘 개념을 정립할 때 결정적 역할을 한 볼프 그라프 폰 바우디신Wolf Graf von Baudissin이 두 체계의 양립을 역설하면서 비유한 말로 알려져 있다.

독일군의 내적 지휘는 독일군의 전통적인 작전 수행 방식인 '임무형 지휘Auftragstaktik'와 연결된다. 임무형 지휘는 부대와 지휘관에게 목적과 목표를 명확히 전달하면서 달성하는 방법은 최대한 자율성과 창의성을 허용하는 군사 지휘 철학이다. 임무형 지휘는 하급 지휘관의 자율성을 강조한다. 이는 내적 지휘에서 요구하는 책임감과 윤리적 행동을 전제로 한다. 또한 임무형 지휘는 상급자와 하급자 간의 신뢰를 기본으로 한다. 신뢰는 내적 지휘에서 강조하는 군인의 윤리적 책임감과 상호 존중에서 비롯된다.

내적 지휘 개념을 역사적 맥락 없이 현대 독일군의 순수 창작품으로 보기는 어렵다. 프랑스 혁명이 일어나면서 왕과 귀족에게 충성하던 용병군대는 자발적 의지를 가진 시민들로 구성된 시민군, 국민군으로 바뀌었다. 프랑스의 국민군은 나폴레옹이 등장해 유럽을 휩쓸었다. 독일군의 내적 지휘는 이와 같은 국민군의 본질적 모습을 받아들인 것으로 봐야 한다.

역사상 가장 강력한 군대였다고 여겨지는 고대 스파르타의 시민군과 아테네의 시민군, 공화정 시대의 로마군은 자발적 의지를 가진 시민들로 구성된 군대였다. 위대한 철학자 소크라테스도 중장갑 보병 호플리테스Hoplites로서 펠리폰네소스 전쟁에 3차례 참전했다. 철학자 병사였던 소크라테스는 매우 용감했던 것으로 알려져 있다. 이렇듯 자발적 의지를 가진 시민들로 구성된 군대가 강압적이고 강제적 군대보다 강하다는 것은 역사적 상식이다. 독일군의 내적 지휘 개념은 이러한 강력한 시민군과 연결될 수 있다.

우리나라 군대의 병사와 간부는 세계에서 교육 수준과 지적 수준이 가장 높다. 또한 우리나라는 민주주의 의식이 가장 높은 국가의 하나다. 우리 장병은 민주주의 과정을 경험했고 민주주의를 충분히 이해할 수 있다. 그리고 스스로 생각과 판단을 할 수 있는 지적 수준이 있는 사람들이다. 이들의 높은 수준을 자발적 의지로 전환한다면 우리나라 군대는 더 강력해질 수 있다. 강압적 군기로 유지되는 군대보다 신뢰가 공고한 군대가 강하다. 내적 지휘는 우리군에 자발적 의지를 확산하는 좋은 방법이 될 수 있다. 한편으로 내적 지휘가 충만하다면 민주주의 체제에 반하는 불법적이고 부당한 지시에 대해 더 명확히 거부하는 군대가 될 것이다.

사단장 시절 간부와 간부, 간부와 병사 간에 신뢰를 높이는 일종의 병영 문화 실험을 시행한 일이 있다. 간부가 명령이나 지시할 때 이유를 반드시 설명하도록 했고 부하들은 이해 안 가는 부분을 물어볼 권리를 부여했다. 처음에는 모두 어색해했다. 속된 말로 "까라면 까야 한다."라는 무조건적 명령체계에만 익숙한 장병들이었다. 그러나 상급자가 명령을 내리면서 정성스럽게 설명했고 시간이 지나면서 상급자에 대한 신뢰가 쌓였다. 나중에는 신뢰가 형성된 관계에서는 설명이 없어도 잘 따르는 현상이 일반화됐다.

신뢰가 쌓이기 전에는 혼란스러운 과정이 있었다. 하지만 그 과정이 지나가자 한결같이 더 안정되고 강한 결속력이 생겼다. 신뢰가 형성된 부대는 내부 다툼에 의한 사고가 거의 없어지고 임무 수행과 업무 효율도 훨씬 높았다. 11개월 만에 사단장직을 마치게 돼 완전히 정착시키지 못했지만 가능성은 충분히 확인했다. 12·3 비상계엄 사태 현장에서 장병들이 보여준 태도는 우리도 조금만 노력하면 '한국형 내적 지휘'가 가능함을 보여주었다. 그리고 이러한 체제를 잘 정착시키면 세계에서 가장 지적 수준이 높은 사람들이 모인 우리나라 군대가 세계에서 가장 강력하면서도 민주주의 국가에 걸맞은 군대가 될 수 있다고 생각한다.

윤석열 정부는 장병들에게 대적관 교육을 강화했다. 북한 정부와 북한군을 주적으로 상정하고 적개심을 키우는 것이 핵심이다. 단순하게 생각하면 일리 있는 접근 같기도 하다. 그러나 생각해볼 여지가 있다. 세계에서 수많은 전쟁을 효과적으로 수행한 미군이 대적관 교육을 한다는 이야기를 들어보지 못했다. 1980년 이후 미군이 싸운 적군을 보자. 파나마에서 노리에가 정부군, 이라크에서 사담 후세인의 공화국수비대, 코소보에서 밀로셰비치를 추종한 세르비아군, 아프가니스탄의 탈레반군, 중동의 IS군과 직접 싸웠다. 지금은 이란군, 북한군, 러시아군, 중국군을 잠재적 적으로 여기며 여차하면 군사적 충돌을 감수할 준비를 하고 있다.

그렇지만 미군이 이 수많은 적에 대해 각각 대적관 교육과 적개심을 높이는 교육을 한다는 이야기를 들어보지 못했다. 내가 알기로 그런 교육은 하지 않는다. 오히려 각각의 전쟁마다 전쟁 목적에 맞는 교전규칙을 수립하고 그 교전규칙을 철저히 준수하도록 교육한다. 교전규칙을 반드시 지키도록 한 것은 폭력을 극대화하지 않고 적절히 통제하기 위함이다. 군대는 폭력을 행사하는 집단이다. 그 폭력을 제대로 사용하도록 강하게 훈련한다. 폭력은 그냥 놔두면 본질적으로 폭증하는 성향이 있다. 군대는 무제한 폭력을 행사해선 안 되고 절제된 폭력을 행사해야 한다. 필요할 때는 압도적인 폭력을 행하지만 폭력을 멈추고자 할 때 즉각 멈출 수 있어야 군대다. 그렇지 않으면 그냥 폭력 집단이다.

군대에 절제되지 않는 감정은 오히려 독이 될 수 있다. 대적관 교육은 적에 대해 감정적 증오심을 키우는 것이 핵심이다. 증오심은 판단력을 흐리게 할 수 있고 절제해야 할 폭력을 극대화할 위험이 있다. 40년 가까이 군 생활을 한 나는 대적관 교육이 전투와 전쟁에 도움이 된다는 것에 동의하지 않는다. 그리고 북한군만이 적이라고 생각했는데 다른 세력이 안보를 위협하면 어떻게 할 것인가? 우리 군대가 북한이 아니라 주변국 군대와 싸워야 한다면 또는 해외 파병을 나가 또 다른 적과 싸워야 한다면 그러면 그때마다 대적관 교육을 해야 한다는 것인가? 우리나라 군대가 대적관 교육을 하지 않으면 싸울 수 없다는 것은 우리 젊은이들과 우리 민족에 대한 일종의 모욕이 될 수 있다.

우리에게는 남다른 역사가 있다. 국난이 닥쳤을 때마다 국민 전체가 자발적으로 무기를 들고 나섰다. 오랜 옛날부터 우리 조상은 국난이 닥칠 때마다 의병으로 일어났다. 국가가 부르지 않아도 가족과 공동체를 지키기 위해 기꺼이 움직였다. 우리 스스로 의식하지 않았지만 고려와 조선의 의병은 자발적 의지에 따른 군대의 이상적인 사례다. 프랑스 혁명 이전에 한반도 외에는 세계 역사 어디에도 볼 수 없는 현상이다. 우리에게는 그러한 특별한 피가 흐른다. 내 가족, 내 고장, 내 공동체를 위협하는 세력을 거부하는 근원적인 상무정신이 있다. 이 상무정신은 북한의 침략을 직접 겪은 분들에게만 있는 것이 아니라 우리 젊은이들도 공통으로 갖는 한국인만의 특질이라 생각한다.

장병에게 왜 싸워야 하는지에 대한 교육이 필요하다면 우리가 가진 것들의 소중함을 가르치면 된다. 민주주의의 가치, 인류의 보편적 가치, 법치주의의 가치, 가족과 공동체의 가치, 대한민국의 소중함을 가르쳐 그들 마음속 신념과 합치시키면 된다. 억지로 주입하지 않아도 된다. 우리는 불법 계엄에 분노해 백만 명이 넘게 모인 시위 현장에서 유리창 하나 깨지 않는 국민이다. 시위가 끝나고 쓰레기 하나 남기지 않는 국민이다. 세계에서 가장 수준 높은 민주주의 정신을 가진 나라다. 그들이 군에 오기 전에 배우고 자라오면서 경험했던 것을 제대로 일깨우면 되는 것이다.

그것이 '한국형 내적 지휘'다. 한국군 장병들은 증오와 적개심에 함몰되지 않고 자신의 신념과 합일하는 이러한 가치들을 지키기 위해 기꺼이 무기를 들 것이다. 가족과 나라를 위해 자신의 안위를 기꺼이 희생할 각오를 할 것이다. 그렇게 내적 지휘에 충만한 군인들은 다시는 국민에게 총구를 들이밀지 않는 군대가 될 것이다. 일부 잘못된 신념을 가진 장성이 그렇게 하고 싶어도 움직이지 않는 군대가 될 것이다. 그리고 혹 외국에 파병돼 다국적군이나 유엔군이 되더라도 인류의 보편적 가치를 위해 헌신할 것이다.

장교에 대해서는 더 정성스럽게 교육해야 한다. 헌법적 가치와 민주주의가 신념이 되도록 교육해야 한다. 민주주의 군대와 군대민주주의를 구별하는 힘을 키우도록 해야 한다. 장성이 되면 대한민국의 민주주의가 헌법 아래에서 어떠한 메커니즘으로 작동하는지 직접 눈으로 보고 확인하는 과정을 거치도록 해야 한다. 헌법기관을 돌아다니며 교육받고 토론하는 시간을 갖는 것도 좋은 방법이다. 왜 장성들만 그런 교육이 필요하냐고 할 것이다. 장성들이 잘못된 신념을 가지면 대한민국이 얼마나 흔들리는지 보았지 않은가?

병사부터 장성까지 가족과 공동체, 국가를 사랑하면서 민주주의와 법치주의에 대한 믿음과 신념이 확고하고 서로 존중하고 신뢰하며 외부의 위협에 기꺼이 스스로 맞서는 용기가 충만한 군대. 그것이 민주주의 국가에 걸맞은 대한민국의 군대다.

제대로 개혁한다면 위기는 기회가 될 수 있다

12·3 비상계엄 사태로 군은 또다시 큰 위기를 맞았다. 그러나 언제나 그렇듯 위기를 잘 넘기면 새로운 기회가 될 수 있다. 많은 국민과 정치권에서 군에 문제가 많다고 느끼고 제대로 개혁해야 한다는 필요성을 이야기하고 있다.

우리 군은 현대사에서 여러 차례 정치에 직접 뛰어들면서 민주주의를 후퇴시켰다. 우리 사회의 민주주의에 대한 가해자 집단이었다. 군사정부가 끝났어도 군은 잠재적 가해자였다. 사실 군사정부의 정치군인들도 정치와 무관했던 군 전체를 자기들과 같은 세력이 될 수 있는 잠재적 위험 요인으로 여겼다. 여러 수단을 개발해 철저히 감시하고 군대의 힘이 너무 커지지 않도록 견제했다. 정치에 참여한 것은 군의 극히 일부 세력이었지만 군 전체가 그 후유증에서 벗어날 수 없었다. 이런 상황이 60년 넘게 지속되면서 알게 모르게 군도 깊은 내상을 입고 있었다.

나는 12·3 비상계엄에 군의 일부가 동원된 것은 한국군이 다시 정치화된 결과라고는 생각하지 않는다. 오히려 과거로부터 이어온 오랜 내상이 병이 돼 정치에 대한 저항력을 상실한 결과일 수 있다고 생각한다. 군의 정치개입으로 군 자체에 내상이 생겼고 상처가 곪아 썩어가고 있었다는 것을 아무도 모르고 있었다. 이 내상은 만성이 돼 군도 상처를 제대로 인식하지 못했다. 인식했더라도 지은 죄가 있어 아프다고 이야기할 용기가 없었다. 내상이 오래돼 골병이 들어 있었다.

이제 그 상처를 과감히 드러내고 치료해야 한다. 제대로 치료하지 않으면 상처에 고름이 생기고 그 고름이 몸 전체를 망가뜨릴 것이다. 이번 비상계엄 사태에서 그 곪은 부분이 일부 드러났다. 한편으로는 새살이 돋고 있다는 희망도 봤다. 젊은 군인들의 행동이 그것이다. 이때 상처를 제대로 들여다보지 않고 겉에 독한 소독약만 뿌리고 또다시 봉합해버리면 내상은 곪다 못해 언젠가 패혈증으로 악화해 더 큰 일로 이어질 수 있다.

그 오래된 상처를 군 혼자서는 온전히 치료할 수가 없다. 군 혼자서 해봐야 소용이 없다. 군의 오랜 문제를 국민이 알아야 하고 정치인이 제대로 알아야 한다. 우리 군의 문제는 정파의 문제가 아니라 국가적 문제다. 우리나라의 미래를 위해 이 문제를 제대로 해결하지 않으면 안 된다. 군 개혁의 필요성을 모두가 공감하는 지금이 가장 좋은 기회다.

밖에서 정부와 국회가 법과 제도를 만들고 안에서 군이 스스로 해야 할 것을 찾아야 한다. 줄탁동시啐啄同時의 힘을 합해 대한민국 군을 제대로 세워야 한다. 군이 정치적 중립을 취할 제대로 된 시스템을 마련할 때 군이 집중해야 할 군사 전문성 향상도 도모할 수 있다. 군이 국민의 흔들림 없는 신뢰를 받을 때 더 도약할 수 있다. 이것이 선순환의 시작이다.

12·3 비상계엄 사태에 연루된 후배 군인들의 모습을 안타깝게 지켜보면서 2023년 9월 29일 마크 밀리 전 미국 합참의장의 퇴임 연설을 옮겨본다. 대한민국 군인들이 마크 밀리 장군의 흔들리지 않는 군인정신을 함께 공감하기 바란다.

"우리는 국가에 충성을 맹세하지 않습니다. 우리는 부족에 충성을 맹세하지 않습니다. 우리는 종교에 충성을 맹세하지 않습니다. 우리는 왕이나 여왕이나 폭군이나 독재자에게 충성을 맹세하지 않습니다. 그리고 우리는 독재자가 되려는 사람에게도 충성을 맹세하지 않습니다. 우리는 개인에게 충성을 맹세하지 않습니다. 우리는 헌법에 충성을 맹세합니다."

강군의 조건 2

전쟁할 수 있는 군대

1
작전권 전환의 역사
: 대한민국 안보의 역사다

전작권 전환 이슈는 진보와 보수를 떠난 안보의 문제다

　문재인 정부 국방정책의 핵심 과제 중 하나는 전작권 전환이었다. 한국군에 대한 작전통제권은 1950년 한국전쟁 시 이승만 대통령이 유엔사에 이양한 이후 1978년 한미연합사 창설, 1994년 평시 작전통제권 인수 등의 역사를 밟아왔다.

　먼저 작전권, 작전통제권, 지휘권이라는 용어의 차이를 언급하고 가겠다. 작전권은 군사작전을 계획하고 시행하는 권한이다. 작전통제권은 특정 부대를 통제해 작전을 지휘할 수 있는 권한이다. 지휘권은 특정 부대의 행동을 지휘할 수 있는 권한이다. 작전권 전환 문제는 미군이 한국군의 일부 부대에 대해 갖는 작전통제권을 한국 정부가 전환받겠다는 것이다. 작전통제권을 가지고 오면 사실상 미군이 주도하는 한반도에서의 작전권을 한국군이 주도적으로 행사하게 되고 한국군 전체의 지휘권을 한국 정부가 갖게 된다. 그러므로 작전통제권, 작전권, 지휘권으로 엄격히 구분해서 접근할 필요는 없다고 생각한다. 약간의 의미 차이만 이해하고 읽으면 좋겠다.

1994년 이후 평시 작전통제권은 한국군이 행사하고 있으니 이제 전시 작전통제권(전작권)마저 가져오고자 하는 것이 전작권 전환이다. 노무현 정부에서 추진한 정책을 이어받은 것이다. 전작권을 가져와야 한다는 것은 문재인 정부와 노무현 정부만 추진한 것은 아니다. 노무현 정부 이후 이명박 정부와 박근혜 정부에서도 전작권 전환을 명시적으로 반대하진 않고 다만 시기를 늦추고 전환 조건을 붙였다. 사실상 전작권 전환에 소극적이었다. 윤석열 정부에서 전작권 전환이 국방 이슈로 떠오른 적은 없었다. 이 주제는 캐비닛으로 들어간 셈이다.

전작권 전환에 대해 진보 정부는 모두 찬성했고 보수 정부는 반대한 것일까? 박정희 정부는 작전통제권 환수에 적극적 관심을 가졌다. 박정희 대통령은 1960년대 국내 치안에 투입되는 일부 한국군의 작전통제권을 환수하고 북한의 도발에 따른 대간첩 작전에 대한 작전통제권을 행사했다. 주월한국군의 독자적 작전권 확보도 대통령의 의지로 관철했다. 그리고 한국군이 공동의 작전권을 행사하는 한미연합사를 창설했다.

작전권 환수를 적극적으로 추진했던 것은 마지막 군사정부였던 노태우 정부에서였다. 미국의 주한미군 철수 구상에 따라 작전권 전체 환수에 대비했던 노태우 정부는 출범과 동시에 미국과 평시 작전통제권 협상을 시작했고 오랜 협상을 통해 최종 합의에 성공했다. 문민정부이자 보수 정부였던 김영삼 정부가 출범한 이후인 1994년 12월 평시 작전통제권이 한국군에 이양됐다. 1994년의 체제는 지금까지 변함없이 이어오고 있다.

이러한 사실로 봤을 때 이 문제가 단순한 진영의 문제가 아니었던 것이 분명하다. 전작권 문제는 진보와 보수의 문제가 아니라 대한민국 안보의 문제로 보는 것이 맞다. 진보와 보수를 떠나 대한민국 안보에 더 유리한 방향으로 추진하는 것이 옳은 것이다.

1950년 한국전쟁 중 작전지휘권을 유엔사령부에 넘기다

1950년 6월 25일 북한의 기습 남침으로 한국전쟁이 발발하고 3일 만에 서울이 피탈됐다. 한국군의 건제가 무너졌고 육군본부 주도로 시흥지구 전투사령부를 편성해서 1주일을 버텼으나 한강 방어선도 무너졌다. 미 24사단이 급하게 투입됐으나 7월 초에 오산이 무너졌고 대전 북방의 금강 방어선도 버티기 어려운 상황에 놓였다.

1950년 7월 14일 이승만 대통령은 주한 미국 대사를 통해 더글러스 맥아더 극동군 사령관에게 공식 편지를 발송해 '현 적대 상태가 계속되는 동안 한국 육군, 해군, 공군 전체에 대한 지휘권'을 유엔군 사령관에게 이양할 것을 밝혔다. 이승만 대통령이 이렇게 조치한 배경에는 유엔 안보리 결의(7월 7일)에 따라 미국 주도의 유엔사령부 구성이 빠르게 진행되고 있었고 맥아더가 먼저 유엔사령관에 공식 임명(7월 8일)됐기 때문이다. 맥아더 유엔사령관은 7월 18일 답신에서 이승만 대통령이 제안한 모든 한국군에 대한 '작전지휘권Operational Command Authority'을 이양받겠다는 의사를 공식적으로 밝혔다.

7월 24일 도쿄에 유엔군사령부UNC가 설립됐고 모든 한국군의 작전지휘권은 공식적으로 유엔군사령부가 행사하게 됐다. 이때 이양된 작전지휘권이 어떠한 범위였는지 명확히 밝힌 문서는 없다. 다만 이승만 대통령은 '지휘권'이란 포괄적 표현에 대해 맥아더 사령관은 답신에서 '작전지휘권'이라는 표현으로 썼다. 지휘권보다는 작전지휘권이 조금 구체화한 의미로 읽힌다. 이후 한국전쟁 전체 기간에 유엔사는 한국군 부대의 편성, 병력 배치, 작전계획 수립, 전투 지휘 등 대부분의 군사적 결정 권한을 행사했다. 이에 대해 한국 정부는 유엔사가 요구하는 대로 병력의 징집, 군인의 보급, 훈련 등 행정적 제도적으로 지원하는 역할에 충실했다.

한국전쟁 기간에 유엔군사령부는 미국이 주도하는 다국적군 체제로 구성됐다. 전체적인 지휘와 작전계획은 미국이 주도했고 한국군은 유엔사 지휘하에 작전을 수행했다. 3년간의 전쟁 동안 한국군 장성이 유엔사에서 전체적인 작전 상황 판단이나 작전계획 수립에 참여한 사례는 없었다. 한국군이 담당한 최고위 작전지휘관은 현장에서 전투를 지휘하는 군단장이었다.

1953년 반공포로 석방이 작전통제권 환수의 발목을 잡다

1953년 3월 정전협정에 가장 방해가 됐던 소련의 스탈린이 사망하면서 정전협정에 속도가 나기 시작했다. 정전협정에서 가장 논쟁이 된 것은 반공포로 문제였다. 반공포로란 한국군과 유엔군에게 포로로 잡힌 북한군과 중국군 중에서 공산주의에 반대하면서 자국으로 돌아가기를 거부했던 포로를 말한다. 전체 포로 17만 명 중에 3만 5,000명 이상이 반공포로였다. 공산군 측은 반공포로 자체를 인정하지 않으면서 무조건 일괄 송환을 고집했다. 유엔군 측은 포로들의 개별 의사를 확인해 자유 선택에 따른 송환을 해야 한다는 입장이었다. 지루한 협상 끝에 1953년 6월 송환 문제가 일단락됐다. 양측이 협상한 내용은 "1차로 자국 송환을 원하는 포로는 먼저 송환한다. 이어 양측 대표단이 송환을 거부하는 포로를 방문해 설득한다. 그래도 거부하는 포로는 중립국으로 이송한 다음 그곳에서 개인의 의사를 수용한다."라는 것이었다.

이승만 대통령은 이에 반대하며 모든 반공포로는 남한에 잔류해야 한다고 주장했다. 나아가 휴전 자체에 강력히 반대하며 북진통일을 해야 한다고 주장했다. 유엔군으로 안 되면 한국군 단독으로라도 북진하겠다고 여러 번 밝혔다. 이승만은 만약 전쟁이 통일로 마무리되지 못하고 아무런 안전보장 장치도 없는 상태에서 정전협정 후 미국이 빠져나가면 또다시 전쟁이 일어날 수 있다고 판단했다. 미국은 한국이 원하고 있던 휴전 이후 상호방위조약을 확약하지 않고 있었다.

1953년 6월 18일 자정에 이승만 대통령의 지시를 받은 한국 육군 헌병들이 전국 각지의 포로수용소에서 반공포로 석방을 전격 단행했다. 유엔군이 적극적으로 저지했으나 이후 5일 동안 약 2만 7,000명의 반공포로가 석방됐다. 미국과 국제 사회는 큰 충격에 빠졌다. 한국 정부가 미국과 유엔의 의사와 국제적 합의를 무시하는 것으로 보였다. 그리고 이승만은 마음먹으면 무슨 일이든 벌일 수 있는 사람이라고 생각했다. 이승만 대통령은 반공포로 석방 외에도 "작전지휘권을 환수하겠다." "정전협정 이후 한국군을 군사분계선 2킬로미터 이남으로 후퇴시키지 않을 수도 있다."라는 등의 강수를 두며 미국 측을 계속 압박했다.

이승만 대통령은 정전협정 체결에 협조하는 조건으로 상호방위조약을 강력히 요구했다. 결국 1953년 7월 29일 정전협정이 발효되기 보름 전인 7월 12일에 한미상호방위조약을 맺을 것이라는 공동성명을 발표했다. 이승만 대통령의 모험이 성공을 거둔 것이다. 그러나 후유증이 있었다. 미국은 한국군의 독립적 작전권 부여가 가져올 수 있는 안보 리스크를 심각하게 우려했다. 특히 한국군이 독립적 작전권을 가지면 이승만 정권이 미국의 통제를 벗어나 독단적으로 군사작전을 개시할 가능성이 있다고 봤다.

1953년 7월 27일부로 정전 상태가 됨에 따라 '현 적대행위의 상태가 계속되는 동안'이라는 한국군의 작전지휘권 이양 조건이 문제가 됐다. 유엔사는 정전 상태를 유지하기 위해 존속하기로 했으나 한국군의 작전지휘를 누가 할 것인가를 정리해야 했다. 8월 초 미국 국무장관 존 포스터 덜레스가 한국을 방문해 이승만 대통령과 한미상호방위조약에 대한 회담을 시작했다. 이승만은 한국군의 작전지휘권 환수를 주장했으나 덜레스는 유엔사에 계속 귀속되기를 원했다. 8월 8일 이승만-덜레스는 공동성명을 발표했다. 공동성명에는 한미상호방위조약의 발효 시까지 한국에 있는 한미 양국 부대는 유엔군사령관의 지휘하에 둔다는 잠정조치 내용이 포함됐다.

2개월 동안 협의를 거쳐 1953년 10월 1일 한미상호방위조약을 체결했다. 조약 내용에는 한국에 대한 외부 공격 시 미국의 군사적 개입을 보장하는 내용을 담고 있다. 이로써 한국의 생존과 안보를 위한 핵심 장치가 마련된 것이다. 하지만 한국군에 대한 작전권을 어떻게 한다는 내용이 없었다. 미국 의회에서 상호방위조약의 비준이 계속 미뤄졌다. 미국 내에서 한국군 지휘권 문제가 정리되지 않고 조약이 발효되어 이승만 정권이 독단적으로 분쟁을 일으키면 미국이 의도치 않게 전쟁에 휘말릴 수 있다는 우려가 강하게 제기됐다.

한미 간에 군사적 협력체제, 작전지휘권, 유엔군사령부의 지위 등을 명확히 하기 위한 추가 협의가 필요했다. 1년여 동안 협의한 끝에 1954년 11월 17일 한국 외무부 장관과 주한 미국 대사는 「한국에 대한 군사 및 경제원조에 관한 합의의사록」을 체결했다. 그리고 제2항에 '유엔군사령부가 대한민국의 방위를 책임지고 있는 동안 대한민국 국군을 유엔군사령부의 작전통제OPCON, Operational Control 아래 둔다.'라는 문구를 명시했다. 그리고 다음 날 11월

18일부로 한미상호방위조약이 발효됐다.

작전통제권이란 군대에 대한 임무 또는 과업 부여, 부대의 전개 및 재할당, 위임 등의 권한을 말한다. 여기에는 행정, 군수, 군기, 내부 편성 및 부대 훈련 등에 관한 책임과 권한은 포함되지 않는다.

1960년대 한국군 작전통제권의 허용 범위가 변화하다

1961년 5·16군사정변이 일어났다. 이때 유엔군사령관의 작전통제 아래 있는 한국군 부대 일부가 유엔군사령관의 사전 허가 없이 작전지역을 이탈해 혁명군에 가담했다. 이에 대해 당시 유엔군사령관 카터 매그루더 장군은 혁명군에게 원대 복귀할 것을 강력히 요구했다. 유엔군사령관은 미국과 국제 사회의 우려를 대변해 군사정권 자체에 반대했다. 그러나 5일 후인 5월 20일경부터 미국의 입장이 달라졌다. 쿠데타 세력이 반공정책을 명확히 한 것이다. 이는 아시아에서 공산주의 확산의 보루로서 한국의 위치가 변화 없다는 것을 의미했다. 한국 사회도 빠르게 안정을 찾아 미국의 우려를 희석시킨 것이 영향을 미쳤다. 그 후 5월 26일에 국가재건최고회의와 유엔군사령부는 한국군의 작전통제권에 관한 공동성명을 발표했다. 성명에 포함된 한국군에 대한 유엔군사령관의 작전통제권 범위와 행사 조건은 "유엔군사령관은 한국을 외부의 공산 침략으로부터 방위함에 있어서만 한국군에 대한 작전통제권을 행사할 수 있는 것"으로 축소됐다.

또한 1961년 9월 20일에는 한국군이 유엔사 관할권으로부터 잠정적으로 벗어날 때 선행해야 할 사전협의 조건을 통해 한국군이 유엔사의 작전통제권으로부터 잠정적으로 이탈할 수 있는 여지를 마련했다. 쿠데타에 투입했던 30사단, 33예비사단, 1공수특전여단과 5개 헌병중대는 유엔사로부터 작전통제를 해제해 국가재건최고회의에서 지휘했다. 이로써 서울 주변의 일부 부대를 한국군이 지휘할 수 있는 기반을 마련했다.

1965년 한국은 미국의 요청에 호응해 한국군 전투부대를 베트남에 파병했다. 베트남 파병에 앞서 한국 정부는 두 가지를 미국 정부에 요구했다. 하나는 파병부대에 대한 유엔군사령관의 작전통제권을 해제하는 것이고 다른 하나는 한국 정부가 주월한국군에 대해 독자적인 작전권을 행사하겠다는 것이다.

베트남에는 한국전쟁 시와 같은 연합지휘체제가 형성되지 않았다. 한국군의 입장에서 비록 한반도 내에서 유엔군사령관의 작전통제 아래 있으나 이는 정전협정 준수와 자국 방위가 목적이다. 그리고 주권국가로서 대외적 위신을 고려하지 않을 수 없었다.

그 결과 1965년 9월 6일 체결한 주월 한미군사실무약정서에 따라 한국군 파월부대에 대한 유엔군사령관의 작전통제권을 해제하고 한국 정부가 주월한국군이 철수할 때까지 주월한국군에 대한 작전통제권을 온전히 행사할 수 있었다.

한국군에 대한 작전통제권을 유엔군사령관에게 위임한 이후 1967년까지 대간첩 작전은 유엔군사령관이 주도했다. 1966년 후반부터 비무장지대DMZ 일대에서 북한군의 무력도발이 급격히 증가했다. 북한은 1967년 한 해 동안 114건의 군사적 도발을 자행했는데 이중 무장 공격이 69건이었다. 1968년 초에는 두 건의 대형 도발을 거의 동시에 일으켰다.

1968년 1월 21일 북한 특수공작원 31명이 청와대를 습격해 박정희 대통령의 암살을 시도했다. 이들은 청와대로부터 불과 500미터 떨어진 세검정고개에서 경찰의 불심검문에 발각돼 도주했다. 1월 31일까지 이어진 소탕 작전에서 29명을 사살하고 1명을 생포했고 1명은 북한에 귀환했다.

1968년 1월 23일에는 미 해군의 정보수집함 USS 푸에블로호가 북한 원산 인근 해역에서 정찰 임무를 수행하던 중 북한 해군에 나포되는 사건이 발생했다. 나포 도중 승조원 1명이 사망하고 82명이 북한에 억류됐다가 그해 12월 23일에 귀환했다.

두 건의 대형 도발이 동시에 발생하자 유엔군사령부가 푸에블로호 피랍사건을 더 중시해 우선 해결하려는 모습을 보였다. 이에 한국 정부가 강력하게 이의를 제기하자 그해 4월에 개최된 한미 정상회담에서 미국은 한국이 대간첩 작전을 수행하기 위해 예비군을 포함해 한국군 전체를 동원하는 데 동의했다. 한국군이 대간첩 작전에 대한 작전통제권을 사실상 주도하도록 허용한 것이다. 미국 입장에서는 격화하는 베트남전쟁에 집중하기 위해 갑자기 폭증하는 북한의 군사적 도발에 대한 부담을 한국군이 일부 담당해주기를 원했던 면도 있었다.

1968년 10월 30일에서 11월 2일까지 세 차례에 걸쳐 북한의 무장 게릴라 120명이 울진과 삼척 일대 해안으로 침투했다. 한국전쟁 이후 최대 규모의 무장 도발이었다. 12월 31일까지 진행된 소탕 작전에 현역 병력 15만여 명, 예비군 165만여 명, 전투경찰 등을 투입해 113명을 사살하고 7명을 생포했다. 작전은 한국 국방부가 설치한 대간첩대책본부가 지휘했다.

1971년 1월 28일자 '유엔군사/주한미군사 정책지침 3-2호'에는 '내륙치안작전에 참가하는 한국군에 대해서는 작전통제권을 행사하지 않는다.'라는 내용이 포함됐다.

1970년대 닉슨 독트린으로 한반도 안보가 딜레마에 빠지다

1969년 중소 국경분쟁이 일어났다. 1960년대에 접어들면서 중국과 소련은 공산주의의 방향성과 국제 전략을 둘러싸고 심각한 분열을 겪었다. 소련의 공산당 서기장 니키타 흐루쇼프가 추진한 평화공존 정책은 미국과의 갈등을 완화하려는 목적이 있었다. 그러나 중국의 마오쩌둥은 이를 혁명적 의지를 약화시키는 수정주의로 간주했다. 소련은 마오쩌둥의 개인 숭배를 시대를 역행하는 교조주의로 비판했다. 중국은 1964년 핵실험에 성공한 후 과거 러시아에 빼앗긴 영토 반환을 요구하면서 소련이 폴란드와 루마니아 영토 일부를 점령한 것을 비난했다. 양국은 서로를 우방국으로 보지 않게 됐고 적으로 인식하면서 양국 접경지역에 군대를 배치했다. 중국과 소련은 약 4,380킬로미터에 달하는 긴 국경선을 공유하고 있었는데 역사적으로 명확히 확정되지 않은 영토가 다수 존재했다.

1969년 3월 2일 중국과 소련의 국경지역의 우수리강 중간에 위치한 다만스키섬(전바오섬)에서 중국 병사들이 소련 국경수비대와 충돌했다. 초기 교전에서 소련군 31명이 사망하고 중국군 역시 상당한 사상자를 냈다. 이 사건 이후 소련은 대규모 포병과 장갑차를 동원해 보복 공격을 감행하며 분쟁이 격화했다. 3월 말 소련군은 다만스키섬에 대한 대규모 군사작전을 전개하며 섬을 장악하려 했다. 이에 따라 양측의 국경 지역 전역에서 군사적 긴장이 고조됐고 몇 주간 이어진 충돌로 수백 명의 사상자가 발생했다. 8월에는 중국과 카자흐스탄(당시 소련연방)의 국경 지역인 자라나슈콜에서도 무력 충돌이 발생해 국경 전역으로 분쟁이 확대될 가능성이 커졌다.

1969년 리처드 닉슨이 미국 대통령으로 취임했다. 미국은 베트남전쟁이 장기화하며 막대한 경제적 군사적 자원을 소모하고 있었으며 국내에 반전 여론이 확산되고 있었다. 닉슨 정부는 전략적으로 군사적 긴장을 완화해 이러한 정치적 경제적 부담을 줄일 필요가 있었다. 이런 와중에 소련과 중국의 국경분쟁은 미국에 새로운 외교적 기회를 제공했다. 미국은 반공 이데올로기를 버리고 전통적인 세력 균형 논리로 국제정치를 다루고자 했다. 닉슨 대통령과 키신저 국무장관은 국제정치를 선과 악의 대결로 보지 않고 공산주의 국가도 추구하는 가치가 다를 뿐 무조건 적대시할 필요가 없다고 생각했다. 국가 간 이견은 공동의 이익이 되는 접합점을 찾아서 해결할 수 있다고 봤다. 닉슨 정부의 데탕트Détente(긴장완화) 정책이다. 데탕트의 연장선에서 미국의 동맹국이 스스로 방어할 책임을 더 많이 져야 한다는 '닉슨 독트린'을 선언했다.

닉슨 독트린에 따라 베트남 파병 미군을 대폭 감축했다. 주한미군 감축도 함께 시행했다. 1971년 1만 8,000여 명의 미 육군과 1,600명의 공군 병력을 감축해 주한미군은 6만여 명 규모에서 4만 3,000여 명으로 줄어들었다. 닉슨 정부는 주한미군을 감축하면서 한국 정부에 한국군의 현대화를 위한 군사 지원을 약속했다. 미국은 약 15억 달러 규모의 군사 지원을 공약하며 한국군에 첨단 무기와 장비를 제공하고 군사훈련을 지원하는 계획을 세웠다.

감축 시행 전까지는 군사 지원은 순조롭게 이뤄지는 것으로 보였다. 미국은 1969년부터 1971년 초까지 F-4 팬텀 전투기, M48A3 전차, UH-1 헬리콥터 등을 한국군에 제공했다. 그러나 막상 미군 철수가 이루어지고 나자 미국의 지원은 차질을 빚기 시작했다. 베트남전쟁으로 미국 내 재정적 압박이 커지며 국방예산을 축소했고 미국 의회에서 아시아 동맹국에 대한 일방적 군사 지원 확대를 비판하는 목소리가 높아졌다. 결국 1973년 미국의 외교교서는 한국의 경제성장을 고려해 원조를 점차 줄여갈 것임을 밝혔다. 이 와중에 닉슨 대통령조차 워터게이트 사건으로 1974년 실각하고 말았다.

미국의 한국군 현대화 계획 지원이 어렵게 되자 한국은 자체 전력 증강 계획을 수립할 수밖에 없었다. 한국은 1973년 4월에 합동참모본부에 전략기획국을 신설해 전력 증강 계획 수립에 착수했다. 박정희 대통령은 자주국방을 위한 군사전략 수립과 군사력 건설, 주요 무기와 장비의 국산화, 독자적인 전력 증강 계획 등을 지시했다. 이에 따라 7개년 전력 증강 계획인 '율곡계획'을 수립했다. 한편 1974년에 국방과학연구소에 항공사업본부를 신설하는 등 무기 국산화에 본격 착수했다.

북한의 위협은 지속됐다. 1974년 8월 15일 박정희 대통령 저격 미수사건이 발생해 영부인이 사망했다. 1976년 8월 18일에는 북한군 30여 명이 판문점에서 미루나무 벌목작업을 지도하던 유엔군 장병을 공격했다. 이 공격으로 유엔군사령부 소속 미군 장교 2명이 북한군의 도끼 공격에 사망했다. 비무장지대에서 북한이 굴설한 남침용 땅굴이 발견됐다. 제1땅굴이 1974년 11월 15일에 연천 북방 동부전선에서 발견됐고 제2땅굴이 1975년 3월 19일에 철원 동북방 중부 전선에서 발견됐다.

북한은 1974년부터 북한군 전력을 증강했다. 북한군 병력은 1974년 46만 7,000명에서 1979년에는 67만 2,000명으로 증가했다. 전차는 1974년 1,030대에서 1977년 1,950대로 급증했다. 야포는 1974년에 6,600문에서 1979년에 1만 3,800문으로 2배 이상 대폭 늘렸다. 북한 해군의 잠수함은 1974년에 4척에서 1979년에는 15척이 됐고 어뢰정은 1974년 80척에서 1979년에는 169척이 됐다. 북한 공군 전술기는 1979년 565대였는데 한국 공군 전술기는 254대에 불과했다. 1970년대 주요 전력에서 북한군의 능력이 한국군의 2배 이상으로 강화됐다.

미국 국방정보처가 1975년 10월에 작성한 특별조사보고서에서 북한이 전면적인 도발을 감행할 때 한국군 단독으로 북한의 도발을 감당할 수 없다고 평가했다. 이러한 군사적 불균형은 점점 커졌다.

베트남전쟁은 1975년 공산정권인 북베트남의 승리로 마무리됐다. 주한미군 철수를 천명한 지미 카터가 1977년 미국 39대 대통령으로 취임했다. 취임하자마자 그해 5월 5일 미국 정부는 주한미군 철수를 공식 발표했다. 1978년까지 주한 미 2보병사단의 1개 전투여단(6,000명) 철수를 시작으로 1982년까지 잔여 병력과 주한미군사령부 그리고 핵무기의 완전 철수가 예정됐다. 박정희 정부의 자주국방 정책은 가시적 성과가 나타나지 않고 있었다. 한국 국민의 안보 불안감은 극대화됐다.

박정희 정부는 1970년대 초부터 핵무기 개발을 비밀리에 추진했다. 1970년대 중반에는 정부 내부에서 핵무기 관련 연구를 시작했다. 프랑스와 접촉해 플루토늄 핵 재처리 시설, 장비, 기술 도입을 추진했다. 핵탄두 투발이 가능한 탄도미사일 개발도 함께 진행했다. 1978년 9월 26일 충남 안흥종합시험장에서 한국 최초의 탄도미사일인 백곰 미사일 시험발사에 성공했다.

미국은 한국 정부의 움직임을 우려했다. 한국의 핵 개발로 동북아에 핵 확산의 도미노가 일어날 수 있었다. 한국 정부의 핵과 미사일 개발에 강력한 제동을 걸면서 한편으로 한국의 안보를 보장할 가시적 돌파구를 마련해야 했다. 미국 군부도 카터 행정부의 주한미군 철수에 강력히 반대 의사를 표명했다. 한국 정부로서는 미군 철수 이후의 상황에 대비해 한국군의 지휘권 문제를 고민하지 않을 수 없었다. 1977년 3월 주한미군 철수에 대한 대책 마련을 위해 정부와 여당의 연석회의가 열렸다. 여기서 박정희 대통령은 미군 철수 후 작전통제권 전환을 언급했다. "물론 우리는 미군이 있으면 없는 것보다는 나을 것입니다. 60만 대군을 가진 우리가 4만 명의 미군에게 의존한다면 무엇보다도 창피한 일입니다. 미군이 나가면 당연히 작전권을 인수해야 합니다."

1978년 작전통제권 행사하는 한미연합군사령부가 창설되다

1976년 9차 한미안보협의회의SCM에서 한국은 "소수의 주한미군을 가진 미군 장성이 한국군을 일방적으로 작전통제하는 것은 모순이므로 계획 작성과 작전통제권 행사 과정에 한국군의 참여가 필요하다."라는 의견을 제시했다. 그러면서 한미 연합방위체제가 마련될 필요가 있음을 언급했다.

미국 대통령 선거 과정에서 주한미군 전면 철수가 언급되는 마당에 한국군 스스로 국토방위를 위한 능력을 확보해야만 했다. 이런 고민 속에 박정희 대통령은 미군 철수가 본격화되기 이전에 일종의 한미 연합지휘체제를 만들어 한국군의 전쟁 수행 능력을 습득하기 위한 단계적 과정을 구상했던 것으로 보인다.

1977년 7월 개최된 10차 한미안보협의회의와 한미군사위원회의MCM에서 주한미군 감축과 한미연합군사령부 창설 문제를 본격적으로 논의했다. 양국은 '미군 일부 철수 + 한국군 전력 증강 + 새로운 연합 지휘구조'라는 큰 틀의 패키지 방식으로 협의를 진행했다. 한국 측은 미국의 철수 규모와 속도를 연합 지휘체제 마련과 연계하고자 했다.

1년여 동안의 실무협의 끝에 1978년 11월 7일 한미연합군사령부를 공식적으로 창설했다. 미군 사령관과 한국군 부사령관 체제로 구성된 연합군 단일사령부가 탄생한 것이다. 카터 행정부의 주한미군 철수 추진은 결과적으로 한미연합군사령부라는 새로운 연합 지휘기구를 탄생시킨 것이다.

그사이 미국 정부도 주한미군 완전 철수 정책을 거둬들이고 단계적 부분 철군으로 전환했다. 1978년 4월 카터 대통령은 1978년 말까지 계획된 주한 미 지상군 1진의 철수 규모를 애초 6,000명에서 3,400명으로 축소한다고 발표했다. 1979년 7월에는 주한 미 지상군의 철수 중단을 발표했다.

연합사 창설에 따라 한반도에서의 전시와 평시 작전권은 유엔사에서 연합사로 이관했다. 한국군의 작전통제권도 연합사로 전환했다. 작전권이 없는 유엔사에 대해서는 해체를 검토했다가 정전협정의 당사자로서 정전협정을 유지하고 한국전쟁 당시 형성된 국제적 지원을 상징하는 역할을 고려해 유지하는 것으로 결정했다. 유엔사 구성은 소수의 전담 인원 외에 주한미군, 연합사의 미군 장교나 장성이 겸직하게 함으로써 추가 비용 문제를 해결했다.

한미연합군사령부는 미군 대장인 사령관과 한국군 대장인 부사령관 체제하에 모든 참모와 실무 요원은 일대일로 편성한다는 원칙을 세웠다. 즉 미군 1명과 한국군 1명이 동일한 숫자로 구성된 것이다. 한국군의 작전통제권을 미군 주도의 유엔사에서 한국군과 미군을 동일하게 구성한 사령부에서 공동으로 행사하게 된 것이었다. 연합사에 작전지침을 주는 상부구조도 한국과 미국 정부의 지침이 양국 국방부장관이 참여한 한미안보협의회의와 양국의 합참의장이 참여한 한미군사위원회의를 거쳐 연합군사령관에게 하달해 시행하는 병행구조로 설계했다. 외견상 한국군이 한반도 전체 작전에 미군과 동일한 비율로 관여하는 실질적 지위가 격상된 모습을 갖춘 것이다. 1948년 국군 창설 이후 한국군이 세계 최강의 미군과 어깨를 나란히 하며 한반도 전체 작전계획 수립에 참여하고 작전 수행을 지휘하는 시스템을 처음으로 구축한 것이다.

그러나 한미 양국의 협의를 통해 중요 결심을 하는 연합사 체제는 단일 채널의 유엔사 체제보다 결심 속도가 늦어지는 구조적 문제가 있었다. 이 문제를 완화하기 위해 상설군사위원회PMC를 설치했다. 상설군사위원회의 양국 대표는 한국 합참의장과 주한미군 선임장교가 하는 것으로 조정했다. 주한미군 선임장교는 연합군사령관이 겸하고 있는데 연합군사령관은 이 외에도 주한미군 사령관과 유엔사령관도 겸하고 있었다. 따라서 연합군사령관은 한국군 연합사부사령관과 파트너지만 한국 합참의장과도 파트너가 되고 유엔군사령관과 주한미군 사령관으로서 한국 국방부장관과도 파트너가 되는 복합적 지위를 갖게 됐다.

연합사 체제에서도 사실상 한국군과 미군은 동등한 지위를 가질 수 없었다. 미군이 한반도 작전계획 수립과 주요 전투력 운용을 주도했다. 미군의 지원전력이 작전계획에 중요한 영역을 차지했고 실제 전력을 온전하게 한국군에게 공유하지도 않았다. 외형적으로는 작전통제권이 공동 행사되는 구조였지만 한국군은 관찰자와 연락관 수준에서 벗어나기 어려웠다.

1994년 평시작전통제권 환수로 평시와 전시가 이원화되다

1985년 권력을 장악한 소련 공산당 서기장 미하일 고르바초프는 소련 내부의 누적된 한계와 문제점을 극복하기 위해 개혁Perestroika, 개방Glasnost 정책을 추진했다. 이런 연장선에서 소련의 대외 팽창 정책도 전면 중지했다. 1988년 5월 아프가니스탄을 침공했던 병력을 철수했다. 소련은 베트남의 캄보디아 침공 지원을 중단했고 몽골과 앙골라에서 군대를 철수했다. 니카라과 좌익정권의 지원을 중단했고 그레나다 공산정권과 단절해 대외 팽창 정책을 추진하지 않겠다는 의지를 명확히 했다. 미국과 소련 사이에 극적인 화해 분위기가 조성됐다.

1989년 폴란드, 헝가리, 체코슬로바키아, 루마니아 등 동유럽 국가에서 잇따라 공산정권이 무너졌다. 1989년 11월에는 베를린 장벽이 무너졌다. 고르바초프의 소련 정부는 이러한 변화에 일절 개입하지 않았다. 드디어 1989년 12월 3일 몰타 정상회담에서 고르바초프와 미국의 조지 H. W. 부시 대통령은 냉전이 공식적으로 끝났음을 선언했다. 냉전 종식은 사실상 미국의 승리 선언이었고 소련의 항복을 의미했다.

1990년에는 에스토니아, 라트비아, 리투아니아의 발트 3국과 우크라이나, 조지아 등의 여러 공화국에서 자치권을 강화하거나 독립을 요구하는 움직임이 거세졌다. 1991년 12월 8일 러시아, 우크라이나, 벨라루스 지도자들이 만나 독립국가연합CIS 창설을 발표했다. 그해 12월 25일 고르바초프가 사임하면서 "소련은 더 이상 존재하지 않는다."라고 선언했다. 같은 날 모스크바 크렘린궁에 게양돼 있던 소련 깃발이 내려졌다. 소련은 공식적으로 해체돼 역사 속으로 사라졌다.

냉전 종식과 함께 미국은 군사전략을 핵전력 감축, 전방 배치 조정, 위기 대응, 재조직 등 4개 방향으로 설정했다. 미국은 러시아 이외 구소련 국가들에 배치했던 핵무기를 모두 폐기했다. 러시아와는 전략 핵무기 보유 수를 각각 3,500발로 감축하기로 합의했다. 또한 재래전력의 전략적 유연성을 확보하기 위해 전방에 배치한 해외주둔군을 50만 명 선에서 20만 명 선으로 축소하기로 했다. 대신 미 본토 주둔 100만 명을 위기 발생 지역에 신속히 투사하는 방향으로 군사력 운용 방향을 조정했다.

이런 변화에 따라 한동안 잠잠했던 주한미군 철수 논의가 1989년 3월 부시 행정부의 출범을 계기로 미 의회를 중심으로 다시 시작됐다. 40여 년간의 냉전이 종식되면서 미 국민과 의회는 "평화를 미국이 전담할 것이 아니라 다른 국가들도 함께 져야 한다."라는 요구가 강하게 일었다. 실질적 외부 위협이 줄어들자 국방예산 삭

감 압력도 높아졌다.

1989년 7월 민주당 샘 넌과 공화당 존 워너 등 13명의 의원이 상원 본회의에 한미 안보관계에 관한 법안인 '넌-워너 법안Nunn-Warner Bill'을 공동으로 제출했다. 이 법안에는 "한국은 자국 안보를 위한 책임을 키워야 한다. 미국과 한국은 주한미군 일부를 점진적으로 감축하는 것을 협의해야 한다."라는 내용이 담겼다.

미 국방성은 넌-워너 법안에 따라 1990년 4월 '21세기를 지향한 아태지역의 전략적 틀'이라는 제목으로 '동아시아 전략구상EASI, East Asia Strategic Initiative'을 의회에 제출했다. 동아시아 전략구상 EASI에는 한국에서 미군의 역할을 점차 지원 역할로 전환하겠다는 것과 10년 동안 3단계로 주한미군 감축을 추진하는 내용을 포함했다.

동아시아 전략구상의 한국 관련사항

1단계 (1990~1992)	한국에서 공군 2,000명과 지상 지원부대 5,000명 등 7,000명의 미군 감축 계획을 포함했다.
2단계 (1993~1995)	추가적인 감군을 단행하되 북한의 위협을 재평가해 미 2사단의 재편과 정전 시(평시) 작전통제권을 한국에 반환하도록 명시했다.
3단계 (1996~2000)	미국은 한국 방위에서 지원 역할로 전환하고 한국군 주도의 방위 태세가 갖춰지면 억제 목적의 소규모 미군만 잔류시키고 한미연합군사령부의 해체를 검토한다는 내용을 포함했다.

동아시아 전략구상EASI 1단계에 계획한 주한미군 감축은 1992년 말까지 약 7,000명을 철수함으로써 정상적으로 시행했다. 한편으로 한국군 역량 강화를 위해 1991년 3월 군사정전위 수석대표에 한국군 장성을 임명했고 판문점 공동경비구역 경비책임 일부를 한국군으로 이관했다. 1992년 12월 연합군사령관이 겸직하고 있던 한미연합사의 지상군구성군사령관에 한국군 장성(연합사 부사령관 겸직)을 보임했다.

그러나 동아시아 전략구상EASI의 주한미군 감축 계획은 1992년부터 북핵 문제가 현안으로 등장하면서 중단했다. 평시 작전통제권 전환 문제는 노태우 정부의 의지와 미국의 구상이 일치해 계속 추진했다.

1988년 취임한 노태우 대통령은 국제 정세가 급변함에 따라 주한미군이 완벽히 철군하는 시기에 한국군이 독자적으로 작전 수행을 할 수 있으려면 최소한 평시 작전통제권이라도 미리 경험해보는 것이 무엇보다 중요하다고 판단했다. 1987년 대통령 선거 기간 중 노태우 후보는 '작전통제권 환수 및 용산기지 이전'이라는 공약을 제시했다. 그는 회고록에서 "민족자존의 관점에서나 신장된 우리의 국력과 군사력, 그리고 확대된 우리의 역할과 기여를 고려할 때 우리 군의 작전통제권 행사 문제도 새로이 검토되고 재조정될 단계가 왔다고 생각했다."라고 밝히고 있다.

1991년부터 한미안보협의회의 의제에 평시 작전통제권 환수를 포함해 공식 논의를 시작했다. 1992년 10월 24차 한미안보협의회의에서는 "늦어도 1994년 12월 31일까지"라고 환수 시기를 정했다. 1993년 김영삼 정부로 바뀌었지만 평시 작전통제권 환수 정책은 변함없이 추진했다. 1993년 11월 25차 한미안보협의회의에서는 1994년 12월 1일부로 평시 작전통제권을 한국 측에 이양하기로 합의했다. 이에 따라 한미 양국의 국방 당국은 '군사위원회 및 한미연합군사령부 관련 약정TOR'을 개정하고 전략지시 제2호를 새로 작성했다. 1994년 10월 한국 외무부 장관과 주한 미 대사가 교환각서를 교환함으로써 정부 차원의 외교 절차까지 마무리했다. 그리고 1994년 12월 1일부로 한국군이 평시 작전통제권을 공식적으로 이양받았다.

한국군의 평시 작전통제권을 한국에 전환함에 따라 평시 작전통제권은 한국 합참의장이, 전시 작전통제권은 연합군사령관이 수행하는 이원적 작전통제체제를 구축했다. 1994년 구축한 이 체제는 지금까지 30년 넘도록 변함없이 이어오고 있다. 1990년대 노태우 정부와 미국 부시 정부는 평시와 전시 작전통제권을 구분해 운용하는 것을 영구적으로 이어갈 생각을 한 것은 아니었다. 최종적으로 전시 작전통제권까지 한국군에 전환해야 하는데 한국군의 능력 배양을 위해 단계적으로 전환한다는 잠정적 그림에서 합의한 것이었다. 그런데 단기적이라 생각했던 체제가 결과적으로 30년 넘게 이어졌다.

2001년 9월 11일 미국 뉴욕의 국제무역센터에 민간 항공기를 탈취한 테러리스트들이 자살 공격을 자행했다. 3,000명에 가까운 사망자가 발생했다. 세계가 경악했고 미국은 테러와의 전쟁을 시작했다. 2001년 10월 테러의 배후로 지목된 오사마 빈 라덴을 지원한 아프가니스탄 탈레반 정권과 전쟁을 시작했다. 그리고 2003년 3월에는 이른바 불량국가인 이라크 후세인 정권과도 전쟁을 시작했다.

두 전쟁을 위해 미국은 2004년에 주한미군 1개 여단인 4,000여 명을 이라크로 차출했고 2007년에 3,000명, 2008년에 1,500명을 추가로 차출했다. 한편으로 미국은 군사전략을 바꿨다. 핵심 개념은 '들어가고 빠지는 in and out 것이 자유로운' 전략적 유연성이었다. 이를 위해 미국은 군 구조를 신속화·경량화·첨단화 방향으로 개편했고 주한미군도 고정군에서 벗어나 기동군으로 재편하기를 원했다. 미국은 주한미군의 유연성을 확보하기 위해 주한미군이 담당하던 전방의 특정 임무를 한국군에게 이관하고 주한미군은 후방으로 재배치해 동아시아 지역의 '안정자 stabilizer' 역할을 맡기려고 했다.

이런 국제적 변화의 한가운데서 2003년 출범한 노무현 정부의 국방정책은 '협력적 자주국방'이었다. 노무현 대통령은 2005년 3월 공군사관학교 졸업식 축사에서 "한국군은 앞으로 10년 이내에 스스로 (전시) 작전권을 가진 자주 군대로 발전할 것"이라고 언급했다. 그리고 2005년 10월 국군의날 기념식을 통해 "전시 작전통제권 환수 문제는 역대 어느 정부보다 참여정부가 적극적으로 고민하고 실질적인 준비를 하고 있다."라고 밝혔다.

한국 정부는 2006년 7월 9차 한미 안보정책구상SPI 회의에서 2012년을 전환 시기로 제의했다. 미국 정부는 오히려 2010년 이전에 이양하기를 원한다는 견해를 밝혔다. 당시 부시 대통령은 전시 작전통제권 전환은 한국군의 능력에 대한 신뢰를 기초로 주한미군의 지속적인 주둔과 유사시 증원 공약에 바탕을 두고 추진할 것임을 확인했다. 이에 따라 한미 양국은 2006년 10월 38차 한미 안보협의회의에서 '2009년 10월 15일 이후 그러나 2012년 3월 15일보다는 늦지 않은 시기에 한국으로 전시 작전통제권 전환을 완료하기로 합의'했다. 오랜 실무협상을 거쳐 2007년 2월 한미 국방장관 회담에서 한미연합사를 해체하고 2012년 4월 17일부로 전시 작전통제권을 한국군에 전환한다는 내용을 합의했다. 이 과정에서 한국군의 독립적 작전 수행 능력을 강화하기 위해 첨단 무기 체계 도입과 국방예산 확대 등의 조치를 병행했다.

이명박 정부는 북한의 위협 증가와 한국군의 준비 부족을 이유로 전작권 전환 시기를 2015년으로 연기했다. 이명박 정부는 경제 중시 정책으로 안보는 미국에 위탁하는 것이 더 유리하다고 판단했다. 그 와중에 2009년 5월 북한의 핵실험과 2010년 천안함 폭침과 연평도 포격전은 전작권 전환 시기 연기의 결정적인 이유가 됐다.

박근혜 정부는 전작권 전환을 '조건 기반'으로 변경했다. 이는 특정 시점을 정하지 않고 한국군이 전작권을 행사하기 위한 능력과 한반도 안보 상황이 적합한 조건을 충족했을 때 전환을 이행한다는 접근이었다. 일견 타당한 접근으로 보이지만 한반도 안보 상황은 평가하기 나름이라는 데 문제가 있었다.

문재인 정부는 노무현 정부의 유산을 이어받아 전작권 전환에 적극적으로 임했다. 연합군사령부를 해체한다는 부정적 여론에 밀려 한국군이 연합군사령관을 수행하는 미래연합사 체제로 변경하는 방안을 합의했다. 그러나 중국이 미국의 중요한 경쟁 대상으로 떠오르면서 대중국 전선에서 한국의 이탈을 우려한 미국의 전략적 입장 변화로 결국 가시적 성과를 거두지 못했다.

한국군의 작전통제권 변화 과정을 보면 한국 정부가 일방적으로 원한다고 또는 원하지 않는다고 바뀐 것이 아니었다. 오히려 국제 안보 환경의 변화, 특히 미국의 군사전략과의 합치가 가장 중요한 요소였다. 그렇다면 미국이 그들의 전략에 따라 강력하게 한국군에 대한 작전통제권 변화를 원한다면 어느 날 갑자기 전시 작전통제권을 받아야 할 수도 있다. 과거 미국의 변화 요구에 직면했던 우리 정부는 기꺼이 그 상황을 받아들였다. 박정희, 노태우, 노무현 대통령 중에 우리 군의 작전통제권을 받지 않겠다고 고집한 대통령은 한 명도 없었다. 다만 공통적인 고민은 작전통제권을 환수했을 때 한국군이 제대로 작전지휘 능력을 발휘할 것인가 하는 것이었다. 진보 정부라 일컬어지는 노무현 정부조차 한국군의 능력 확보 시간을 조금이라도 더 확보하기 위해 오히려 전환 시기를 늦추기 위해 협상을 거듭했다.

윤석열 정부에서 전작권 전환 문제는 테이블에서 완전히 사라졌다. 그러나 평시와 전시 작전통제권이 이원화돼 있다는 것은 불완전한 시스템이다. 한국군을 제외하고 전 세계 어느 군대도 전시와 평시로 나눠 작전권을 행사하고 있는 군대는 없다.

2
한국군 지휘체제
: 복잡한 구조로 전쟁을 하기 어렵다

한반도에는 4성 장군이 지휘하는 최고 수준의 사령부가 무려 아홉 개나 존재한다. 미군에는 주한미군사령부, 유엔군사령부가 있다. 한국군에는 합동참모본부, 육·해·공군 본부, 지상작전사령부, 제2작전사령부가 있다. 그리고 한국과 미군이 함께 근무하는 한미연합사령부가 있다. 각 사령부는 명령체계도 다르고 담당하는 분야도 다르다.

한국에는 미군이 주도하는 다양한 사령부가 있다

주한미군사령부는 미 합참의 지휘를 받는 태평양사령부의 예하 조직이다. 주한미군의 행정, 인사, 군수, 증원 등을 담당하는 순수 미군 조직이다. 한반도에 비정기적으로 전개하는 이른바 전략자산도 주한미군사령부 소관이다. 유엔군사령부는 유엔이란 명칭이 붙었지만 미 합참의 지휘를 받아 한반도의 정전 관리와 일본에 있는 유엔사 후방 기지와 연계해 한반도 유사시에 다국적군의 증원을 담당한다. 문재인 정부 당시 남북한 협력 과정에서 정전협정을 문제 삼아 불협화음을 일으켰던 조직이기도 하다. 최근에는 미국의 유엔사 재활성화 정책에 따라 미군 이외에 호주군과 캐나다군 등 제3국의 장교와 장성을 편성했다.

한미연합군사령부는 한반도의 전시 작전통제권을 행사하는 조직이다. 미군 대장이 사령관이고 한국군 대장이 부사령관이다. 참모 조직은 한미 동수 원칙으로 편성했다. 미군 장성과 장교 대부분은 주한미군사령부의 다른 직책을 겸직한다. 한국군은 대부분 연합사 전담 인력이다.

연합군사령부는 전시 작전만 담당하는 것이 아니다. 평시와 전시의 중간 단계인 연합위기관리도 담당한다. 데프콘DEFCON, Defensive Readiness Condition, 즉 방어준비태세가 그것이다. 연합위기관리 단계가 시작되는 데프콘-Ⅲ 발령은 연합군사령관 소관이다. 데프콘-Ⅲ가 발령되면 한미 정부 간 합의에 따라 한국군 절대다수가 연합군사령관의 작전통제 아래 들어간다. 이것이 전시 작전통제권이다. 연합위기관리의 본질적 목적은 전쟁으로의 전환이 아니다. 어디까지나 전쟁을 억제하는 것이다. 억제에 실패할 경우를 고려해 단계적 준비절차를 밟아 차질 없이 전쟁 개시에 대비하는 과정이기도 하다.

그리고 한반도에서 전쟁 시작을 선언하는 H-아워H-hour 발령도 온전히 연합군사령관 소관 사항이다. 물론 사전에 한미군사위원회의와 한미안보협의회의를 거쳐 양국 정부의 승인을 받는 과정을 거친다.

합동참모본부는 대한민국 군령의 최고기관이다

대한민국 국군통수권은 대통령에게 있다. 정상적인 상황에서 대통령의 국군통수권은 국방부장관이 위임받아 합동참모본부(이하 합참)와 육·해·공군 본부를 통해 행사하는 구조다.

국방부장관이 위임받아 행사하는 대한민국의 군 지휘권은 군령권軍令權과 군정권軍政權으로 구분한다. 군령권은 군사작전 수행과 전투 지휘에 관한 권한으로 대통령-국방부장관-합참의장을 거쳐 행사한다. 국무총리는 국군통수권 계통에 없다. 군정권은 군대의 조직 편성, 인사, 예산, 무기 조달, 훈련, 동원 등 행정적, 관리적 권한이다. 군정권은 국방부 본부와 국방부 직할부대, 각 군 본부를 통해 행사한다. 합참의장은 군 서열 1위지만 각 군 총장의 상관은 아니다. 상호 협조 관계에 있다. 두 권한을 합참과 각 군 본부로 명확히 구분한 것 같지만 주요 무기 조달 등 3군의 합의가 필요한 군정권 일부는 합참의장이 주관하는 합동참모회의를 거쳐야 한다.

한편 계엄령이 발령돼 계엄사령관이 임명되면 계엄사령관이 대통령의 위임을 받아 계엄 지역에 한해 군령권과 군정권을 모두 행사할 수 있다. 물론 정부의 행정과 사법 기능 일부도 계엄사령관이 통제할 수 있다.

1963년에 창설된 합참은 원래 군정권과 군령권이 없고 대통령과 국방부장관에게 군사적 사안을 조언하는 단순 자문형 기구였다. 평시 작전통제권 환수에 따라 합참은 1994년 12월 1일 이후 평시작전권을 행사하는 일종의 작전사령부가 됐다. 데프콘-Ⅲ가 발령되기 이전까지 한반도의 모든 군사작전을 지휘 감독하는 것이다. 예를 들어 평시 북한의 포격 도발, 비무장지대 침투 상황, 무인기 침범, 북방한계선NLL 해상 도발 상황이라든가 중국군 또는 러시아군의 우리 영해와 영공 위협 등 지상, 해상, 공중에서 군사적 상황이 발생하면 합참이 작전부대를 지휘해 대응한다. 많은 사람이 진돗개 발령으로 알고 있는 경계태세 격상은 합참이 평시 군사적 상황에서 발령하는 비상조치 수단이다.

한편 합참은 대통령과 국방부장관의 군령권을 보좌하는 기구이기도 하다. 합참의장은 군의 최고 선임자로서 유사시 대통령과 국방부장관의 군사 참모 역할을 한다. 또한 미국 합참의장과의 군사위원회MC, 주한미군 선임장교와의 상설군사위원회PMC의 파트너로서 군사 외교를 담당하는 역할과 연합군사령관에게 작전지침을 하달하는 역할을 한다.

한국 합참의장과 연합군사령관의 관계는 군사 파트너이면서 한편으로 상하급자가 되는 아주 이상한 관계에 있다. 합참의장은 평시작전, 연합군사령관은 전시작전을 담당하는 점에서 동등한 지위의 사령관이다. 합참의장이 군사위원회와 상설군사위원회의 한국 측 대표라는 점에서는 연합군사령관의 상관으로도 볼 수 있다. 상설군사위원회의 미국 측 파트너가 주한미군 선임장교인데 연합군사령관이 겸한다는 점에서는 또 동등한 위치가 되기도 한다. 합참의장이 한국군의 최고 선임자로서 군사외교를 대표하는 위치로 보면 미군의 한 지역사령관인 주한미군 사령관보다는 확실한 선임자임이 분명하다. 그런데 합참의장이 상대하는 군사외교의 많은 부분은 주한미군 사령관이나 주한미군 선임장교를 상대로 하기 때문에 합참의장이 선임자라고 단정할 수 없다. 합참의장은 연합사 부사령관의 확실한 상급자인데 연합사 부사령관은 또한 연합군사령관의 한국군 파트너이자 부하이기도 하다.

한편으로 합참의 평시작전은 정전협정을 준수하면서 수행해야 한다. 정전협정을 관리 유지하는 것은 유엔군사령관이다. 유엔군사령관은 한국군의 정전협정 준수 여부를 상시 감독한다. 유엔사는 합참이 북한군을 대상으로 수행한 특정 군사작전을 조사하고 합참의 작전적 조치가 정전협정을 위반했다고 판단하면 지적하고 경고하기도 한다. 유엔사는 정전 상태를 유지하기 위해 남북 간 추가적인 긴장을 완화하는 역할을 한다.

한반도에 전쟁이 벌어지면 합참은 연합사를 지원하는 역할을 한다. 또한 연합사 통제에 들어가지 않는 일부 한국군 작전부대를 지휘한다. 주로 전선이 아니라 후방지역에 있는 부대다. 후방지역에서 연합사를 지원하려면 국가의 치안과 행정 기능을 유지해야 한다. 이를 위해 합참의장은 통합방위본부장이 되고 전시계엄이 발령되면 계엄사령관을 맡는 것이다.

내가 본 수많은 합참의장 중에 이러한 복합적이고 엄중한 자신의 위치와 임무를 제대로 이해하고 슬기롭게 그 역할을 한 사람을 찾기 어려웠다. 오히려 한 명의 작전사령관으로 자신의 위치를 스스로 낮추거나 연합사 부사령관이 해야 할 일을 나서서 떠맡아 한국 합참의 위상이나 연합사 내 한국군의 입지를 더 약화시키기 일쑤였다.

육해공군 본부는 군정을 책임지는 기관이다

군정권은 국방부장관과 육·해·공군 참모총장의 영역이다. 군정권의 많은 부분은 국방부 본부와 국방부 외청, 국방부 직할 조직이 수행한다. 무기 구매와 조달은 방위사업청이, 현역과 예비군 징집 업무는 병무청이 담당한다. 국방정책, 외교, 인사, 행정, 예산, 군수, 복지 등 많은 기능이 국방부 본부와 국방부 직할 조직에 있다. 또한 이러한 기능은 각 군 본부와 깊이 연계해 이행한다.

육·해·공군 참모총장은 해당 군의 최고 선임자다. 해당 군의 정책과 전략, 이익을 대표한다. 참모총장이 가장 강한 영향력을 발휘하는 이유는 인사권을 갖고 있기 때문이다. 모든 장교는 진급을 추구한다. 참모총장은 진급에 대한 가장 막강한 영향력을 갖고 있다.

국방부와 합참에는 육·해·공군의 많은 장군과 장교가 근무한다. 그런데 그들이 합참의장보다 더 의식하는 것은 해당 군의 참모총장이다. 해당 군의 본부보다 상급 기관에 근무하지만 막상 인사권은 참모총장에게 있기 때문이다. 따라서 해당 군의 이익에 반하는 업무를 절대 하지 않으려 한다. 더 나아가 국방부와 합참의 주요 업무에 대해 해당 본부에 낱낱이 알리는 역할도 한다. 몸은 서울에 있지만 마음은 해당 군의 본부가 있는 계룡대에 있다는 말이다.

육·해·공군에 필요한 무기의 소요를 제기하는 것도 각 군 본부의 역할이다. 대형무기 사업은 해당 군의 이익과 직결되는 가장 큰 관심 사항이다. 무기 조달에 각 참모총장의 의지가 가장 강력하게 작용한다. 각 군의 장군과 장교는 해당 본부에서 관심을 가지는 무기 사업을 관철하기 위해 국방부와 합참에서 알게 모르게 힘을 쏟는다.

어찌 보면 합참의장보다 더 영향력이 강하지만 참모총장은 외부의 간섭을 거의 받지 않는다. 보직 전에 국회 인사청문회도 거치지 않는다. 그래서 대다수 고위 장성은 합참의장이 되기보다는 참모총장이 되기를 원한다. 24시간 노심초사하며 현행작전에 매진하는 것보다 작전 책임에 대한 큰 부담 없이 권한을 행사하는 것이 더 좋아 보이기 때문이다.

작전사령부는 군령과 군정이 교차하는 기관이다

지상작전사령부(이하 지작사)는 2019년 1월 1일에 제1야전군과 제3야전군을 통합해 창설했다. 155마일(248킬로미터) 휴전선을 담당하는 육군의 전방 작전사령부다. 김포반도와 강화도 등 서쪽 최전방을 담당하는 해병대 일부도 지작사가 통제한다. 지작사는 평시에는 군령 계통으로 합참의 지휘를 받고 군정 업무는 육본의 지휘를 함께 받는다. 전시에는 연합 지상구성군사령부로 전환되면서 전방의 작전은 연합사의 지휘를 받는다. 하지만 계엄과 통합방위 등의 분야는 합참에서 통제하고 인사와 군사 등 지원 업무는 육본에서 통제한다. 3개의 상급기관에서 통제를 받는 것이다.

지작사는 육군 병력의 70% 정도를 지휘하는 막강한 사령부다. 지작사 외에 전 세계에 이 정도 규모의 실병력을 지휘하는 사령부는 없다. 유사시에 지작사 책임지역에서 승부가 결정될 가능성이 크다. 그 정도로 대한민국 방위에 있어 지작사가 맡은 책임이 막중하다. 문제는 지휘 범위가 너무 넓어서 유사시 제대로 작동할 수 있는가 하는 우려다. 그래서 최초 지작사를 창설할 때 구상은 인사나 군수 등의 지원 업무를 최소화하고 작전에만 특화된 모습이었다. 그러나 여러 군단과 직접 상대하는 것이 부담스러운 육본과 인사권이 없어 영향력 약화를 우려했던 지작사의 생각이 맞아떨어져 인사와 군수 등 지원 업무의 상당한 부분을 책임져야 하는 무거운 사령부가 됐다.

제2작전사령부는 국토의 후방지역 작전과 지원 임무를 담당한다. 2007년 11월 1일부로 제2야전군에서 제2작전사령부(2작사)로 명칭이 바뀌었다. 2작사는 전시와 평시에 합참의 작전지휘와 육본의 군정 관련 지휘를 받는다. 전시에는 미군을 증원해 연합후방지역작전본부로 전환하지만 연합사와는 협조 관계에 있다.

2작사는 평시에 무려 6,400킬로미터에 이르는 해안 경계를 담당한다. 전시에는 주요 항만과 공항, 병참선을 방호하면서 수많은 예비군을 동원해 전방으로 지원하는 등의 임무를 수행한다. 그러나 지휘하는 병력 규모가 지작사에 비해 상대적으로 적어 대장급 지휘관을 보직하기에는 적합하지 않다는 논란이 있다. 임무와 역할을 더 확대하든지 지휘관의 계급을 합리적으로 조정할 필요성이 있다는 것이다.

해군과 공군도 해군작전사령부와 공군작전사령부, 해병대사령부가 있어 지작사나 2작사와 마찬가지로 평시에 합참과 각 군 본부의 지휘를 받는다. 전시에는 미군과 연합구성군사령부가 돼 연합사의 지휘와 각 본부의 통제를 받는 이중적 지휘구조다. 다만 해작사와 공작사는 인사와 군수 기능을 최소화해 작전에만 특화된 사령부다.

군정, 군령, 전시, 평시가 나뉘어 비효율적이다

우리 군은 전시와 평시가 구분돼 있고 다시 군령권과 군정권으로 구분돼 있다. 언뜻 보아도 복잡한 구조다. 이렇게 복잡한 지휘구조가 적합한 것일까? 우리 군이 선택할 수 있는 최선의 방법일까? 이러한 구조가 효율적인가 비효율적인가 하는 질문을 해봐야 한다.

나는 육군 중령으로 국방부장관 군사보좌관실 총괄 실무자로 근무한 적이 있었다. 2010년 3월 26일은 정상 퇴근해 쉬고 있는데 저녁 늦게 사무실에서 상황 대기 중이던 동료에게 전화가 왔다. 백령도 부근에서 해군 초계함 한 척이 파공돼 침몰하고 있다는 내용이었다. 급하게 출근하니 국방부장관도 출근해 합참 지휘통제실에서 한참을 머물고 계셨다. 큰일 난 것이 분명했다.

다음 날 날이 밝고 백령도 현장의 영상과 사진을 보고받았다. 해당 함정인 천안함은 뱃머리만 조금 물 위에 보이고 선체의 나머지 부분은 보이지 않았다. 40명이 넘는 승무원이 실종 상태였다. 그나마 보이던 뱃머리조차 곧 물속으로 사라졌다. 원인은 미궁이었다.

천안함 선체가 바닷물 속에 있는 동안 누가 이 일의 주무를 맡을 것인가가 중요했다. 사건에 대한 책임기관을 명확히 하고 지휘관계를 정리하는 것이 사건 수습의 첫 단계였다. 그런데 침몰의 원인에 따라 주무기관이 달라지는 이상한 상황이었다.

합참은 평시 작전을 수행하는 군령軍令 기관이다. 해군본부는 해군의 군정軍政을 책임지는 기관이다. 북한이 도발한 사건이라면 합참이 맡아야 한다. 북한과 관계없는 해난사고라면 당연히 해군본부가 주무가 돼야 한다. 그런데 침몰 원인은 알 수 없었고 원인을 파악할 수 있는 단서는 캄캄한 바닷물 속에 가라앉았다. 합참도 해군본부도 선뜻 책임을 떠맡을 생각이 없어 보였다. 초유의 일이 벌어졌는데 책임을 지고 수습할 기관이 명확하지 않은 상태로 시간이 흘렀다.

고민을 거듭한 김태영 국방부장관이 책임과 역할을 직접 부여했다. 접경지역에서 일어난 사건이므로 합참이 수습의 주무를 맡되 해군본부가 지원하는 것으로 역할을 정리했다. 침몰 원인이 밝혀진다면 역할을 다시 조정해야 할지도 모를 일이었다. 나중에 북한의 도발임이 밝혀졌고 합참과 해군본부의 역할 분장이 바뀔 일은 일어나지 않았다.

그러나 수습 과정은 원활하지 않았다. 수습은 작전상황이라기보다는 행정조치에 가까웠다. 주무기관은 합참이었지만 모든 자산은 해군본부를 거쳐 와야 했다. 합참에 보직된 해군 장교들은 해군총장의 지시와 의도에 더 신경을 썼다. 사실상 해군총장이 결정하지 않으면 하나도 진행될 수 없었다. 책임은 합참이 지고 실질적 지휘는 해군본부가 하는 상황이 되고 말았다. 이런 지휘구조 속에 수없이 불협화음이 나타났다. 불협화음은 언론에 그대로 노출됐고 군 조치 전반에 대한 불신과 음모론으로 발전했다. 민군 합동조사단과 다국적 연합정보분석 TF를 구성해 과학적인 분석을 하고 북한군의 소행임을 밝히는 합리적인 결과를 내놓았다. 하지만 국민의 완전한 신뢰를 얻는 데 실패하고 말았다.

군령권과 군정권이 나뉜 이중적 지휘구조가 유사시에 어떠한 현상으로 나타날지는 가늠하기 힘들다. 천안함 폭침 사건의 수습 과정 때와는 달리 별 불협화음 없이 작동할 수도 있다. 다만 단일한 지휘구조보다는 예상치 않은 우발적 상황이 많이 발생할 것이라는 점은 분명해 보인다.

우리 군의 이러한 이중적 지휘구조를 합동군체제라 한다. 합동군체제는 군의 명령체계를 군정권과 군령권으로 구분해 육군, 해군, 공군의 독립성을 보장하면서 작전지휘체계는 육·해·공군이 일원화돼 시행하는 시스템이다. 육·해·공군이 각자의 전문성을 갖고 무기와 군의 구조를 발전시키고 유사시에는 합동 전력을 효율적으로 운용하는 것이 핵심이다. 각 군이 긴밀한 협력과 조정을 통해 이중적 지휘구조에 따른 혼란과 중복을 방지하는 것이 가장 중요한 관건이다.

우리의 합동군체제는 평시 작전권 환수를 추진한 노태우 정부에서 발전해 1994년부터 적용하고 있는 시스템이다. 그 이전의 지휘구조는 육·해·공군이 동등한 지위를 갖고 병립적으로 유엔사 또는 연합사를 지원하는 구조였다. 군정권은 있으나 군령권은 거의 행사하기 어려웠던 시절이다. 1950년 작전권 이양 이전에는 3군이 병립적 지휘권을 갖고 국방부장관의 지휘를 받아 작전을 수행하는 구조였다. 이를 '3군 병립체제'라 한다. 우리만 그런 것은 아니었다. 제2차 세계대전 이전 대부분의 국가는 육군과 해군 또는 육군, 해군, 공군이 각각 독립적으로 작전을 수행하는 2군 병립제나 3군 병립제 지휘구조였다. 그러나 제2차 세계대전을 겪으면서 이러한 병행적 지휘구조는 작전의 효율성이 매우 떨어지고 각 군 간 주도권 경쟁으로 예산과 노력이 크게 낭비되는 현상을 체감했다.

전쟁이 끝나자마자 각국은 군사제도를 전면적으로 재편했다. 명령체계상 가장 단순하고 효율적인 것은 육·해·공군을 통합해 하나의 지휘체계로 만드는 것이었다. 이를 '통합군제'라 한다. 그러나 유럽과 미국 등 대부분의 서방국가는 육군과 해군이 오랫동안 독립적으로 운영되면서 쉽게 융화되기 어려운 골 깊은 경쟁심과 특유의 전통을 갖고 있었다. 하나의 지휘체계로 통합하는 것은 불가능했다. 더구나 각 군이 전문성을 갖고 독립적으로 군사력을 건설하는 것이 더 유리한 장점도 분명히 있었다. 제1차 세계대전 이후 등장한 공군도 두 차례 세계대전을 겪으며 크게 성장했다. 그래서 육·해·공군을 독립적으로 유지하면서 작전지휘체계는 하나로 통일하는 새로운 시스템을 만들었다. 이것이 '합동군제'다.

반면 이스라엘, 대만, 중국, 러시아 등 비교적 군사적 긴장도가 높거나 군사력 운용을 중요시하는 국가들은 합동군제보다는 통합군제를 선택했다. 통합군제는 육군, 해군, 공군, 해병대 등 여러 군을 개별적으로 운영하지 않고 하나의 통합된 지휘 계통 아래에 두는 체제다. 이는 각 군의 특성과 자원을 효율적으로 결합해 전투력을 극대화하는 것을 목표로 한다. 북한도 통합군제를 채택하고 있다.

우리나라는 1994년 체제가 만들어지기 이전 여러 연구에서 우리에게 적합한 지휘구조로 통합군제가 더 적합하다는 것이 대세였다. 1970년 초에는 군특명검열단이 당시 높아진 자주국방 의지를 반영해 통합군제에 관한 연구를 제기했다. 그러나 군 내부의 반대와 이해 상충으로 군 구조 개편은 의무기관 등 일부 행정 분야의 3군 기능 통합과 해병대사령부의 해체 수준에서 그쳤다. 이어 1981년 3월과 1985년 4월에 합참 군구조연구위원회가 통합군제 시안을 재차 건의했다. 하지만 그 후 이러한 연구는 더 이상 진척되지 못했다.

1988년 2월 출범한 노태우 정부는 당시 탈냉전 등 안보 질서와 한반도 전략 환경 변화의 심각성을 절감하고 국방 태세 전반의 일대 혁신을 추진했다. 1988년 8월 18일 노태우 대통령은 국방부장관에게 2000년대를 지향하는 자주국방의 총체적인 연구로서 '장기 국방태세 발전방향 연구(818계획)'를 지시했다. 이 연구에서 핵심은 군 구조 개선으로 한국군의 지휘조직을 통제형 합참의장제, 합동군제, 통합군제 중 어떤 것을 선택하느냐였다. 특히 창군 이래 40여 년간 육해공 3군 병립체제에서 각 군 본부가 국방부장관의 지휘를 직접 받아서 지휘권을 행사해왔다. 그러다 보니 조정하는 데는 상당한 진통이 따랐다.

818계획 최초 연구안은 통합군제였다. 새로 신설한 국방참모총장이 육해공 3군을 통합 지휘한다는 것이었다. 그러나 해군과 공군이 강하게 반대했다. 국방참모본부는 육군 위주로 편성될 것이고 그러면 해군과 공군이 육군 밑으로 들어가리라는 것이 이유였다. 일부 정치인이 이러한 우려에 편승했다. 결국은 각 군 본부가 병립적으로 존재하면서 3군의 균형 발전을 도모하고 작전지휘 기능만 통합하는 국방참모총장제, 즉 한국형 합동군제라는 절충안을 채택했다. 이후 국방참모총장은 합동참모의장으로 명칭이 조정됐다.

미국은 합동군제를 채택하고 있지만 작전지휘권의 일원화를 놓치지 않는 독자적인 시스템을 갖추고 있다. 군정권은 국방부장관이 육·해·공군 장관과 육·해·공군 참모총장을 통해서 행사한다. 군령권은 국방부장관이 통합전투사령관을 통해서 행사한다. 미국 합참의장은 군령권이나 군정권이 없고 미국의 군사정책과 전략을 수립하고 각 군 참모총장, 통합전투사령관 간 의견을 조율하는 역할을 한다. 군령권을 시행하는 통합전투사령부는 6개 지역사령부와 5개 기능사령부가 있다. 이들 통합전투사령부는 군령권을 행사하지만 인사권과 행정권도 함께 갖고 있어 작전이 벌어지면 독립적이고 일원화된 지휘체계를 통해 작전의 효율성을 담보할 수 있다. 미군은 본토에서 전쟁하는 군대가 아니다. 본토 방어와 자국의 이익을 위해 주로 해외 원정작전을 수행하는 군대다. 이러한 미국의 군사력 운용 특징을 살려 합동군제도의 장점은 살리고 단점은 최소화한 독자적인 시스템을 만든 것이다.

　미국도 이러한 시스템이 그냥 구축되지 않았다. 1980년 미국은 이란의 테헤란에 억류 중이던 미국대사관 직원 구출 작전에 참담하게 실패했다. 육·해·공군과 해병대 간에 협조가 제대로 이뤄지지 않았던 탓이다. 이 와중에 각 군의 통신수단이 달라 해군 헬리콥터와 공군 수송기가 충돌해 특전대원 8명이 사망하는 사고도 있었다. 1948년 합동군체제로 바뀌고 나서 간헐적으로 나타나던 불협화음이 최악의 결과로 드러난 것이다. 이런 문제를 해소하고자 1986년 미국 상원의원 배리 골드워터와 하원의원 윌리엄 니콜스가 발의한 '골드워터-니콜스 법Goldwater-Nichols Department of Defense Reorganization Act'이 발효됐다. 골드워터-니콜스 법의 핵심은 군령라인을 단순화하고 육·해·공군과 해병대가 동시에 참여하는 통합작전과 관련한 합참의장의 조정 역할을 강화했다. 또한 통합전투사령관들이 자신의 책임지역에서 합동자산을 통합적으로 운용할 수 있도록 권한을 대폭 강화했다. 각 군 참모총장과 합참의장은 통합전투사령관들의 지휘권을 침해할 수 없다. 국가적으로는 합동군체제이지만 각 지역 사령관은 통합적 지휘권을 행사한다. 미군은 전체적으로는 합동군체제를 갖고 있지만 작전은 통합군체제로 수행하는 독특한 군대인 것이다.

우리 군은 미군과 같은 원정군대가 아니라 한반도 내에서 임무를 수행하는 군대다. 침략의 징후를 파악하고 나서 수일 내에 대규모 전투가 벌어질 수도 있는 긴박한 전략적 군사적 상황에 놓인 군대다. 급박한 상황에서 지휘체계가 복합한 것은 치명적인 문제가 될 수도 있다. 물론 합참을 중심으로 육·해·공군의 합동성을 강화한다지만 구호에 그치고 있다는 느낌을 떨치기 어렵다. 여전히 각 군 본부의 영향력은 막강하다. 군 전체의 발전보다는 자군의 이익을 더 중요하게 여기는 경우가 비일비재하다. 지휘구조는 어느 날 갑자기 우리 군이 전시 작전까지 주도해야만 하는 상황까지 고려해 더 절박한 심정으로 살펴야 할 문제다. 확실한 것은 지금의 지휘구조가 최선의 시스템은 아니라는 점이다.

2022년 12월 26일 10시가 조금 넘어 경기도 서부지역에 배치된 방공레이더가 하늘에서 미상의 비행물체를 포착했다. 북한이 내려보낸 소형 무인기였다. 무인기의 비행고도는 평시에 공군에게 책임과 권한이 있는 고도였다. 육군 헬기와 공군기가 출동했다. 무인기의 고도가 육군 헬기의 비행고도보다 너무 높아서 헬기는 포착할 수가 없었다. 공군기가 무인기를 포착했으나 비행체의 크기가 너무 작고 속도가 매우 느렸다. 고속의 공군기가 계속 포착할 수도 없었고 격추하기에는 표적이 너무 작았다. 가능한 방법은 지상의 방공무기를 사용하는 것이었다. 그러려면 공군에서 교전 권한을 육군에 위임해야 했다. 하지만 공군의 결정은 무슨 이유 때문인지 지연됐다. 합참의 판단과 지휘도 혼란스러웠다. 결국 세 시간 넘도록 우리 영공을 활보한 북한 무인기는 사전에 입력된 항로를 모두 비행하고 북한으로 유유히 복귀했다.

평시 작전에 합동자산이 모두 투입되는 경우는 드물다. 상황이 발생한다고 하더라도 통상은 작전이 긴 시간 이어지지 않는다. 그래서 합동작전의 중요성과 필요성을 절실하게 느끼지 못한다. 사정이 이렇다 보니 정작 필요할 때 육·해·공군이 함께해야 할 작전 상황이 매끄럽게 진행되는 경우가 드물었던 것이 사실이다. 우리 군은 이런 방식으로 30년 넘게 평시 작전을 수행하고 있다.

3
평시작전권 30년
: 불완전한 체제가 문제를 누적시키다

전시와 평시로 나뉜 불완전한 체제가 30년이 넘었다

1994년 12월 1일부로 대한민국 합참은 평시, 즉 정전 시 작전권을 행사하기 시작했다. 1950년 7월 이후 44년 만에 비록 평시로 한정되기는 했지만 대한민국군이 독자적인 작전권을 정식으로 행사하게 된 것이다.

1961년 5·16군사정변을 계기로 한국군 일부가 미군의 작전통제권에서 벗어났고 1968년을 거치며 대간첩 작전에 한해 한국군의 지휘권 행사가 인정됐다. 1978년 연합사 체제는 한국군이 전시와 평시 작전계획 수립과 작전지휘에 공동으로 참여할 수 있는 시스템이었다. 하지만 1994년 이전에는 미군의 감독과 통제를 벗어나지 못했다. 1994년 평시 작전통제권 환수는 비로소 한국군이 미군의 영향에서 완전히 벗어나 독자적인 작전지휘권을 행사하는 첫 계기였다.

그러나 1980년대 말까지 한국과 미국 모두 전시와 평시로 구분된 작전지휘체제가 수십 년간 이어질 것으로 생각하지 않았다. 한국군이 완전한 작전수행 능력을 확보하기 위해 평시작전권을 먼저 행사해보고 이어서 전시작전권까지 전환하는 것을 당연한 수순으로 봤다. 사실 수십 년간 작전권이 없었던 한국군의 특이한 사정을 고려하지 않는다면 군의 작전권을 평시와 전시로 구분하는 것 자체가 매우 부자연스러운 것이라 할 수 있다. 작전권은 당연히 전시작전권을 의미한다.

그러나 우리 군의 작전권 행사는 평시로 한정됐고 그러한 상태가 30년이 넘었다. 우리 군에 서서히 후유증이 나타났다. 군의 평시 작전의 목적은 비교적 단순하다. 외부 위협 세력의 도발을 저지하면서 한편으로 전쟁을 억제하는 것이다. 그리고 전쟁에 대비해 군사력을 키우고 훈련에 매진하는 것이다. 평시 작전에서 가장 중요하게 고려할 사항은 국민의 생명과 재산을 지키면서 전쟁을 억제하는 것이다. 그런데 전쟁은 한국군이 아니라 미군이 주도하게 돼 있다. 작은 차이지만 여기에 조금씩 틈이 벌어지기 시작했다.

'결전태세' '즉·강·끝'은 안정적 정전관리에 역행한다

2022년 북한 소형 무인기 도발에 제대로 대응하지 못해 비난에 직면한 합참은 2023년 1월 10일에 전체 군 지휘관 회의를 열어 결전태세를 결의했다. 그리고 결전태세 지시를 군의 전 작전부대에 하달했다. 결전태세란 북한의 도발에 대해 즉시 대응할 수 있도록 모든 전력을 고도의 준비 상태로 유지하는 것을 말한다. 그러려면 병력, 장비, 작전계획이 항상 가동 준비 상태에 있어야 한다. 훈련도 휴식도 뒷전으로 밀어야 한다. 당연히 장병의 긴장 상태는 최고조에 달하고 부대는 피로해지게 마련이다. 결전태세가 길어지면

부대가 강해지는 것이 아니라 약해진다. 이런 상태를 오래 끌고 가는 것은 비상식적이다. 상급 부대는 자신들이 가진 정보수집 능력으로 꼭 필요한 최적의 기간만 이러한 긴장 상태를 유지하고 도발의 징후나 정보가 없다면 부대를 정상적으로 운영해야 한다. 그래야 평소에 훈련하고 휴식해 유사시에 써야 할 전투력을 끌어올릴 수 있다. 하지만 합참은 결전태세를 해제하지 않았다. 이번엔 상시 결전태세란 말을 만들어 무려 1년간 끌고 갔다. 말은 결전태세인데 결전태세가 될 수 없는 상태를 만든 것이다. 왜 이런 결정을 한 것일까?

첫 번째는 합참을 비롯한 최상급기관이 책임을 회피하려 했다고 예상할 수 있다. 북한 소형 무인기 사건에 비춰볼 때 어느 날 갑자기 군사적 상황이 발생했을 때 잘 해낼 것이라는 보장이 없다. 이때 결전태세는 합참의 핑곗거리가 된다. 합참은 결전태세를 유지하라고 했는데 해당 부대가 임무를 제대로 조치하지 못했다고 책임을 전가할 수 있는 것이다. 책임을 회피하기 위해 전군을 오히려 약화시키는 나쁜 조치를 1년이나 이어갔다면 합참은 비겁하고 비정상적인 결정을 한 것이다. 그렇지 않았기를 바랄 뿐이다. 두 번째는 합참이 진짜로 1년간 전군이 고도의 결전태세를 유지하길 바랐다고 예상할 수 있다. 현실적으로 불가능한 일이지만 진짜로 그러한 상태를 믿었다면 합참은 무능한 결정을 한 것이다.

사전적으로 '결전決戰'이란 '승부를 결정짓는 싸움'이란 뜻이다. '결전태세'란 '승부를 결정짓는 싸움을 할 수 있는 군사적 상태를 유지하는 것'이다. 평시 작전에서 승부를 결정짓는 전투를 한다는 것은 전쟁도 불사해야 한다. 문제는 우리 군에게는 전시작전권이 없다는 것이다. 독자적으로 전쟁을 선포할 권한이 없다. 따라서 사전적 의미의 결전을 우리 군이 독자적으로 각오할 수 없다. 할 수 있다고 하더라도 이는 정전협정의 중대한 위반이 된다. 우리 군이 정전협정을 중대하게 위반한다는 것은 한미 군사동맹체제의 중대한 도전이다. 우리가 정전협정을 위반해 전쟁 발발의 이유가 된다면 연합사 체제에 의한 연합위기관리나 전쟁으로 전환하는 것이 불가능해질 수 있다.

아무리 생각해도 2023년도 1년간 이어진 합참의 상시 결전태세 유지는 실제로는 실현할 수 없으면서 장병의 피로가 누적돼 실질적 태세가 오히려 약해지는 매우 나쁜 조치였다.

2023년 10월에 취임한 신임 국방부장관은 "즉·강·끝"이라는 새로운 구호를 내세웠다. 즉·강·끝이란 북한이 도발하면 '즉시' '강력히' '끝까지' 응징하라는 의미다. 이 구호는 실현 가능성이 있을까?

먼저 '즉각'이란 북한이 도발하면 시간적 지체 없이 대응하란 뜻이다. 2015년에 나는 대령으로 제3야전군사령부에서 작전 상황을 총괄하는 작전과장 직책을 수행했다. 8월 20일 16시가 조금 안 됐을 때 경기도 연천 북방 GOP(일반전초) 남방한계선 이남과 비무장지대 우리 쪽 지역으로 북한군이 14.5밀리미터 고사총과 76.2밀리미터 평사포로 사격을 가했다. 8월 4일 파주 북방 비무장지대 남측 지역에 북한이 지뢰를 매설하면서 촉발된 남북한 간 극도의 긴장 상태가 마침내 터진 것이다. 2010년 연평도 포격전 이후 군 내에 북한의 포격 도발에 제대로 대응해야 한다는 공감대가 충분히 형성돼 있었다. 그리고 그날은 연합지휘소훈련을 진행하고 있어서 모든 지휘부가 즉각적인 상황조치에 들어갈 수 있었다. 여러 증거와 정황이 북한의 계획된 도발임을 명확히 가리키고 있었다. 군사령부는 해당 군단과 사단에 즉각 대응 포격을 시작하라고 지시했다. 그러면서 적어도 북한이 발사한 포탄의 수량보다는 절대적으로 많은 양을 발사하도록 요구했다. 그러나 우리는 대응사격을 즉각 개시할 수 없었다. 우리가 사격하면 북한이 또 대응 사격할 수 있고 그렇다면 접경지역에서 생활하고 있는 우리 국민의 안전이 위태로워질 수 있었다. 해당 지방자치단체에 상황을 알려주고 지자체장이 위험지역에 사는 주민들을 대피시키는 것을 기다려야 했다. 시간이 계속 흘렀지만 국민의 안전을 조금이라도 위태롭게 할 수는 없었다. 주민들의 대피가 완료되고 나서 북한이 도발한 지 한 시간이 훨씬 지나 대응 사격을 했다. 북한군이 발사한 포탄 수량보다 훨씬 많은 양을 발사했다. 다행히 북한의 추가 대응 사격은 없었고 일촉즉발의 상황은 남북 정부를 대표해서 우리 국가안보실장과 북한의 총정치국장 간 판문점 대화로 마무리됐다.

'즉시'라는 것이 얼마나 빨리한다는 것인지, 최소한의 선행 조치하고 한다는 것인지 확실치 않다. 빨리해야 한다는 의지를 지나치게 강요한 것이다. 이런 구호는 자칫 현장 지휘관의 판단과 조치를 구속할 위험이 있다. 주민 대피 상태를 보고 신중하게 대응하려는 지휘관은 장관의 지시를 어겼다는 책임이 따를 수 있다. 대응조치가 섣부른 준비 상태로 시행되면 장병은 물론이고 국민의 생명을 크게 위태롭게 할 수도 있다. 무조건적인 속도 강요는 작전의 실패로 이어질 위험이 다분히 있다.

'강력히'라는 구호도 모호하다. '강력히'는 사전적으로 '강한 힘으로 대응하라'는 의미다. 북한이 도발한 무기보다 더 강한 무기를 사용하라는 의미도 되고 도발한 발 수보다 더 많은 발 수를 사격하라는 의미도 된다. 즉 소총 사격에 기관총으로 대응하고 기관총에는 대포로 대응하라는 것이다. 또한 북한군이 열 발을 쏘면 백 발로 대응하라는 식이다. 응징의 목표도 북한군이 전선 지역에서 도발하더라도 우리는 그 후방의 근거지까지 공격하는 것도 '강력히'의 범주에 속한다. '강력히'라는 표현은 물리적 우세보다는 심리적 영역에 속하는 문제다. 상대의 기대보다 더 강하게 대응해 상대에게 심리적 타격을 가하는 것이 목적이다. 심리적 타격을 입은 상대가 추가적인 대응사격이나 다른 도발을 하지 못하도록 상대방의 의지를 상실시키는 것이다.

2015년 8월 20일의 대응 사격은 '강력히'라는 면에서 성공한 대응이었다. 북한이 도발한 화포의 구경보다 훨씬 큰 대포로 북한이 사격한 발 수보다 훨씬 많은 발 수를 사격했다. 앞선 북한의 도발에 다행히 피해가 없었고 우리도 북한에 인명피해가 발생할 위험이 없는 표적을 골랐다. 우리의 강력한 의지와 냉정한 절제를 함께 보여준 대응이었다. 의지를 보여주되 절제를 함께 보임으로써 북한이 대화의 길로 나서도록 유도할 수 있었다.

물론 2015년 당시에는 '강력히'라는 모호한 표현의 대응 지침은 없었다. 대신 '비례성'의 원칙을 강조했다. 북한이 도발한 무기와 동일한 종류의 무기, 가용한 무기 중에 동종 무기가 없을 때는 더 큰 구경을 선택하도록 했고 대응 발 수도 3~4배로 한정했다. 의지를 보이되 절제의 기준을 정한 것이다. 만약 북한의 도발 과정에 우리에게 피해가 있었다면 피해를 기준으로 대응 기준을 다시 정했다. 그들에게도 더 큰 피해를 강요하는 식이다. 내가 3군 작전과장으로서 책임진 임무 중에 가장 중요한 것은 이러한 세부 대응 기준을 세우고 예하 부대의 행동 수준을 일체화하는 것이었다. 소극적으로 대응하는 경우도 없어야 하지만 과하게 대응해 상황이 폭주하도록 해서도 안 되기 때문이다.

윤석열 정부의 국방부가 내세운 '강력히'란 구호를 우려하는 것은 상급부대의 기준이 명확하지 않으면서 '강한 힘으로 대응하라'는 의지만을 지나치게 강조하는 점이다. 북한의 도발에 '비례적으로 대응하라'와 같은 냉정한 절제가 빠진 것이다. 북한에 대한 군사적 상황 관리에서 무기 사용을 적정 수준에서 절제하지 않으면 상황이 크게 악화할 수 있다. 남북의 절대적 군사력 수준은 이미 서로를 충분히 파괴하고도 남는 수준이다. 평시에 무제한으로 '강력히' 군사력을 사용할 수는 없다. 북한군의 능력을 너무 과하게 평가할 필요도 없지만 과소평가하는 것은 더 위험하다. 구호성 교전 기준이 예하 지휘관의 '만용'을 자극하는 오용이 없기를 바란다.

'끝까지' 구호는 더 모호하다. 사전적으로는 '시간, 공간, 상황의 마지막 한계까지 응징하라'는 뜻이다. 아마도 북한군이 먼저 도발했더라도 '항복'하는 상황까지 밀어붙이라는 의미일 것이다.

그런데 지금까지 북한군은 정전 이후 그들의 도발 상황을 공식적으로 인정하고 항복한 사례가 거의 없다. 더구나 평시 교전 중에는 항복할 일이 없다. 1976년 8월 판문점 도끼만행 사건에서 유엔사가 데프콘-Ⅲ를 발령하고 항공모함을 출동시키자 김일성이 '유감'을 표명한 일은 있었다. 그러한 상황은 교전 당사자인 예하 부대가 감당할 수 있는 일이 아니다. 합참이나 국방부 또는 국가안보실 수준에서 마무리할 상황이다. 또는 주한미군과 연합작전을 펼쳐야 할 수도 있다. 상황 관리를 미군이 동의해야 할 수 있는 것이다. 그러려면 한미가 함께 전쟁을 불사하는 상황이 돼야 한다.

또는 북한군이 '저항'하지 못할 정도로 피해를 주라는 의미일 수도 있다. 1999년 6월 15일 서해 연평도 부근에서 꽃게 어선을 통제하던 북한 해군 어뢰정과 경비정 등 5척이 북방한계선을 침범해 남하했다. 이에 우리 해군 고속정과 초계함 등이 경고방송과 밀어내기식 대응으로 북한 해군에 대항했다. 우리 해군의 적극적 대응에 북한 경비정이 갑자기 선박에 장착된 25밀리미터 기관포 공격을 해왔다. 이에 우리 해군도 응사했다. 14분간의 남북 함정 간 교전에서 북한 해군은 어뢰정 1척과 경비정 1척이 침몰하고 다른 경비정 3척도 심각한 타격을 입고 퇴각했다. 우리 해군 함정 2척도 피해를 봤다. 우리 장병 7명이 다쳤고 북한군은 130명의 사상자가 발생한 것으로 추정됐다.

'끝까지'란 아마도 1999년의 제1연평해전과 같은 마무리를 생각한 구호일 수 있다. 그런데 당시 북방한계선에서의 해전은 증원 세력의 투입이 어렵고 북한이 충분히 계획했다기보다는 우발적 충돌에 가까웠다. 북한 도발 상황에 이런 조건이 맞아떨어진 경우가 드물었다. 2000년 이후 현장 작전부대가 알아서 '끝까지' 교전하고 마무리한 경우는 없었다. 더구나 20여 년 전과는 비교가 안 될 정도로 지휘 통제 수단이 크게 발달한 현재 '끝까지', 즉 위기 상황의 마무리를 예하 부대에 위임할 이유가 없다. 대응 지침을 굳이 군사 구호로 만들어 군 전체 분위기를 그렇게 이끌 이유는 더더욱 없다.

평화를 위해서는 '의지'와 '절제'의 균형이 필요하다

유엔사는 남북한의 정전협정 관리를 위해 정전 시 교전규칙AROE, Armistice Rules of Engagement을 정해 한국군이 이를 지키도록 요구하고 있다. 유엔사 정전 교전규칙의 근본 목적은 우발적 군사 충돌이 전쟁으로 확대되지 않도록 하는 것이다. 따라서 지상, 해상, 공중, 강안 등에서 우발적 군사 상황 시 각개 병사와 현장 부대가 준수해야 할 행동 절차와 대응 사격 수준을 정해놓았다. 핵심은 북한의 도발에 '자위권적 대응'을 인정하되 '비례성의 원칙'을 준수하라는 것이다.

자위권적 대응이란 교전 시 상대의 공격을 멈추게 할 목적으로 대응 사격은 가능하지만 교전 중에 피해를 봤다고 해서 사후에 무력 수단으로 보복하지 말라는 의미가 포함돼 있다. 보복이 상대의 또 다른 보복을 불러 상황이 악화하는 것을 방지하자는 것이다. 군사적 보복 대신에 남북한 간 군사 회담을 통해 대화로 문제를 해결하라는 취지다. 유엔사 정전 교전규칙의 기본 기조는 '절제'에 있다.

2000년 초까지 한국군에게 유엔사 정전 교전규칙은 가장 중요한 기준이었다. 정전 교전규칙이 담지 못하는 세부 사항은 합참에서 예규를 만들어 대응 방식을 구체화했다. 물론 정전 교전규칙의 원칙 안에서였다. 1999년 제1연평해전, 2002년 제2연평해전, 2009년 대청해전은 유엔사 정전 교전규칙의 범주 안에서 대응한 교전이었다.

상황이 변하기 시작한 것은 2010년 3월 천안함 폭침 사건과 그해 11월 연평도 포격전이었다. 천안함은 지금도 북한이 공격을 인정하지 않고 있다. 하지만 핵심 증거가 북한의 소행임을 분명히 가리키고 있다. 그 결과가 도출되기까지 2개월 가까운 시간이 걸렸다. 그마저도 북한군의 어뢰 추진체 부품을 사건 현장 해저에서 건지기 전까지 증명이 쉽지 않았다.

문제는 어렵게 북한의 소행임을 밝히고 난 이후의 조치였다. 한국 정부는 5·24조치를 통해 개성공단, 금강산 관광을 제외한 남북 교역 전면 중단, 대북 확성기 방송 재개 검토 등의 제재를 발표했지만 확성기 방송은 끝까지 재개하지 않았다. 미국 정부도 한국 정부의 조치에 호응했지만 북한이 압박을 느낄 만한 수준의 조치는 없었다. 사실상 북한을 비난한 것 외에는 무조치였다고 봐도 무방한 수준이었다. 한국 정부는 강력한 대응 의지를 보여주지 못했다. 이러한 미온적 후속조치는 결국 11월 연평도 포격 도발의 간접적 원인이 됐다. 북한이 한국군을 우습게 본 것이다.

연평도 포격 도발은 북한이 우리 해병의 통상적인 포병사격훈련을 빌미로 무차별 포격을 가한 사건이다. 우리 포병의 표적은 북방한계선 남쪽 바다였는데 북한군은 무려 170여 발의 122밀리미터,

76.2밀리미터 방사포와 해안포를 연평도로 발사했다. 우리는 80여 발의 포병사격으로 대응했다. 이 사건으로 우리 해병대원 2명, 민간인 2명이 사망했고 20명에 가까운 부상자가 발생했다. 1953년 정전협정 이후 북한군이 군사 표적이 아니라 민간 거주지까지 무차별 포격을 가한 것은 처음 있는 일이었다.

연평도 포격 도발은 기존의 유엔사 정전 교전규칙을 적용해 대응하기가 불가능한 사건이었다. 정전 교전규칙은 남북한 군인 또는 군대 간에 발생할 수 있는 현상을 상정해 만든 것이다. 연평도 포격전같이 우리 국민까지 무차별적으로 공격한 것은 군사적 상황을 관리하고자 하는 목적의 유엔사 정전 교전규칙에 담을 수 없는 도발이었다. 합참은 기존의 대응 기조에 손을 댈 수밖에 없었다.

북한이 2010년에 왜 갑자기 기존에는 없었던 강력한 도발을 두 차례나 벌인 것인지는 확실하지 않다. 그렇지만 북한에 무슨 일이 있었는지 들여다볼 필요가 있다. 2008년 8월 김정일이 뇌졸중으로 쓰러졌다. 그가 일어나기는 했지만 이후 건강이 급격히 나빠졌고 김정은이 급하게 차기 지도자로 내정됐다. 2009년부터 북한 군부와 주요 간부에게 김정은의 존재가 공식적으로 부각했다. 그해 5월에는 2차 핵실험을 단행했고 11월에 대청도 부근 해역에서 해상 도발이 있었다. 이어서 2010년 3월 천안함 폭침까지 일으켰다. 이로 보건대 2009년과 2010년에 있었던 북한의 군사적 도발은 김정은이 조기에 군부의 지지를 확보하고 강력한 지도자로 자리매김하기 위한 전략의 연장선상에서 해석할 수 있다. 북한은 2010년 9월에 김정은을 김정일의 공식적인 후계자로 발표했다. 그리고 11월 23일 북한군은 서해 연평도를 향해 포격 도발을 감행했다. 여러 차례 대남 도발과 이에 따른 남북 간 긴장 조성은 김정은이 북한 군부 내에서 위치를 확고히 하면서 정권 교체기에 북한 내부의 체제

결속을 강화할 목적이 있었을 가능성을 강력히 시사한다. 천안함과 연평도 도발이 북한 권력 승계기에 있었던 의도적이면서 필연적인 사건이었다는 말이다. 따라서 정전 교전규칙 준수만으로 관리하기 어려운 상황이었다고 볼 수도 있다.

연평도 포격전 이후 김관진 국방부장관이 취임했다. 김관진 장관은 북한이 도발하면 "선조치 후보고 하라."라는 지침을 하달했다. 현장 지휘관이 쏠까요 말까요 하면서 눈치 보고 머뭇거리지 말라는 의도였다. 또한 북한군의 도발 원점은 물론이고 도발 부대를 지원하는 지휘 세력과 지원 세력까지 공격하라는 지침을 추가했다. 당시로서는 매우 파격적이고 강경한 대응 기조를 발표한 것이다. 한국군도 강대강 기조를 명확히 한 것이다. 이러한 기조 변화에 유엔사가 크게 불만을 표했다는 이야기를 들어보지는 못했다. 여러 차례 선 넘은 북한의 도발에 미국의 분위기가 강경하게 변한 부분도 있었다. 다만 한반도에서 정전체제를 유지해야 하는 미국의 근원적 고민도 없지 않았을 것이다. 상호 자제와 냉정한 대응을 기조로 하는 정전 교전규칙이 수정되지는 않았다.

국방부장관의 지침을 기초로 합참이 내세운 북한군의 도발에 대한 대응 기조는 '신속, 정확, 충분'한 대응이었다. '신속'이란 북한이 도발하면 가능한 한 빨리 대응하라는 뜻이다. 신속히는 2015년 연천 포격 도발 이후 '국민의 안전을 확보한 이후 가능한 한 빨리'라는 개념으로 구체화됐다. '정확'이란 확전의 빌미를 주지 않고 도발한 원점 표적, 도발을 지휘하거나 지원한 세력을 정확히 공격하라는 뜻이다. 도발한 북한군 이외의 피해를 최소화해야 한다는 부수 피해 최소화 의미도 포함된다. '충분'은 북한의 도발보다 질적 양적으로 우세한 수준으로 대응하라는 뜻이다. 정전 교전규칙의 비례성을 준수하되 상대보다 우세하게 하라는 뜻이다. 그리고 도발의 유형과 양상에 따라 현장 부대가 할 역할, 상급 부대가 할 역할, 합참이 할 역할을 구분했다. 강력한 의지를 나타내되 절제 기준도 분명했다. 즉 북한군이 도발하면 응분의 책임을 분명히 묻겠다는 의지와 현장 부대의 비례적 대응, 합참이 상황을 최종적으로 관리해 상황의 악화를 방지한다는 절제의 기조가 포함된다.

우리가 방침과 기조를 공표한다고 해서 북한이 두려워하지는 않는다. 그런데 김관진 장관의 발표가 허언이 아님을 증명한 것은 멀리 해외 아덴만에서였다. 2011년 1월 우리 상선 삼호주얼리호가 소말리아 해적에게 피랍됐다. 아덴만에 파병돼 있던 해군 청해부대가 출동했다. 여기까지는 2010년 4월의 삼호드림호 사건과 비슷했다. 당시에도 청해부대가 출동했지만 강제 구출작전을 결행하지 못했다. 그 후 불과 9개월밖에 지나지 않았지만 완전히 달랐다. 김관진 장관의 결심으로 최영함과 해군 특수전전단 UDT/SEAL 병력을 투입해 강제 구출작전을 전개했다. 약 5시간의 교전을 거쳐 해적을 완벽히 제압하고 선원 21명을 전원 구출했다. 8명의 해적을 사살하고 5명을 생포했으나 우리 해군의 사망자는 없었다.

아덴만 작전의 결행과 성공이 북한에 강렬한 인상을 준 것은 분명했다. 한국군의 군사적 대응이 이전과 완전히 달라질 수 있다는 것을 증명한 것이다. 이후 김관진 장관 재임 기간 북한의 군사 도발은 자취를 감췄다. 수사적 엄포는 있었지만 군사 행동으로 나타난 경우는 없었다. 이러한 극적인 상황 변화는 북한의 도발이 우발적인 것이 아니라 그들의 계획된 의지임을 방증한다. 또한 우리의 대응 의지가 그들이 도발을 통해 얻을 수 있는 기대 수준을 넘었을 때 억제 효과가 있음을 알 수 있다.

그러나 평시 작전의 궁극적 목표는 전쟁을 방지하는 것이다. 의지도 중요하지만 의지의 폭주를 막는 절제도 매우 중요하다. 우발적 상황의 악화를 막는 브레이크는 반드시 필요하다. 유엔사 정전 교전규칙은 그 중심을 잡아주고 있다.

　나는 김관진 장관이 제안한 대응 기조 중에서 일부는 정리할 필요가 있다고 생각했다. 그것은 도발을 직접 시행하는 세력뿐만 아니라 지휘하고 지원하는 세력까지 함께 공격해야 한다는 점이다. 경우에 따라 가장 확실히 도발 세력을 제압하는 방향임은 맞다. 그러나 이것을 일괄적으로 적용하면 위험하다.

　예를 들어 북한군이 연평도 포격전과 같이 포사격을 해올 때 포병을 지휘하고 지원하는 세력은 대대본부 정도가 될 수 있다. 포사격을 즉각 멈추기 위해서도 이들을 함께 공격할 필요가 있다. 유엔사도 자위권 차원에서 대응하는 수준으로 볼 수 있다. 북한군 입장에서도 다소 피해가 있더라도 체면이 크게 훼손되지 않아 감수할 수도 있는 수준이다.

　그러나 소형 무인기나 대남 풍선 도발의 경우는 이런 수단을 직접 띄우는 세력과 함께 북한군의 지휘 지원 세력을 판단해야 한다. 이런 수단은 전방 대대나 연대 정도가 사용하는 것이 아니다. 최소한 군단사령부나 북한군의 총참모부가 결심해야 하고 그 직할부대가 시행할 수단이다. 우리에게 미치는 도발의 강도와 위험성은 상대적으로 낮지만 공격해야 할 대상은 오히려 북한군의 대부대 지휘소가 되는 것이다. 비교적 작은 위협에 확전의 방아쇠가 될 만한 큰 목표를 건드리는 격이다. 북한군 입장에서 비록 먼저 도발했지만 한국군이 반격한다면 그냥 감수하기 어렵다. 상호 절제의 임계점을 넘을 수 있는 것이다.

　2015년 8월 연천 포격에 이은 남북회담 이후 북한은 핵실험과 미사일 고도화 등을 계속했다. 하지만 비무장지대와 북방한계선 부근에서 '의도'를 가진 계획적 군사적 도발을 사실상 중지했다. 그렇게 7년이 흘렀다. 그런데 윤석열 정부 들어 맥락 없이 군사적 대결 분위기를 고양했다. 북한의 입장이 갑자기 변한 것도 없었다. 정부나 군대나 대북 강경 목소리가 커졌다. 1953년 정전협정 이후 북한이 특별한 태도 변화나 도발이 없는데도 우리가 먼저 군사적 긴장을 조성한 것은 처음 있는 일이다. 윤석열 정부의 국방 기조는 '힘에 의한 평화'다. 힘을 내세우다 보니 대화는 선택지가 아니라는 것은 이해되더라도 윤석열 정부의 일방적인 대북 강경책은 뜬금없다.

한국군 군사력이 북한의 군사력보다 강하다는 것에는 전적으로 동의한다. 그러나 한국군만의 힘으로 군사적 대결을 추구해 온전한 평화를 달성할 수 있다는 것에는 동의할 수 없다. 북한군에게는 핵 공격 능력이 있다. 핵 균형을 위해서는 미군과의 동맹이 필수다. 아마도 윤석열 정부가 한미동맹에 매달린 것도 그들이 내세운 국방 기조가 한계가 있다는 것을 알았기 때문일 것이다. 우리 힘만으로 안 된다는 것을 알면서도 강경한 의지만 나타낸 것은 현실적 접근 방식이 아니다.

남북한 군사 현실을 직시한다면 의지도 중요하지만 절제도 매우 중요하다. 그러나 윤석열 정부의 국방부와 합참에서 절제의 요소가 사라졌다. '결전태세'니 '즉강끝'이니 하는 구호는 '의지'만 보이고 '절제'가 보이지 않는다.

12·3 비상계엄 사태와 연관해 외환外患을 유도했다는 이야기가 나온다. 북한에 무인기를 보냈다든지 북방한계선 충돌을 유도했다든지 하는 이야기도 들린다. 사실 여부를 명확히 알 수 없지만 '절제' 없이 '의지'만을 지나치게 강조한 윤석열 정부 대응 기조가 낳은 부작용이 있을 수 있다는 생각이 든다. 만약 군에서 실제로 그러한 조치를 했다면 군사적 충돌에 필연적으로 국민의 생명이 위태로워진다는 것을 간과한 무책임한 행위다. 국민의 생명과 재산

을 보호해야 하는 대한민국 군대의 존재 이유와 역할을 위태롭게 할 수 있다. 한편으로 한미동맹을 강조하면서도 오히려 유엔사 등 미군이 한국군에 가진 신뢰에 정면으로 도전하는 이율배반적 행동이다. 미군은 오랫동안 정전 관리를 위한 한국군의 냉정한 절제를 깊이 신뢰해왔다. 여기저기 흘러나오는 외환과 관련한 이야기가 제발 사실이 아니기를 바란다. 대한민국군이 평화를 안정적으로 지킬 것이라는 국민의 믿음과 동맹국 미국이 한국군에 가진 신뢰에도 큰 상처를 주기 때문이다.

윤석열 정부에서 일부 장군의 지나친 '의지'는 전쟁 수행을 미군에 의탁하면서 오랜 시간 평시 작전에만 젖어온 한국군의 불구적 관념이 낳은 결과물일 가능성이 있다. 즉 전시작전권을 갖고 실질적으로 전쟁을 준비하고 대비하는 미군에 대한 일방적 믿음이 지나쳐 현행작전을 담당하는 일부 장군이 평시 작전의 본질적 목적과 기본 상식조차 잃어버린 것이 아닐까 하는 우려를 낳게 한다.

군이 평시작전권을 환수한 지 만 30년이 넘었다. 전시와 평시작전권을 모두 행사하지 못할 때는 그나마 대한민국군의 관점이 전쟁 수행에 가 있었다. 평시작전권을 환수하고 나서는 한국군 전체의 관심과 노력의 중심이 평시작전으로 급격하게 기울었다. 작전을 담당하는 장교 중에서 평시작전과 현행작전을 담당하는 인력을 중용하기 시작했다. 작전 기능 인력 중에는 전시에 대비해 조직과 인력을 편성하고 작전계획을 수립하며 무기를 획득하고 교육훈련을 담당하는 전문 인력 집단이 있다. 이들은 사실상 전쟁을 준비하는 인재다. 하지만 2010년 이후 언제부터인가 현행작전을 담당하는 장교만 고위직으로 진출하는 경향이 뚜렷해졌다. 작전 직능을 맡은 대부분의 장교는 현행작전뿐만 아니라 편성, 작전계획, 교육훈련 분야를 두루 경험한다. 하지만 특정 인원은 현행작전만 수행한다. 문제는 현행작전만 편향적으로 경험한 장교가 군의 수뇌부를 장악한다는 데 있다.

현행작전만 담당하는 대표적 조직이 합참이다. 그중에 핵심 조직은 합참 작전부다. 중령 때 합참 작전부에 실무자로 들어간 사람은 잘만 인정받으면 대부분 최고 계급으로 진출한다. 합참 작전부의 업무란 것이 대부분 눈앞에 떨어진 각종 현안을 급하게 해결하는 일이다. 업무 특성상 육·해·공군을 포괄한 군 전체를 바라볼 기회가 될 수 있다. 하지만 가장 중요한 전쟁 대비는 그들의 관심사가 아니다. 전쟁 대비는 연합사란 조직이 있기 때문이다.

전시작전권이 없는 한국 합참은 연 2회 실시하는 한미연합훈련에서 주도권이 없다. 주도권이 없는 관찰자 입장으로 전환된다. 합참 근무 장교 대부분이 전쟁 연습에 참여할 기회가 없다. 그러다 보니 내가 보아온 합참조직에 오랫동안 몸담은 대부분의 한국군 장군과 고위 장교는 유사시 한반도에서 전쟁을 어떻게 수행할지에 대한 기본적인 군사 지식도 관심도 없었다. 사석에서 합참 장교들과 한반도 전쟁 양상이나 교리나 미래 대비를 이야기하면 피곤함에 지쳐 졸곤 했다. 그들 중에 많은 수가 한국군 3성, 4성 장군이 된다. 그리고 그 계급의 힘으로 한국군 정책을 주도한다. 장님 코끼리 만지기가 따로 없다.

군대는 기본적으로 전쟁에 대비하는 조직이다. 평시에는 전쟁을 억지하면서 한편으로 전쟁을 철저히 준비해야 한다. 그러나 한국군의 독특한 구조는 한국군을 전쟁과 멀어지게 하고 있다. 한국군이 현행작전에만 몰입하는 이상한 군대가 돼가는 이유가 합참 중심의 인재 편중 현상에 있다. 준비가 안 된 인재가 계급만 높아져 합참의 장이 되고 국방부장관이 되더라도 갑자기 국가와 군 전체를 바라볼 수 있는 통찰력이 생기지는 않는다. 이들이 유일하게 바라보고 또 자신 있게 할 수 있는 것은 현행작전뿐이다. 전쟁의 위험과 수행의 어려움을 고민해볼 기회가 없었으니 맹목적 '의지'만 남는 것이다. 중령 이후 합참에서 주로 근무한 모 작전본부장은 사무실에 간이침대를 펴놓고 숙식을 해결했다. 계급과 직책은 높아졌지만 자신의 실력을 제대로 쌓은 것이 없으니 하급 장교 수준에서나 내세울 수 있는 성실성을 가장해 자신의 부족함을 감춘 것이다.

한국군은 30~40년 동안 군 경험을 쌓고 헌신한 수천 명의 장군을 배출했다. 그러나 막상 군사 업무 전체를 통찰하는 군사전문가를 찾아보기 힘들다. 우리가 해야 할 전쟁은 외국군에게 위탁하고 전쟁 수행을 핵심 가치로 생각할 줄 모르는 군대가 된 것이다.

한국군은 경계에만 몰입해 군대의 본질을 잃고 있다

대한민국 군대의 임무 중에서 가장 중요한 것이 경계작전이다. 한국군은 1953년 정전협정 이후 240킬로미터 길이의 휴전선, 서북 5도, 동·서해 북방한계선은 물론 동·서·남해안 1만 킬로미터가 넘는 해안선을 경계하고 있다. 공군의 가장 큰 임무도 하늘을 경계하는 초계비행이다. 사실상 한국군은 수십 년간 경계작전에 몰입하고 있다.

전 세계 군대 중에 정규군이 경계작전에 가장 큰 비중을 두는 군대는 한국군이 유일하다. 세계 대부분의 국가는 국경과 해안 경비를 경찰조직이 담당하고 있다. 미국은 멕시코나 캐나다와의 국경 경비를 국토안보국 예하 경찰조직인 관세국경보호청CBP이 담당한다. 해안 경비는 해안경비대USCG 임무다. 특정지역에 군사적 위기가 높아지면 주방위군이나 연방군 투입을 고려한다.

중국도 국경과 해안 경비는 기본적으로 경찰조직이 담당한다. 국경 경비는 인민무장경찰부대PAP, 해안 경비는 해경국CCG 소관이다. 러시아도 국경 경비에 군이 아니라 연방보안국FSB 산하 국경 수비대PS-FSB가 담당하고 있다. 군사적 위협이 비교적 높은 이스라엘도 국경 경비는 경찰조직이 전담한다. 평시에는 주로 국경수비대IBP가 국경 경비를 담당하다가 유사시에는 방위군IDF을 투입해 국경 경비를 주도하는 체계다.

우리는 너무나 오랫동안 일반전초 경계와 해안 경계를 군이 담당하고 있어 당연한 것으로 여기고 있다. 그러나 우리나라를 빼고 다른 나라들은 정규군을 단순 경계작전에 투입하지 않는다. 우리 군이 매우 특이한 상태에 있다. 주한미군은 미군기지 경계도 군인이 담당하지 않는다. 민간 경비용역회사와 계약해 이들을 통해 주둔지를 경비한다. 특별히 경계태세를 보강할 필요가 있을 때만 헌병부대를 증원하는 체계를 유지하고 있다.

왜 다른 나라 군대는 경계작전을 안 하는 것일까? 군대란 본질적으로 전쟁에 대비하고 준비하는 조직이다. 전쟁을 잘 준비해 유사시 능력을 최대치로 발휘해 전쟁에 승리하는 것에 군대의 존재 가치가 있다. 평시에 가능한 시간을 온전히 바쳐도 쉽지 않은 일이 전쟁을 준비하는 일이다. 나는 전방 경계부대 지휘관도 해보고 경계를 담당하지 않는 기계화부대 지휘관도 해봤다. 기계화부대에서 1년 내내 온통 훈련과 전투 준비에 매진해도 가용시간이 부족했다. 반면 전방 지휘관 임무를 수행할 때는 전쟁 대비 훈련과 전쟁 준비에 대한 관심은 항상 부차적이었다. 경계작전을 하다 보면 훈련과 전쟁 준비가 소홀해질 수밖에 없었다.

한국군이 모든 경계작전에서 손을 떼야 한다고 이야기하는 것은 아니다. 한반도는 정전체제라는 안보적으로 불안정한 상태에 있다. 따라서 북한군과 인접하고 있고 언제든 군사적 충돌 위험이 있는 서북 5도와 전방 일반전초 경계를 군이 수행하는 것은 불가피한 측면이 있다. 이런 지역에 상대적으로 무장이 약한 경찰력을 투입하는 것은 위험하다. 그렇지만 1만 킬로미터가 넘는 해안선 경계까지 군이 담당하는 것은 불합리하다. 경계를 담당하는 군은 민간인에 대한 체포나 검문검색을 할 수 있는 법적 권한이 없다. 후방의 해안지역에서 주로 상대해야 하는 사람은 우리 국민이거나 밀입국을 시도하는 외국인일 가능성이 크다. 행동이 수상한 사람이 나타나더라도 군은 체포나 검문검색을 할 수 없다. 해경과 경찰에 협조를 구해야 한다. 처음부터 체포와 검문검색 권한이 있는 경찰이 담당하는 것이 맞다. 북한군의 해안침투 위험이 있지만 우리는 북한 침투세력의 출발 기지부터 활동을 감시하고 있다. 북한의 해상침투 시도 위험이 커지면 그때 군을 투입하면 된다. 지금까지 모든 정부의 국방개혁 계획에 해안 경계 책임은 해양경찰에 이관한다는 계획이 포함돼 있었다.

 대한민국 해경은 전국 10개 주요 항구를 중심으로 선박교통관제시스템VTS, Vessel Traffic Service을 구축해 거의 모든 선박의 이동을 실시간으로 모니터링하고 관리한다. 선박교통관제시스템은 선박 위치를 확인하는 레이더, 선박 자동식별체계, 선박 간 교신체계, CCTV 등을 상호 연동하는 시스템이다. 우리 선박 외에 다른 나라 선박을 원거리에서 실시간으로 쉽게 식별할 수 있다. 출동해 해상에서 체포하고 검색할 수 있는 능력도 있다. 여기에 군이 갖추고 있는 원거리 레이더와 야간관측장비 등과 일부 인력을 보강한다면 군대보다 더 효율적으로 해안 경계를 담당할 수 있다.

 2017년 문재인 정부 초기 해안 경계를 해경에 이관하는 계획이 거의 실행 단계까지 갔다. 그러나 육군본부, 특히 2작사가 반대해 무산됐다. 2작사는 경계작전을 하지 않을 때 4성 장군이 지휘하는 부대의 존재감이 줄어들 것에 대한 우려가 컸다. 군대의 본질은 잊고 경계작전만 바라보는 대한민국 군대에서 진급해온 일부 장군이 가진 한계였다. 한편 강한 훈련에 매진하면서 가장 기동화해야 할 해병대의 1개 정규사단을 온전히 전방 경계작전에 투입하는 것도 마찬가지 이유다. 해병대 전현직 장군들이 해병대 입지를 걱정하며 경계작전을 놓지 못하기 때문이다.

대한민국 군대의 전방 경계작전이 불가피한 면이 있더라도 전방 경계에 투입하는 인력과 노력을 얼마나 효율화하느냐는 대한민국 군대의 미래와 직결돼 있다. 과거에 비해 대한민국 군대의 병력 규모는 계속 줄어들고 있다. 출산율의 영향으로 앞으로 줄어드는 속도가 점점 빨라질 것이다. 병력은 줄어드는데 경계작전 소요를 그대로 가져간다면 대한민국 군대의 경계병력 비율이 늘어나고 전투력이 더 저하될 것은 불을 보듯 뻔하다.

『손자병법』「모공편謀攻篇」에 군대가 특정 지형이나 상황에 묶여 제대로 활용되지 못하는 위험을 '미군縻軍'이라고 표현했다. 한마디로 군대로서 제대로 활용할 수 없는 '코 꿰인 군대'란 말이다. 「허실편虛實篇」에는 '병무상세兵無常勢 수무상형水無常形'을 강조했다. 물의 형세가 항상 같지 않은 것처럼 군대도 고정된 형세를 유지하면 안 된다는 뜻이다. 고정된 역할에만 매달린 군대는 전장의 무궁한 변화에 제대로 대처할 수 없다. 대한민국 군대는 오랫동안 경계작전이라는 고정된 임무, 거대한 굴레에 갇혀 군대의 본성을 점점 잃어가고 있는 것은 아닌지 수시로 돌아봐야 한다.

DMZ, GP, GOP, 민통선 등 누적된 경계에 소모되고 있다

1953년 7월 27일 정전협정이 체결됐다. 정전협정에서 북한군과 중군 그리고 유엔사는 교전 중인 남북 군대의 접촉선을 기준으로 군사분계선MDL, Military Demarcation Line을 설정했다. 그리고 이 군사분계선을 기준으로 남쪽과 북쪽 2킬로미터를 연하는 지역에 남방경계선SBL과 북방경계선NBL을 설정했다. 그 사이 폭 4킬로미터 공간은 군사적 충돌을 방지하기 위한 비무장지대DMZ, Demilitarized Zone다. 남북한 비무장지대 설치 아이디어는 1951년 영국 외무부가 먼저 제안했고 당시 매슈 리지웨이 유엔군사령관이 이를 받아들여 정전협정의 중요한 주제가 됐다. 협의 과정에서 다양한 군사적 완충지대안을 논의하다가 휴전 직전에 폭 4킬로미터안을 확정했다.

1950년대에는 비무장지대를 정전협정 내용 그대로 비무장 상태로 유지했다. 군사분계선 관리를 위해 비무장 군인만 비무장지대 출입이 가능했다. 하지만 남방한계선에서 군사분계선이 보이지 않는 지역이 많았고 비무장지대에서 군사분계선이 잘 보이는 고지에 비무장 관측초소OP, Observation Post를 만들었다. 1960년대가 되자 미국은 베트남전 참전을 기정사실로 했다. 같은 공산권에 속한 북한정권이 위협을 느끼고 북방한계선과 비무장지대 내 고지를 중심으로 갱도 진지를 구축했다. 남측은 운용하던 관측초소를 무장하고 요새화해 감시초소GP, Guard Post로 만들었다.

초기 남방경계선에는 철조망이 없었다. 비무장지대 출입 통제를 위한 초소만 있었다. 1960년대 중반 비무장지대 내에서 군사적 충돌이 발생하고 북한군이 남방경계선 이남까지 무장 침투병력을 보내자 울타리를 설치했다. 유엔사가 관할하는 지역은 철조망을 설치했지만 한국군 담당지역은 목책을 설치했다. 울타리를 설치하면서 남방경계선을 북한 쪽을 잘 관측할 수 있는 지역으로 조정했다. 어느 지역은 남방경계선 보다 올라가고 어느 지역은 뒤로 물러서기도 했다. 울타리를 설치한 지역을 "GOP"라 불렀다. 일반 전방초소General Outpost라는 뜻인데 간단히 일반전초라고 부른다. 1970년대에 일반전초 울타리의 가시 달린 철선을 사각형으로 엮은 철조망으로 교체했고 1980년대에는 그물망처럼 생긴 철책으로 교체했다. 1990년대 철선 연결 부위를 용접한 판망 철책으로 교체한 후로 오늘날까지 사용하고 있다. 언제부터인가 남방경계선은 남방한계선SLL이 됐다. 그리고 그 남쪽에 민간인 통제선이 설정됐다.

이러한 역사적 변천 과정은 정전협정 당시 의도와는 다르게 전방 경계의 소요가 점점 늘어난 배경과 과정이었다. 시설을 늘리고 장비를 설치하면서 이를 유지하기 위한 병력 규모와 비용도 급격하게 늘어났다.

우리 전방 경계 병력은 감시초소와 일반전초를 경계하는 부대, 비무장지대 내에서 활동하는 부대, 민통선을 관리하는 부대 등으로 구성돼 있다. 절대 적지 않은 병력이 매일 경계작전에만 매달리고 있다. 그러나 1개 부대를 계속해서 운용할 수 없다. 부대 구성원은 사람이기에 쉽게 피로해지고 매너리즘에 빠진다. 적절한 시기에 교대해 주지 않으면 안 된다. 동일한 규모의 교대 병력을 준비해야 한다. 그리고 이들이 입고 먹고 거주해야 할 지원 소요도 적지 않다. 무기와 장비도 정비하고 도로와 시설도 유지해야 한다. 순수 경계 병력 외에도 엄청난 비용과 노력을 기울이지 않을 수 없다.

2010년대 중반 전방의 모든 일반전초에 과학화 경계시스템을 구축했다. 전방의 경계소요를 줄일 수 있는 기회였다. 나는 일반전초 경계 담당 부대를 교대 없이 고정해야 한다는 아이디어를 냈다. 일반전초 경계에 관여해야 하는 부대를 절반으로 줄이는 것이었다. 비교적 복잡한 과학화 시스템의 노하우를 유지하는 유리한 점도 있었다. 이를 육군참모총장에게 보고하고 전방 지휘관을 만나 설득했다. 3군 작전과장으로 보직을 옮기고 나서는 각종 데이터를 만들어 사령관을 설득했다. 당시 참모총장과 3군사령관이 이러한 취지에 적극적으로 공감했다. 시험적용을 맡았던 사단장도 적극적으로 동의했다. 외부초소에 배치되는 경계병력을 최소화하면서 부대 교대를 하지 않는 방식의 과학화 경계 방법이 3야전군의 표준이 됐다. 당시 동부전선을 담당하던 부대가 교대 기간을 줄이는 방식을 들고 나왔으나 오히려 더 많은 부대가 경계에 매달려야 했다. 오랜 시간 시행착오 끝에 결국은 일반전초 경계부대를 고정하는 방식으로 전환할 수밖에 없었다.

2021년 군단장에 취임한 이후 가장 관심을 두었던 것은 감시초소GP에 투입하는 노력을 줄이는 것이었다. 2010년대 후반에 감시초소에 고성능 감시장비를 들여왔다. 그런데 병력이 오히려 두 배로 늘었다. 외부초소 경계병은 그대로 유지하면서 감시장비 모니터를 봐야 하는 병력을 추가로 투입한 결과였다. 지휘관들이 깊은 고민 없이 그때그때 주어진 여건만 따라가다 보니 생긴 현상이었다.

나는 각 감시초소에 별도로 투입한 모니터 병력을 일반전초 대대 지휘소의 별도 공간에 통합했다. 감시초소 감시장비를 감시초소와 일반전초 지휘소에서도 확인할 수 있도록 이원화했다. 감시초소는 과학화 감시장비 모니터를 관찰해야 하는 부담을 줄이고 행동 위주 작전에 집중하도록 했다. 감시초소에 상주해야 하는 인원을 크게 줄인 것이다. 아예 12시간씩 작전 병력을 일반전초에서 교대하는 방법도 적용했다. 감시초소의 고립감을 해소하고 군수지원 소요도 크게 줄였다. 한편으로 감시초소 임무가 단순해져서 작전 요원의 숙달 정도가 크게 좋아졌다. 일반전초 대대장 중심으로 지휘체계가 일원화됐다. 모든 현장 지휘관이 변화를 반겼다. 작전 효율성은 높아지고 지휘 부담은 크게 줄었다는 것이다.

하지만 감시초소 작전의 혁신은 내가 지휘관을 마치자마자 폐기됐다. 윤석열 정부가 들어서고 의도적으로 북한과의 대결 구도를 조성하면서 감시초소 병력을 축소했다는 비난을 걱정한 지상작전사령부와 합참 수뇌부가 결정한 조치였다. 한국군 최고위 장군들이 정권의 의도를 살펴 알아서 판단한 것이다. 아니면 작전 효율성은 뒷전에 두고 무조건 경계작전에 몰입하는 것이 자신들의 본분이라 확신했을 수도 있다. 한국군의 현재와 미래를 위해 조금이라도 걱정하는 마음이 있었다면 그렇게 과감하게(?) 혁신의 결과를 접지 못했을 것으로 생각한다. 아이러니하게 이후 국방부가 내놓은 미래 감시초소 발전모델은 내가 만든 개념을 그대로 받아들인 것이다.

9·19남북군사합의 무산으로 다시 경계 임무에 얽매이다

2018년 9월에 9·19남북군사합의가 성사됐을 때 나는 전방 사단장을 하고 있었다. 그래서 군사합의가 어떤 과정을 거쳐 합의됐는지 알지 못한다. 합의 과정에 전혀 관여할 수 없었으나 한반도 평화 진전이라는 정치적 의미 외에 군사적으로도 매우 의미 있는 합의였다고 본다.

9·19남북군사합의는 남북한 군사적 긴장 완화 및 신뢰 구축을 위해 지상, 해상, 공중에서의 적대행위를 전면 중지하고 우발적 무력 충돌을 방지하는 내용으로 구성돼 있다. 비무장지대 내 11개 감시초소를 서로 철수하고 접경지역과 서해 북방한계선 인근에서의 훈련과 비행 활동을 일부 제한하는 내용을 담고 있다. 경계작전 측면에서만 바라보면 다소 불편한 점이 분명히 있다. 특히 군단급 이하 제대 정찰용 무인기의 비행구역을 남쪽으로 조정해 북한지역 관측 가능 범위가 줄어들었다. 하지만 실질적으로 군사적 도발 징후를 파악하는 전략적 수준의 정보자산 운용은 거의 변화가 없다. 더구나 군사적 도발을 일으키면 모든 정보자산의 즉각적인 운용이 가능했다.

전방 지역에서 군사 활동이 일부 제한되는 면도 있다. 서해 5도 포병의 사격훈련을 육지로 나와서 해야 했고 연대급 이상 제대의 훈련 지역을 남쪽으로 조정해야 했다. 최전방 지역에 헬기를 운용할 수 없어서 군단장의 지휘용 헬기가 전방 지역까지 갈 수 없는 불편했던 점도 있었다. 그러나 긴급 의무헬기와 산불발생 시 소방헬기 운용을 멈춘 경우는 없었다. 오히려 군사적 긴장이 해소되면서 비무장지대에 산불이 나면 군사분계선 부근까지 소방헬기를 더 적극적으로 운용할 수 있었다.

2022년 12월 상황에서 보듯 한국군 입장에서 가장 골치 아픈 도발 유형은 북한의 소형 무인기 도발이었다. 9·19남북군사합의가 발효되고 나서 접경지역에 북한의 무인기 활동도 사라졌다. 그 사이 우리는 북한의 소형 무인기를 포착할 수 있는 고성능 레이더를 개발해 배치했다. 다만 소형 무인기를 물리적으로 파괴할 수 있는 무기까지 개발해 배치하기에는 시간이 부족했다.

9·19남북군사합의가 제대로 이행되고 남북한 군대가 서로 신뢰가 쌓였다면 남북한이 접경지역 경계 수준을 더 낮출 수 있었을 것이다. 그 단계까지 갔다면 대한민국 군대가 경계작전의 오랜 올무에서 벗어나 제대로 훈련하고 실질적 능력을 키울 기회가 열릴 수 있었을 것이다. 대한민국 군대가 제대로 강해질 수 있는 시간이 다가올 참이었다. 실제로 경계작전의 부담이 적어지면서 군의 관심이 자연스럽게 훈련으로 서서히 전환되고 있었다. 그런데 갑자기 코로나19 바이러스가 발생했고 군의 관심이 팬데믹 극복으로 기울었다. 군은 안보 환경의 변화를 제대로 활용할 기회를 살리지 못했다.

9·19남북군사합의는 상대의 선의를 전제로 하고 신뢰를 기반으로 한 것이다. 남북이 서로 감시초소 11개소를 철거한 것을 제외하고는 대부분 문서상의 약속에 머물렀다. 철거한 감시초소 11개는 서로 가까운 거리에 위치해 직사화기로 조준사격이 가능한 지역에

있는 것들이었다. 우발적 무력 충돌 위험이 상대적으로 높은 감시초소를 우선 철거한 것이다. 몇 걸음 더 나가야 했다. 그리고 박격포, 곡사포, 다련장포 등 곡사화기까지 유효 사거리 밖으로 철수하는 것을 서로 합의하고 실제로 이행했다면 우발적 충돌 가능성을 더 줄일 수 있었을 것이다. 상황이 바뀌어 서로 과거로 퇴행하고 싶어도 쉽게 결행하기 어려울 것이기 때문이다. 물론 이러한 상황까지 가려면 많은 예산과 상호 신뢰가 더 쌓여야 한다.

또한 일각에서 그러한 조치가 안보의 위험을 높인다고 비판할 수 있다. 하지만 감시정찰 능력이나 기동력 등에 있어 대한민국 군대는 북한군에 비해 압도적 우세에 있다. 상호 군사 능력을 고려했을 때 그러한 조치가 결코 군사적으로 불리하지 않다. 그리고 무엇보다 군이 본질에 집중하면서 더 강해질 수 있다. 적과의 대화나 군사적 합의가 자칫 위험할 수 있는 경우는 실질적 대비 능력을 배양하는 것은 도외시하면서 그저 상대의 선의만 기대할 때다. 반대로 국제 사회에서 대화와 타협 없이 그저 힘만으로 상대를 억누르고 평화를 얻은 경우도 거의 찾을 수 없다.

그런데 윤석열 정부가 들어서면서 갑자기 안보 상황이 급변했다. 한반도 평화를 군사력 우위만으로 지킬 수 있다는 근거 없는 착각이 지배했다. 남북한 간에 군사적 긴장이 고조됐다. 평생을 경계작전만 바라본 일부 군 원로들, 편향된 시각의 자칭 군사전문가들, 예비역 정치인들이 상황을 원위치로 돌리는 데 일조했다. 애초에 다른 군사 환경을 경험해보지 못한, 그리고 자기 목소리가 없는 장군들이 중요 직책에 대거 발탁되면서 그러한 분위기에 동조했다. 그들의 시각에는 9·19남북군사합의 내용 중에서 경계작전의 일부 불편한 측면만 두드러지게 보인 것이다.

바뀐 분위기에 긴장한 북한이 먼저 도발했고 남북이 경쟁적으로

9·19남북군사합의를 폐기하는 수순을 밟았다. 2023년 11월 22일 북한의 정찰위성 발사를 계기로 한국 정부는 전방지역 무인기와 헬기 운항 제한 조치의 효력을 정지했다. 이를 이어받아 다음 날 북한이 군사합의 폐기를 선언했고 2024년 6월 5일 한국 정부가 군사합의 전면 효력 정지를 결정했다. 철거한 11개 감시초소는 군사적 유불리를 따지지도 않고 급하게 복구했다. 이로써 물리적 조치는 거의 없이 문서상으로만 약속했던 9·19남북군사합의는 역사 너머로 사라졌다. 대한민국 군대는 다시금 경계작전에만 몰입하는 '미군廉軍'의 상태로 돌아가고 말았다.

경계작전과 평시작전이 중요하지 않다는 것이 아니다. 어쩌면 전쟁을 예방하고 억지한다는 면에서 전쟁 수행 능력만큼이나 중요하다. 하지만 군대의 존재 이유가 거기에 머무르지 않기에 돌아봐야 한다. 경계작전과 평시작전에만 과하게 몰입하는 것은 아닌지, 그래서 정작 정상적인 군대가 소홀히 하지 말아야 할 전쟁 수행 능력이 뒷전으로 밀리는 것은 아닌지 살펴야 한다. 우리를 위협하는 상대들이 대한민국 군대의 전쟁 수행 능력을 두려워해야 비로소 근원적인 전쟁 억지가 가능하기 때문이다.

우리를 위협하는 세력들이 대한민국 군대가 아니라 소수의 주한미군을 더 두려워하는 것은 아닌지, 대한민국 장군들이 우리 군대의 능력보다 주한미군의 존재를 더 믿고 있는 것은 아닌지 스스로 돌아봐야 한다. 나는 이런 현실에서 우리 군대가 경계작전과 평시작전에만 계속 몰입하고 있다가 어느 날 갑자기 상황이 급변해 우리나라에 큰 위기가 닥쳐왔을 때 제대로 역할을 하지 못할 것 같아 두렵다.

4
국방개혁
: 전쟁을 위탁하고 불완전한 변화를 추구하다

 국방개혁이란 용어는 2005년 노무현 정부가 '국방개혁 2020' 계획을 발표하면서 처음 등장했다. 국방개혁은 국방 전 분야에 걸쳐 변화를 추구한다는 의미를 담고 있다. 군 구조와 조직 개편, 최신 무기 도입, 국방 운영의 효율화 등을 포함하는 개념이다. 국방개혁이라는 이름을 내걸지 않았더라도 대한민국 역대 정부는 한반도의 안보 상황이 급변할 때마다 군대의 도약적 발전을 위한 개념을 만들고 추진계획을 마련해 실천하려 했다.

역대 정부에서는 어떻게 국방개혁과 전력을 증강해 왔는가
 박정희 정부는 국방개혁이란 용어를 사용하지는 않았지만 '율곡계획'(1974~1981)을 세워 추진했다. 1970년대 초반 미국의 닉슨 독트린 발표 이후 주한미군 일부 철수가 결정됨에 따라 한국군의 자주국방 역량을 강화할 필요가 있었다. 북한군이 지속적으로 군사력을 증강하는 상황에서 한국군은 독자적으로 전력을 강화하지 않을 수 없었다. 이를 위해 1974년 수립한 것이 '율곡계획'이었다.

'율곡계획'은 방위산업을 육성하고 국산 무기를 개발해 한국군의 독립적 전력을 구축하는 것을 목표로 했다. 이때 계획한 주요 무기체계로 K-1 전차, KH-178 105밀리미터 곡사포, K-200 장갑차 등이 있다. 또한 미사일 개발과 함께 F-5 전투기를 도입했고 해군 전력도 강화했다. 이 계획은 한국 최초의 장기 국방개혁 계획으로 이후 방위산업 발전과 자주국방의 기초를 마련하는 데 크게 기여했다.

노태우 정부는 냉전체제가 무너지고 세계 정세가 급변함에 따라 한국군이 국가방위에 주도적 역할을 담당할 것에 대비해 '818계획'(1990~1996)을 수립했다. 1980년대 후반 세계 안보 질서가 급격하게 재편되는 가운데 북한의 재래전력이 한국보다 우위를 점하는 상황에서 한국군의 첨단화가 불가피했다. 또한 미국의 요구로 한국군에 대한 작전통제권을 환수해야 하는 상황을 고려하지 않을 수 없었다. 한편으로 1988년 서울올림픽 성공 이후 한국 경제가 성장하면서 국방력 강화를 위한 투자 여력이 생긴 것은 유리한 조건이었다. 정부는 변화하는 국제 환경에 발맞춰 북방정책으로 대표되는 구공산권 국가들과의 관계 정상화와 남북관계 개선을 위한 노력도 병행했다.

'818계획'은 평시 작전통제권 환수에 대비한 상부지휘구조 개편과 함께 최신 전투기 F-16 도입, K-9 자주포 개발, 해군 KDX 구축함 사업 착수 등을 포함해 군의 첨단화와 한국군의 체질 개선을 목표로 했다. 병력을 68만 명에서 65만 명으로 일부 감축하고 군 조직을 개편하고 군사력 운영의 효율성을 높이고자 했다.

노무현 정부는 '국방개혁 2020'을 마련했다. 2004년 미국이 먼저 주한미군 감축을 발표하면서 한국군의 자주적 방위 역량을 강화할 필요성이 대두됐다. 또한 북한의 핵과 미사일 위협이 점점 증가하고 있었고 출산율 저하에 따른 병력 감소가 예상됐다. 이런 상황을 고려해 노무현 정부는 2005년 '국방개혁 2020'을 발표했다.

노무현 정부의 국방개혁안은 병력 감축(65만 명에서 50만 명으로 감축)과 합동군체제 강화를 핵심으로 한다. 전시 작전통제권 전환을 대비하는 한편 F-15K 전투기, K-2 전차, 이지스 구축함 등 최신 무기를 도입해 전력을 현대화하는 계획이었다. 또한 군 조직 개편을 통해 작전지휘의 효율성을 높이고자 했다. '국방개혁 2020'은 이후 정부들이 수립한 국방개혁 계획의 기본 토대가 됐다. 2006년에는 국방개혁법이 제정돼 국방개혁의 지속적 추진을 위한 동력을 마련했다.

이명박 정부, 박근혜 정부, 문재인 정부도 각 정부의 정책 방향에 맞춰 '국방개혁 2020' 계획을 일부 수정해 추진했다. 이명박 정부는 2011년 '국방개혁 307' 계획을 발표했다. 정권 초에는 국방 분야에 관심이 없다가 2010년 천안함 폭침과 연평도 포격 사건이 발생하면서 북한의 군사적 도발에 대한 대응력 강화의 필요성을 고려한 것이다. '국방개혁 307계획'은 병력 감축 속도를 조절하고 전방 지역의 군사력을 증강하는 데 중점을 뒀다. 킬체인Kill Chain과 한국형 미사일 방어체계KAMD를 도입해 북한의 비대칭 전력(핵과 미사일)에 대한 대응 능력을 강화했다.

박근혜 정부의 2014년 '국방개혁 2030' 계획은 북한의 핵과 미사일 위협이 지속적으로 증가하고 저출산으로 장기적인 병력 유지가 어려운 상황을 고려했다. 군 정찰과 감시 능력을 높이고 군 조직을 개편해 효율성을 높이고자 했다. 병력 감축 속도를 늦추고 대북 억지력을 강화하는 것이 핵심이었다.

문재인 정부가 2018년 발표한 '국방개혁 2.0'은 2017년 이후 북한이 핵과 미사일 개발이 큰 진전을 보이고 있고 2018년 남북 정상회담과 9·19남북군사합의를 체결하는 등의 전략적 안보 환경 변화를 고려했다. 문재인 정부의 국방개혁은 노무현 정부의 '국방개혁 2020'의 기본 방향을 다시 이어받아 병력 50만 명 체제를 확정하고 장군 정원을 조정하면서 전작권 조기 전환 추진, 드론봇 전투체계 도입, 미사일 등 국가 전략자산 강화 등을 포함했다. '국방개혁 2.0'은 병력 감축과 첨단 기술 기반 군대로의 개편을 동시에 추진하는 방향이었다.

윤석열 정부는 북한과의 긴장감을 높이면서 국방개혁이라는 명칭을 국방혁신으로 바꾸고 2022년에 '국방혁신 4.0'을 발표했다. 그리고 실장 밑에 준장급 2명이 국장으로 편성돼 있던 국방부 내 국방개혁실을 준장급 국장이 관장하는 국방혁신기획관실로 변경했다. 조직을 축소 개편한 것이다. 윤석열 정부에서 국방부가 국방혁신 조직을 왜 축소했는지는 명확하지 않다. 다만 국방혁신기획관이 12·3 비상계엄 당시 정보사와 국방부장관 사이에서 연락관 임무를 수행한 것을 보면 윤석열 정부의 국방혁신에 대한 관심 정도를 알 수 있다. 국방혁신 4.0은 인공지능과 무인 전력을 활용한 첨단 전력 강화가 핵심이다. 인공지능을 전면에 내세운 것 외에는 기존의 계획과 별다른 차별성이 보이지 않는다.

나는 문재인 정부 청와대에서 2년간 국가위기관리센터장으로 일하고 2020년 10월 국방개혁비서관으로 자리를 옮겼다. 국방개혁은 정부가 충분한 예산으로 군을 제대로 뒷받침하는가에 성패가 달려 있다. 2009년 내가 중령으로 국방부장관실에서 근무할 때 국방부장관이 이명박 정부의 국방예산 축소 정책에 동의하지 않는다고 갑작스럽게 교체되는 것을 바로 옆에서 봤다. 문재인 정부가 국방을 약화시켰다고 오해하는 국민이 많다. 대책 없이 북한과 굴종적 대화에만 매달렸다는 것이다. 하지만 문재인 정부가 연평균 7%씩 국방비를 증가시킨 것을 아는 사람은 드물다. 문재인 정부 이외에 이토록 국방비 증가에 진심이었던 정부를 찾아보기 힘들다. 2021년도 예산을 편성하면서 국가안보실은 국방부의 무기 도입 예산, 즉 방위력개선비를 국방부 안보다 크게 증액할 것을 강하게 요구했다. 그런데 국방부가 급격한 증액을 감당할 수 없다는 견해를 보여 국가안보실 의지는 관철되지 못했다. 대한민국 정부 역사에서 찾아보기 어려운 장면이었다.

국방개혁비서관 보직을 마치면서 문재인 정부의 국방 성과를 데이터로 정리해 국가안보실장에게 보고했다. 물론 국방개혁의 성과가 방위력 개선에만 있는 것은 아니지만 주요 무기 발전에 적지 않은 성과를 보였기에 이름만이라도 언급하고자 한다. 먼저 미사일 전력의 급격한 발전을 들 수 있다. 30년 이상 미국 정부의 미사일 지침으로 묶여 있던 미사일 탄두 무게와 사거리 규정을 철폐했다. 국방과학연구소ADD에 미사일연구원을 설립하고 잠수함발사탄도미사일SLBM 발사에 성공했다. 장사정포 요격 체계 개발을 시작해서 시험에 성공했다. 전략무기인 지대지미사일 현무-4와 5를 개발하고 일부를 실전 배치했다. 인공지능 알고리즘을 응용한 대전차미사일 천검을 개발하고 지대공미사일 천궁과 L-SAM 개발을 추진했다.

항공 전력도 특별한 진전이 있었다. 4.5세대 전투기 KF-21 시제기와 한국형 경공격 헬기(LAH) 개발을 완성했다. 공중급유기(A-330)와 E-737 공중조기경보통제기(피스아이)를 실전 배치했다. 전략급 무인공격기를 개발하고 스텔스 전투기 F-35A와 고고도 무인정찰기(글로벌호크)를 도입해 배치했다.

해양 전력으로는 SLBM을 탑재한 3,000톤급 잠수함 3척을 진수했고 일부를 해군에 인도했다. 대함·대잠용 경어뢰 청상어와 대형 강습상륙함 2호(LPH-6112) 마라도함을 실전 배치했다.

위에 망라한 것이 전부가 아니다. 사실상 육·해·공군이 원하는 거의 모든 무기 도입과 방위력 개선에 커다란 진전이 있었다. 국방부만으로 기술을 개발하지 못하는 경우는 다른 부처의 역량을 통합했다. 윤석열 정부 들어 국군의날에 선보인 수많은 무기가 문재인 정부에서 도입했거나 도입을 결정한 무기였다. 무기 도입에는 오랜 시간과 절차가 필요한 만큼 윤석열 정부의 국군의날 행사에 선보인 무기 중에 윤석열 정부에서 계획하고 도입한 무기는 한 종류도 없었다. 모든 지난 정부가 같은 방향으로 움직였기에 국민에게 우리 국방의 현재 수준을 선보일 수 있었다. 윤석열 정부는 우리 군이 이미 보유하고 있는 무기의 공개를 결정했을 뿐이다.

육해공군은 '싸우는 방법' 없이 무기 도입 경쟁에 몰입했다

역대 정부의 국방개혁 계획에 따라 대한민국의 국방력은 눈부시게 발전했다. 급기야 한국에서 개발한 많은 무기를 세계가 주목하며 최첨단 기능을 인정받기에 이르렀다.

그러나 내가 국방개혁 계획에서 너무나 안타깝게 본 것이 있다. 역대 국방개혁 계획에 '누가' '무엇을' '언제'는 있는데 '왜'와 '어떻게'가 빠진 것이다. 국방개혁 계획에 특정 무기를 도입하거나 구조를 변경하거나 새로운 조직을 만들려면 '우리가 유사시 이런 방식으로 싸울 것이니 그러한 이유로 특정 무기와 조직이 꼭 필요하다.'라는 논리가 있어야 한다. 그런데 우리 군대가 미래에 싸울 방식, 미래 전쟁을 수행할 우리만의 방법이 없다. 무기와 조직은 우리 군대가 미래 전쟁에서 싸울 수단일 뿐이다. 그런데 미래에 싸울 방법이 없으면 수단의 필요성을 설명할 수 없다. 싸울 방법이 없으니 '왜'를 포함할 수 없다. 사실 국방개혁 계획에서 물리적 전력 증강보다 더 중요한 것은 미래에 군대가 싸울 방법을 정리하는 것이다.

1973년 1월 베트남전쟁에서 실패를 인정하고 철수를 완료한 미군은 사기가 크게 저하돼 있었다. 한편으로 당시는 냉전기였고 미군에 가장 큰 위협은 소련군이었다. 베트남군보다 훨씬 강력한 소련군을 상대할 수 없다는 위기의식이 팽배했다. 1973년 욤 키푸르 전쟁을 지켜본 미군은 이스라엘군의 전쟁 수행 능력에 큰 충격을 받았다. 불리한 상황을 대규모 역습으로 마무리한 이스라엘군의 기동전을 바탕으로 미군 교리를 혁신할 필요성을 절감했다. 기동전과 함께 전장에서 항공력과 지상군이 긴밀히 협력할 수 있는 새로운 작전 개념을 연구하기 시작했다. 1980년대 들어 첨단 기술의 발전과 함께 정밀 유도무기PGM, Precision-Guided Munitions, 전자전 Electronic Warfare, 정보전Intelligence Warfare 등의 중요성이 대두됐다. 미군의 연구에 기술적 진보가 더해졌다. 10년 가까운 오랜 고민 끝에 '공지전투AirLand Battle' 개념이 탄생했다. 공지전투 개념은 1982년 미 육군 야전교범FM 100-5에 공식적으로 채택됐다.

공지전투의 핵심 개념은 통합작전Integration of Forces, 작전종심 확대Extended Operational Depth, 기동전Maneuver Warfare, 동시전투Simultaneous Engagement 등으로 설명할 수 있다. 통합작전은 공군이나 해군의 항공력과 지상군이 긴밀히 협력하는 것이다. 작전종심 확대는 전쟁 개시 단계부터 적의 후방지역까지 작전 범위를 확장해 지휘·통신체계를 무력화하고 병참선과 보급로를 위협하는 것이다. 기동전은 적의 공격을 방어하는 동시에 신속한 기동과 공격을 통해 적을 압도하는 것이다. 동시전투는 전방과 후방에서 동시에 전투를 수행해 적의 대응 시간을 박탈하는 것이다. 공지전투의 핵심 개념은 이후 미군의 모든 싸우는 방법을 지배하게 됐다.

공지전투 개념은 1980년대 레이건 행정부의 군사력 증강 정책과 맞물려 미국 국방개혁의 기본 방향으로 추진됐다. 1991년 걸프전과 2003년 이라크전은 공지전투 개념으로 진행한 전쟁으로 미국 국방개혁의 결과를 확인한 대표적인 전쟁이다.

이라크전과 아프가니스탄 전쟁을 거치면서 미군은 '네트워크 중심전Network-Centric Warfare' 개념을 만들고 이를 기초로 국방력 발전을 추진했다. 2010년대 후반 이후 미군은 '다영역작전MDO, Multi-Domain Operations' 개념을 정립해 육·해·공·우주·사이버 공간을 아우르는 통합작전을 구상하고 있다. 공지전투 개념으로 국방개혁이 성공했기에 그 바탕 위에 벽돌을 차곡차곡 더 쌓을 수 있게 된 것이다.

미군은 싸우는 방법을 먼저 만들고 그것을 바탕으로 국방력 발전을 추구하고 무기와 장비를 도입한다. 따라서 가장 좋은 성능의 무기를 선택하는 것이 아니라 자신들의 싸우는 방법에 가장 적합한 무기와 장비를 선택하는 것이다.

공지전투 개념은 우리에게도 영향을 미쳤다. 이 개념은 1990년대 후반부터 한국군이 참고했고 노무현 정부의 '국방개혁 2020' 수립의 바탕이 됐다. 하지만 우리의 국방개혁 계획에는 싸우는 방법이 포함되지 않았다. 공지작전의 기본 개념은 참고했지만 구체적인 실현 개념과 실천 방안까지는 접근하지 못했다. '국방개혁 2020' 계획은 불과 1년 만에 작성돼 싸우는 방법까지 담기에는 역부족이었다. 우리 군은 전시작전권을 가져보지 못했다 보니 구체적인 전쟁 수행 방법을 만들지 못했다. 무엇보다 군에 전쟁 수행 방법에 정통한 인재가 없었다. 한국군의 특성상 그런 인재가 성장할 바탕이 마련되지 않았다. 그때나 지금이나 대한민국 군대의 핵심 조직인 한국 합참은 전쟁 수행에 무지하고 또한 무관심하다. 전시작전권을 접하지 못하고 성장한 한국군 수뇌부가 전쟁 수행 방법의 밑그림을 그리기에는 축적된 능력이 너무 없었다.

노무현 정부 이후 정부의 국방개혁 계획은 '국방개혁 2020'의 수정판이다. 싸우는 방법을 새롭게 만들어 넣을 이유도 능력도 없었다. 우리의 국방개혁은 싸우는 방법인 소프트웨어 없이 무기와 조직을 발전시키겠다는 하드웨어만 들어 있는 미완성 계획이었다.

소프트웨어가 없더라도 무기, 장비, 조직은 미군의 것을 모방해서 가져올 수 있었다. 특정 무기가 필요한 구체적인 이유와 배경이 불확실하더라도 미군이 비슷한 무기를 갖고 있다는 것 자체를 특정 무기 도입의 충분한 이유로 간주했다. 육·해·공군은 자신들의 조직에서 갖고 싶은 무기를 미군이 갖고 있다는 이유를 내세워 국방개혁 계획에 경쟁적으로 포함했다. 정부와 국방부, 합참은 각 군에서 가져온 전력증강 계획을 교통 정리할 능력이 없었다. 대한민국 군대만의 싸우는 방법이 없고 따라서 판단할 기준이 없었다. 할 수 있는 것은 가용한 전체 국방예산 규모를 바탕으로 각 군에 균등하게 할당하는 것이었다. 이렇게 수립한 것이 우리 국방개혁 계획의 현실이었다. 때로는 국방예산 규모를 정부예산 증가율보다 과다 책정했다. 국방개혁은 미래의 이야기이고 당장 국민에게 장밋빛 희망을 주는 것이 정부에 더 유리했기 때문이다.

정부 교체기에 육·해·공군과 해병대는 정치권에 로비한다. 자신들이 내세울 무기체계를 영향력 있는 차기 정부 유력 인사들에게 어필하기 위해서다. 육·해·공군은 새 정부의 국방정책에 자신들의 대표적 무기가 반영되면 조직의 영향력이 강화된다고 생각한다. 대한민국 국방 전체를 위한다기보다 각 군의 이익을 위해 활동하는 것이다.

각 정부는 자신들이 생각하는 정책적 방향에 맞고 이전 정부와 차별성이 있는 무기를 취사선택해 자신들의 국방 브랜드로 국방개혁 계획에 포함했다. 천안함 폭침과 연평도 포격 도발 이후 수립한 이명박 정부의 국방개혁은 서북 도서 방호력 강화가 핵심이었다. 박근혜 정부는 북한의 핵과 미사일 능력 강화에 따라 3축 체계 강화를 브랜드로 내세웠다. 문재인 정부의 국방개혁은 병사 복무기간 단축과 함께 경항모 도입을 브랜드의 하나로 내세웠다. 공감대가 부족했던 경항모 도입은 정쟁의 중심에 서고 말았다. 윤석열 정부는 3축 체계의 용어를 부활시키고 인공지능을 혁신의 전면에 내세웠다.

국방개혁은 군의 미래를 그리고 군대를 효율화하면서 군의 전투력을 강화하는 것이 목적이 돼야 한다. 하지만 각 정부는 국방개혁이란 이름으로 다른 정부와 차별성을 가진 국방정책의 '브랜드'를 내세우는 데만 관심이 있었다. 그 와중에 육·해·공군과 해병대 간에 주도권을 두고 경쟁이 벌어졌다.

한국군의 방위력 개선, 즉 무기 도입 정책은 각 군의 예산 경쟁이다. 정치권에 로비도 하지만 본질적으로 예산 경쟁이므로 가능한 비싸고 규모가 큰 사업을 선호했다. 무기를 도입하면서 전체 예산 규모를 초과하면 무기의 몸체만 구입하고 핵심 기능이나 값비싼 특수 탄약을 제외해 억지로 예산 규모를 맞추는 경우도 흔했다. 이지스함을 구입하면서 대공미사일을 제외하거나 최신예 전투기를 구입하면서 정밀 유도미사일을 제외하는 것이다. 혹은 지상 곡사무기의 사거리를 늘리면서 그 거리의 표적 획득 대책은 도외시하는 것이다. 겉은 화려한데 실속은 없는 경우가 많았다. 여기에는 어떻게든 몸체만 도입하고 나면 후속 예산은 따라오기 마련이라는 막연한 기대가 있었다. 만원 버스에 발을 먼저 들이밀고 보자는 심산이었다. 그리고 그러한 계산은 현실화됐다.

노무현 정부 이후 한미 간에 전작권 전환에 대해 논의하면서 박근혜 정부에서 '조건에 의한 전작권 전환 방식'을 합의했다. 한미 당국이 주기적으로 전환 조건을 평가했는데 한국군 능력에서 가장 문제가 되는 부분이 탄약이었다. 장비는 최첨단 기능을 갖췄는데 막상 전시에 필요한 특정 탄약 보유량이 턱없이 부족한 것을 지적했다. 미국 눈에 외형에만 집착하는 한국군의 관행이 이상하게 보인 것은 당연했다. 그 때문에 각 군의 규모와 외형에 집착한 무기 도입 관행에 제동이 걸렸다. 부족한 탄약을 빠르게 채웠다.

그동안 큰돈은 들지 않으나 정작 필요한 무기와 장비는 각 군 본부의 관심을 받지 못하기 일쑤였다. 병사의 소총과 장비 그리고 예비군에게 필요한 무기와 장비 등은 예산 규모가 작아서 오히려 오랫동안 주목받지 못했다. 이런 부분도 조금씩 개선되고 있어 다행이다. 전작권 전환 추진으로 한국군 전력 증강의 불합리한 관행이 조금씩 바로잡히게 된 것이다. 엉뚱한 곳에서 긍정적인 나비효과가 발생한 것이다.

긍정적인 효과가 하나 더 있었다. 전작권이 없는 것이 역설적으로 한국 방위산업이 급격하게 발전하는 밑거름이 된 것이다. 1990년대 초 냉전이 종식되면서 세계에서 전쟁의 위험성이 낮아지자 유럽 각국은 방위비를 급격하게 축소했고 방위산업은 위축됐다. 반면 우리는 북한과 경쟁하다 보니 국방개혁 계획을 수립하면서 첨단 무기를 계속 들여와야 했다. 그런데 한국군은 싸우는 방법을 먼저 마련해 무기 성능을 조절할 능력이 없었다. 무기의 성능 기준은 미국의 것을 그대로 모방했다. 세계 최고 수준의 성능을 지향한 것이다. 모든 무기를 미국에서 들여오기에는 가용 예산이 부족해 국내 개발을 시작했다. 물론 목표 성능 기준은 세계 최고였다. 우리의 산업기술력 덕분에 이런 요구를 하나씩 충족했다. 30년간 이런 일을 지속하다 보니 어느새 우리의 방위산업 수준이 세계적 수준에 다다른 것이다. 아이러니하지만 방위산업 분야에서 엉뚱하게 나비효과를 보고 있다.

한국군이 현재와 미래에 대비해 스스로 싸우는 방법을 만들지 못하는 것은 아직도 현실이다. 국방개혁과 전력증강 사업이 효율적으로 진행되지 않는 것에 대한 근원적 문제가 해결되지 않고 있다. 이런 문제는 단기간에 해결하기도 쉽지 않다. 그것은 군령권을 가진 대한민국 합참이 전쟁 수행 방법을 기획하거나 만들지 않기 때문이다. 합참이 이런 자세를 갖는 데는 한미동맹과 전작권을 행사하는 한미연합사 체제에 대한 맹목적 신뢰 때문이기도 하다. 그 믿음이 너무 확고해서 대한민국 합참이 자신들이 정착해야 할 본분을 아예 생각하지 않고 있다.

5
전쟁기획 능력
: 전쟁할 수 있는 군대가 되어야 한다

한미연합사 체제가 한국을 방위하는 완전한 체제가 아니다

대한민국 헌법 제5조 제1항에 국군은 국가의 안전보장과 국토방위의 신성한 의무를 수행함을 사명으로 한다고 명시하고 있다. 군인복무기본법 제5조 제2항에는 국군은 대한민국의 자유와 독립을 보전하고 국토를 방위하며 국민의 생명과 재산을 보호하고 나아가 국제 평화의 유지에 이바지함을 그 사명으로 한다고 기술하고 있다.

대한민국 군대는 어떠한 조건에서도 국가의 안전보장과 국토방위의 신성한 의무를 다해 대한민국의 자유와 독립을 보전하고 국토를 방위함으로써 국민의 생명과 재산을 보호해야 한다. 한국군 단독이든 한미연합사 체제든 어떠한 조건에서도 국토를 방위해야 하는 국군의 의무와 사명은 달라지지 않는다. 한미연합사 체제는 한미 당국이 합의를 통해 한반도 방위를 위해 구축한 하나의 수단이다. 수단은 선택 사항이지 그 자체가 목적이 아니다.

한미연합사 체제는 1953년 합의한 한미상호방위조약으로 출발한 한미동맹의 가장 중요한 상징이다. 하지만 한미연합사가 정부 간 '조약Treaty'에 명시돼 출범한 것은 아니다. 1977년 7월 26일 10차 한미안보협의회의에서 양국 국방장관이 연합군사령부 창설에 합의했고 1978년 7월 28일 양국 합참의장이 참여한 한미군사위원회의에서 한미연합사의 임무와 구조를 구체화한 관련 약정TOR을 작성하고 '전략지시 1호'를 하달해 그해 11월 한미연합사령부를 창설했다. 그러나 약정과 전략지시 1호는 국제법으로 조약이나 협정으로서의 법적 지위가 인정되는 문서는 아니다. 양국이 합의한 문서이지만 군사적 운영상의 지침으로 보는 것이 맞다. 약정과 전략지시 1호는 조약과는 달리 대한민국 국회와 미국 의회의 비준을 받지 않았다. 우리가 알거나 믿고 있는 것보다 한미연합사 창설의 법적 근거는 공고하지 않다. 1994년 평시작전권 전환도 한미안보협의회의와 한미군사위원회의에서 합의를 거쳐 작성한 약정과 전략지시 2호에 근거한 것이다.

물론 군사적 합의 문서가 한미 양국에 구속력을 갖지 않는다는 것은 아니다. 조약이나 법률 수준의 지위를 갖지는 못하지만 1953년 한미상호방위조약과 연계된 문서로 한쪽에서 일방적으로 무시할 수 없는 행정적 구속력은 분명히 있다. 다만 한미연합사가 강력한 국제법적 지위를 갖는 흔들리지 않는 불변의 체제가 아니라는 것은 잊지 말아야 한다. 대한민국이라는 나라와 대한민국 군대가 국가방위를 위해 한미연합사 체제만 철석같이 믿고 있어서는 안 된다는 뜻이다.

한반도 전쟁에 군사적 판단과 정치적 결정의 회색 지점이 있다

한미연합사 체제의 한반도에서 전쟁 상태라는 것을 판단하고 전쟁을 수행하는 결정적 책임을 가진 사람은 한미연합군사령관이다. 물론 연합군사령관이 전쟁을 수행하기 이전에 한국 정부와 미국 정부가 이를 공통으로 승인해야 한다. 연합군사령관이 전쟁 수행을 시작하는 절차는 이렇다. 북한이 한반도에서 전쟁을 일으킬 징후가 확실하다고 판단할 때 연합군사령관이 연합위기관리 단계로 전환할 권한의 위임을 양국 정부에 건의한다. 양국 정부가 각각 동의하면 연합군사령관은 시간을 특정해 방어준비태세, 즉 데프콘 DEFCON을 발령한다. 데프콘이 발령되면 사전에 지정된 한국군 부대는 자동으로 연합군사령관의 작전통제를 받게 된다. 연합군사령관의 지휘를 받는 미군 부대는 필요에 따라 주한미군 사령관이 별도로 판단한다.

연합위기관리 노력이 실패해 북한의 공격이 임박했다고 판단하면 이번에는 전쟁 개시 시간인 H아워 발령 권한을 양국 정부에 건의한다. 양국 정부가 H아워 발령 권한을 승인하면 연합군사령관이 특정 시간을 선택해 H아워를 발령하고 동시에 북한군에 대한 적성 선포를 한다. 평시라면 정전협정에 따라 자위권적 대응만 허용된다. 그런데 적성 선포를 하면 북한군 개인과 부대가 연합군을 공격하지 않더라도 무력 사용이 허용된다.

전쟁을 선포할 권한은 각 주권국가의 고유 권한이다. 대한민국에서 전쟁을 선포할 권한은 대통령이 갖고 있다. 헌법 제73조에 대통령의 선전포고 권한과 제76조에 전쟁, 사변 시의 긴급명령권을 명시하고 있다. 하지만 대통령의 선전포고 권한과 긴급명령권은 국회의 동의와 승인을 받아야 한다. 헌법 제60조에는 대통령의 선전포고에 대해 국회가 동의권을 갖고 있음을 명시하고 있다. 헌법

제76조에는 대통령의 긴급명령은 지체 없이 국회에 보고해 승인받게 돼 있다.

미국의 전쟁 선포는 대통령이 아니라 연방의회가 할 수 있다. 상원과 하원 모두 과반수가 동의해야 한다. 미국 대통령은 60일 이내의 단기 군사작전을 수행할 수 있고 60일이 넘어가면 반드시 의회의 승인을 받아야 한다.

문제는 각 당사자가 전쟁을 바라보는 관점 차이에 있다. 연합군사령관의 판단과 건의는 순수한 군사적 기준일 가능성이 크다. 그러나 한국 정부와 미국 정부의 전쟁 선포 또는 군사 개입 결정은 군사적 상황을 고려하겠지만 본질적으로 정치적 결정이다. 한미 당국의 정치적 관점에서 이견이 생길 여지가 있는 것이다. 한반도에서 전쟁 단계로 넘어가는 것이 절대 단순하지 않을 가능성이 있다.

한 가지 위기 상황을 가정해보자. 백령도와 연평도로 대표되는 서북 도서 하나 또는 여러 곳을 북한이 기습공격해 점령하는 상황이라고 해보자. 국토 일부를 다른 군대가 점령하는 것은 곧 전쟁 상황이다. 즉각적으로 한미 정부는 북한의 침략을 규탄하고 권한을 위임받은 연합군사령관이 데프콘을 발령할 것이다. 한국군을 작전통제하게 된 연합사가 주도해 탈환 작전 준비에 들어갈 것이다. 데프콘 아래에서 도서지역에 침략한 북한군에 대한 적성 선포 후에 탈환 작전을 진행할 수도 있다. 또는 데프콘 절차에 따라 전쟁 준비를 완료하고 나면 북한의 추가 도발 또는 침략 징후 여부에 따라 한국 정부가 선전포고하고 연합군사령관이 H아워를 발령할 수도 있다. 한미 정부에 별다른 이견이 없다면 연합사 체제로 전쟁을 수행하게 되는 것이다.

똑같은 상황에 국제 여건이 다른 상황을 가정해보자. 한반도 서북 도서가 점령되는 똑같은 상황이 발생했는데 같은 시간에 중국의 대만 공격이 진행됐다고 해보자. 동아시아에 가용전력이 부족한 미국 입장에서는 주한미군 일부를 대만 방어작전에 투입하기를 원할 수 있다. 서북 도서 상황은 한국군 단독으로 수습이 가능하다고 판단할 수도 있다. 연합군사령관이 데프콘 발령을 건의해도 미국 정부가 승인하지 않을 수 있다. 혹은 연합군사령관이 미국 정부 입장을 고려해 서북 도서 상황은 한국군이 주도하는 국지 도발 상황이라고 먼저 평가할 수도 있다. 똑같은 상황이 미국 정부의 입장에 따라 연합사 주도의 전쟁 상황으로 전개될 수도 있고 한국 합참 주도의 평시 작전 상황으로 전개될 수도 있는 것이다.

또 다른 상황을 생각해보자. 북한의 미사일 능력이 보잘것없던 과거에는 상상할 수 없는 상황이었지만 북한의 미사일이 미국 영토인 괌을 공격했다고 가정해보자. 북한의 공격이 인명피해 없이 끝났다 하더라도 미국은 그냥 넘길 수 없을 것이다. 연합군사령관이 미국 정부의 요구를 받아 한국 정부에 데프콘 발령을 건의할 수 있다. 한국 정부는 선택의 갈림길에 서야 한다. 미국은 공격만 받고 인명피해가 전혀 없었는데도 자칫 한국은 국가의 운명을 걸어야 하는 상황에 직면하는 것이다. 이런 상황에서 한국 정부가 미국 정부의 판단과 의지를 그대로 동의하기는 쉽지 않을 것이다.

결국 평시에서 전시, 정전 시에서 전시로의 전환이 순수한 군사적 판단이 아니라 한국과 미국의 정치적 판단에 따라 달라질 수 있다. 모든 상황에서 한미동맹의 군사적 시스템이 기대하고 있는 대로 작동할 것이라고 믿고만 있을 수 없는 것이다. 한미연합사 체제는 목적이 아니라 국토방위를 위한 하나의 중요한 수단일 뿐임을 상기할 필요가 있다.

한국군의 독자적인 전쟁기획 능력을 갖추어야 한다

　대한민국 합참은 1994년 평시작전권을 이양받고 나서 오로지 평시 작전에만 몰입하고 있다. 전시 상황은 한미연합사에서 문제없이 수행할 것이라는 맹목적 믿음을 갖고 있다. 전쟁은 정치적 요소가 작동하고 정치적 변수에 따라 얼마든지 상황이 바뀔 수 있다. 앞에서 살펴보았듯이 한미연합사 체제가 공고하게 작동한다고 해도 얼마든지 국제정치적 변수가 개입할 수 있다. 그러한 변수조차 대비해야 하는 것이 제대로 된 군대다. 스스로 전쟁을 기획할 능력이 없고 전쟁 수행 방법을 창안하지 못하는 군대는 그 소임을 다할 수 없다. 대한민국 헌법과 법률이 정한 국군의 의무, 이념, 사명을 다할 수 없는 것이다.

　전쟁 기획은 군이 전쟁을 준비하고 수행하는 데 필요한 전략적 상황 판단을 내리고 군사작전 수행계획을 수립하는 것이다. 단순히 병력을 배치하는 것이 아니라 전쟁의 전체적 흐름을 예측하고 다양한 변수를 고려해 최적의 전략과 작전계획을 수립하고 이행계획을 구체화하는 것을 말한다. 한반도에서의 전쟁을 기획해야 하는 대한민국의 대표적 조직은 군령권을 이행하는 합참이다. 그리고 작전이라는 이름이 붙은 각 군의 최고사령부가 이에 동참해야 한다.

　지금까지는 연합사가 전시작전권을 갖고 있는데 한국군 단독으로 전쟁 기획을 할 필요가 있는가에는 부정적 의견이 팽배했다. 일면 타당한 측면이 있다. 그러나 앞에서 밝혔듯 한미연합사 체제가 한반도 방위의 중요한 요소인 것은 분명하지만 한 가지 수단일 뿐이다. 수단은 목적이 아니기에 언제든 바뀔 수 있다는 것이 문제다.

　노태우 정부와 노무현 정부가 작전권 환수를 추진했을 때 반대 목소리가 가장 컸던 그룹이 전현직 장성들이었다. 북한이 오판해 한반도 안보가 위태로워질 것이라는 이유였다. 그들의 우려에 충분히 공감한다. 정치적 목적으로 혹은 교과서적 당위성만을 내세워 안보 역량에 대한 정확한 평가 없이 오랜 시스템을 갑자기 바꾸는 것에는 나도 절대 동의할 수 없다. 그렇다고 군이 마땅히 해야 할 바를 하지 않으면서 국제정치 상황이 마냥 우호적일 거란 희망으로만 버텨서는 더더욱 안 될 것이다. 박정희, 노태우, 노무현 정부의 변화 시도는 국내의 필요성보다는 국제정치적 상황 때문에 검토할 수밖에 없었다고 보는 것이 맞다.

한미군사동맹은 지금의 대한민국을 있게 한 가장 큰 혜택이었다. 한미동맹은 북한의 군사력이 우리보다 강했던 과거에도 북한의 핵과 미사일 위협이 크게 높아진 지금도 한반도의 평화를 지키는 가장 큰 버팀목이다. 그런데 달콤한 꿀과 설탕에 길들면 건강을 해친다. 이렇게 좋은 시스템이 오히려 우리 군의 자각을 막고 있다면 아이러니가 아닐 수 없다. 그것은 미국과 미군의 문제가 아니다. 너무 좋은 환경에 안주해온 우리 군인들, 장성들의 인식이 문제였다.

한미연합사에서 근무하면서 혹은 오랜 군 생활을 통해 미군 고위 장교들, 장성들, 사령관들을 살펴볼 기회가 있었다. 그들의 자부심이나 전쟁 경험을 통해 축적해온 능력이 부러웠다. 그러나 그들은 우리가 한반도 안보를 아주 의탁할 만큼 무한의 능력을 지닌 사람들이 아니었다. 개개인의 능력이 한국군 장교와 장군보다 뛰어난 사람이라고 할 수도 없었다. 많은 연합군사령관은 한반도 경험이 부족했다. 어떤 사령관은 30년 가까이 대테러전만 수행한 사람도 있었다. 전면전을 상정한 한국방위계획에 어두울 수밖에 없었다. 어떤 사람은 정치에 민감해 임기 내내 미국의 정치적 이익만 대변한 사람도 있었다. 고위 장교도 비슷했다. 다만 그들은 다른

부가적인 것에 전혀 신경 쓰지 않고 한반도에서의 전쟁 수행 그리고 미국 정부와 상급사령부의 지침을 이행하기 위해 몰입했다. 근무 초기에는 부족해 보이던 사람들이 몇 개월만 지나면 한반도 전쟁 수행에 있어 뛰어난 전문가로 변하는 것을 여러 번 봤다.

그들과 수없이 토론하면서 느낀 것이 있다. 그들은 그저 영어를 잘하고 친절한 한국군을 좋아하는 것이 아니다. 그들 의견의 핵심을 파악하고 문제점을 짚거나 대안을 내는 한국군을 더 신뢰한다. 또한 한국군 장교와 장군의 개인 역량이 미군보다 절대 부족하지 않다는 것이다. 문제는 대한민국 군대가 지향하는 방향성에 있다고 생각한다.

지금부터라도 대한민국 군대는 한국 합참이 주도해 전쟁 기획 능력을 확보하기 위해 절치부심해야 한다. 한반도에 전쟁이 났을 때 어떤 유형의 전쟁이 될 것인지, 한국군 단독 능력으로 할 수 있는 것은 어디까지인지, 미군 전력이 합해지면 어떤 부분까지 가능한지, 다국적군이 동참하면 어느 정도까지 가능한지, 중국군 변수는 어떤 영향을 미칠지, 러시아군 변수는 어떤 영향이 있을지 등에 대해 따져보고 또 따져봐야 한다. 한반도의 독특한 기후, 지형, 매년 새롭게 투입되는 육·해·공군의 전력이 어떤 변화를 일으키는지도 시뮬레이션해야 한다. 그리고 미래에 도입하고자 하는 무기의 효과도 예측해야 한다. 그래서 싸우는 방법을 다듬고 또 다듬어야 한다.

경계작전이나 현행작전을 떠나서 그리고 각 군의 소아적 이익을 넘어서서 365일 전쟁 상황만 몰입해 연구하는 장군과 조직이 있어야 한다. 그리고 그들을 계속 발탁하고 중요하게 활용하는 시스템을 마련해야 한다. 한국군은 1978년 한미연합사 출범 이후 무려 50년 가까이 미군과 어깨를 나란히 하며 근무해왔다. 세계에 이렇게 미군과 긴밀한 관계를 지속한 군대는 드물다. 한국군 곳곳에 전쟁 수행의 기능별 전문성을 갖춘 인재가 산재해 있다. 이들을 잘 끌어모은다면 많은 시간을 들이지 않더라도 성과를 볼 수도 있다. 한미연합사 체제가 안정적으로 유지되고 있는 지금이 가장 좋은 기회일 수 있다.

6

미완의 군대
: 외적 능력에 맞는 내적 역량을 구축하자

대한민국 군대는 외형적 능력을 이미 충분히 갖추었다

 대한민국 군대의 외형적 성장이 눈부시다는 것은 의심의 여지가 없다. 육·해·공군, 해병대 모두 세계 최고 수준의 무기체계를 갖췄다. 한국군의 무기는 세계에서 주목받고 있다. 세계 곳곳의 실전 상황에서 성능이 충분히 검증되고 있다. 문제는 우리 스스로 이러한 능력을 제대로 쓸 수 있는 역량과 전쟁 기획 능력을 갖추지 못한 것이다.
 우리는 매년 2회 미군과 연합훈련을 한다. 비록 컴퓨터 시뮬레이션 훈련이지만 실전을 수없이 경험한 미군이 신뢰하는 훈련 시스템이다. 나는 대위 이후 수십 번 연합훈련에 참여했다. 모든 연합훈련에서 북한의 재래식 공격을 격퇴했다. 연합군의 첨단 전력 효과를 제약하기 위해 악기상 조건을 부여해 항공전력을 운용하지 못하게 하기도 하고 영하 30도의 혹한 상황을 주기도 했다. 그런데도 예외 없이 북한의 공격은 군사분계선 수십 킬로미터를 넘지 못하고 무너졌다.

대한민국 국토를 방위하는 데 투입되는 한미 연합전력 중에 미군 전력은 이제 거의 없다. 지상군은 99.9%가 한국군 전력이다. 해군은 95% 이상이고 공군은 90% 가까이 한국군 전력이다. 매년 미군은 의도적으로 한반도 작전계획에서 미군 전력을 줄이고 있다. 이 비율은 점점 더 높아질 것이다. 오래전부터 미군은 유사시 한반도에 전개할 미군의 증원전력 파견 계획인 '시차별 전개 목록'을 한국에 공유하지 않았다. 최근 연합훈련에서 미군의 대규모 증원 여부는 한반도 방위에 별다른 영향이 없었다. 미국이 세계 각국의 미군을 특정 지역에 고착하지 않고 유연하게 사용하는 개념은 1990년대부터 등장했다. 냉전이 종식되고 나서 미군의 해외 주둔 전략을 재평가한 것이다.

미국은 2001년 9·11테러 이후 '테러와의 전쟁'에서 미군 배치 방식에 대한 근본적 변화가 필요함을 깨달았다. 2003년 이라크 전쟁과 아프가니스탄 전쟁을 수행하면서 미군이 고정된 주둔군 중심이 아니라 신속한 기동군 중심으로 변화해야 할 필요성이 더 커졌다. 미국 국방성은 '전략적 유연성 Strategic Flexibility' 개념을 도입해 전 세계 미군을 주둔시켜 고정하기보다는 상황에 따라 신속하게 재배치했다. 한반도에는 2만 8,500명 규모의 주한미군이 주둔하고 있다. 하지만 이들이 한반도 상황에만 투입되리라는 것은 우리의 기대일 뿐이다. 미국은 이들을 미군麋軍 상태로 둘 마음이 없다.

한미는 전작권 전환 계획에 따라 2010년대 말부터 전작권 조건을 평가했다. 조건 항목 중에 가장 중요한 것은 한국군의 능력이었다. 문재인 정부 초기인 2018년 10월 한미 양국은 50차 한미안보협의회의에서 전작권 전환 이후에도 연합방위체제가 지속되는 방식에 합의했다. 연합사 체제는 유지하되 한국군이 사령관을 맡고 미군이 부사령관을 맡는 방식이었다. 미래 연합사 체제는 상식적으로 언제든 당장 시행할 수 있다. 한국군의 능력도 중요하지만 한국군의 부족한 부분은 지금의 연합사와 같이 미군이 채우면 되기 때문이다. 그런데 미군은 새로운 연합방위체제를 합의한 이후에도 줄기차게 한국군에 한반도 전쟁 전체를 수행할 100% 능력을 요구했다. 연합방위체제와 상관없이 미군이 한반도 상황에 묶이기를 원하지 않는 것이다. 사실상 미군이 요구한 한국군의 물리적인 한반도 방위 역량은 거의 달성했다. 언제든 미군의 판단과 의지에 따라 전시 작전통제권을 한국군이 가져가라고 요구할 수 있다.

군대 외형은 화려한데 전쟁 기획 능력이 없다면 그 군대는 미완의 군대다. 이미 미군은 한국군의 외형적 능력이 한반도 방위에 충분하다고 평가하고 있다. 문제는 우리 군 스스로 통렬히 자각하고 의지를 갖는 것이다. 대한민국 장성이 군대의 의무와 사명을 외면하고 있음을 자각하지 못하고 도약할 의지를 갖지 않는 것은 대한민국 군대를 신뢰하는 국민에 대한 도리가 아니다.

대한민국 장군들이 경계보다 전쟁에 관심을 가져야 한다

2021년 초반 국방개혁비서관으로서 매년 한미연합훈련에서 문제점으로 떠오른 전쟁 초기 과도한 인명피해에 대한 해결 방안을 토의하기 위해 지상작전사령부를 방문한 일이 있었다. 지작사에는 그래도 대한민국 육군에서 유능하다는 장군들이 모여 있었다. 인명피해를 줄이기 위해 전투 수행 방식을 변경할 필요가 있다는 내 의견에 지작사 장군들의 한결같은 반응은 지작사가 전투 수행 방식 변경을 결정할 수 없다는 것이었다. 상급부대, 즉 연합사의 지침이 있어야 한다는 것이었다. 그러나 연합사 작전을 주관해본 내가 보기에 연합사가 지작사에 세부 전투 수행 방식까지 요구할 이유가 없었다. 그러한 시스템을 설명해도 별 소용이 없었다. 토의는 성과 없이 끝나고 말았다.

2021년 중반 나는 중부 전선을 담당하는 군단장에 보직됐다. 군단이 담당하는 지역에서 비무장지대 남북공동유해발굴 사업이 진행되고 있었다. 현장 확인을 나가서 이상한 점을 발견했다. 군단의 공병부대가 유해 발굴 장소로 이어지는 도로 개설 작업을 하는데 땅이 질척해서 애를 먹고 있었다. 이참에 비무장지대 지반 상태를 제대로 확인해야겠다고 생각했다. 공병여단장에게 임무를 줬다. 차량과 전차, 장갑차 등 궤도장비가 도로 없이 기동이 가능한지, 우리 군의 개척장비로 통로 개척이 가능한지, 가능하다면 통로 개척에 얼마나 걸릴 것인지 등을 확인하도록 했다. 몇 개월 동안 연구와 실험을 거친 결과는 매우 흥미로웠다. 비무장지대 지반을 70년 넘게 오랜 기간 사용하지 않고 방치하다 보니 지질이 스펀지처럼 물러진 것이다. 여름이든 겨울이든 도로를 새로 만들지 않고는 차량이나 궤도장비가 기동할 수 없었다. 당시 우리 군단의 공병 능력을 총동원하더라도 도로를 개설하는 데 최소 며칠이 걸린다는 계산이 나왔다. 북한의 열악한 공병 능력으로는 훨씬 더 오래 걸린다는 결론이었다. 연합사의 전쟁 계획을 전반적으로 재검토해야 하는 중요한 사항이었다. 이 보고서를 여러 상급 부대에 동시에 보고했다. 그러나 한국 합참에서 여기에 주목한 이는 한 명도 없었다. 한국 합참은 한반도 전쟁에 관심이 없었다.

2022년 말 나는 군 생활 마지막 보직으로 육군 교육사령관에 취임했다. 윤석열 정부에서 그냥 전역시킬 수도 있었는데 군을 위해 헌신할 또 다른 기회를 준 것만으로도 감사했다. 다만 보직이 언제 끝날지 알 수가 없었다. 주어진 기간 안에 육군의 미래 전투 수행 방식을 정리하고 싶었다. 시간은 없는데 참모 장군들을 설득할 여유가 없었다. 어쩔 수 없이 장군들을 건너뛰고 사령관인 내가 직접 능력 있는 대령급 간부들을 지휘해서 만들기로 했다. 나는 육군참모총장의 동의를 받아 육군 미래혁신TF장이 돼 대령급 팀장들을 선발했다. 우주와 통신, 유무인 복합, 소부대 혁신, 미래 전투, 미래 구조라는 다섯 개 팀을 조직했다. 4개월 넘게 매일 각 팀 전체 요원과 치열하게 토론하며 생각을 다듬었다. 각 팀은 일주일에 한 번 토론했지만 나는 하루도 거를 수 없었다. 각 팀의 제안서가 완성될 즈음에 내 보직을 교체한다는 이야기가 들려왔다. 계획을 당겼다. 2023년 4월 13일에 육군참모총장 주관하에 '육군 미래 혁신 세미나'를 열고 미래 전투 수행 방식을 제안했다.

나는 한국군의 3성 이상 장군을 모두 모아놓고 세미나를 하고 싶었으나 전방의 지휘관과 합참 장군은 한 명도 참석하지 않았다. 그들은 북한과 당장 결전해야 했고 현행작전에 몰입해야 했다. 세미나 다음 날 후임이 지정됐고 그다음 주에 나는 육군 교육사령관 직에서 물러났다. 대신 육군참모총장은 세미나에서 제안된 내용을 50가지 과제로 선정해 육군본부 전체가 추진하도록 조치했다. 그러나 그해 11월에 참모총장마저 교체되자 추진 동력이 급격하게 사그라졌다. 그다음 총장은 12·3 비상계엄 사태에서 계엄사령관에 임명됐다.

대한민국 지상군의 방어 개념은 '일선형 방어'다. 현 일반전초 선을 한 치도 양보하지 않겠다는 의지로 충만하다. 일반전초가 무너지면 또다시 여러 개의 종심 방어선에서 축차적으로 일선형 방어를 하겠다는 복안이다. 이러한 개념을 구현하려면 수많은 장병의 희생이 따라야 한다. 연합훈련 때마다 수십만 명의 한국군 젊은이가 목숨을 잃는다는 결과가 나왔다. 역대 연합군사령관들이 큰 우려를 표시해도 한국군 장군들은 요지부동이다.

일선형 방어는 한국전쟁 후반기 고지전高地戰의 영향이다. 고지전은 정전협정 과정에 일시적으로 멈춘 전선이 고착돼 생긴 세계전쟁사에 없던 한국전쟁 후반기의 특이한 현상이었다. 한국군 장군들은 고지전의 배경과 원인은 모르고 고지전 수행에만 몰입했고 그것이 아직도 한국군 장군들의 의식을 지배하고 있는 것이다.

한 치의 땅도 물러서지 않기 위해서는 병력을 몰아붙여야 한다. 그 와중에 생기는 불가피한 희생은 뒷전이다. 이는 일본제국군의 '만세 돌격' 전술의 영향이다. 태평양전쟁에서 너무 큰 인명 손실로 일본군을 패망으로 이끈 그 전술이다. 80년 전 일본제국군 전술이 한국군의 일반적 전술로 살아 있는 것이다. 일선형 방어든 만세 돌격이든 한국군 장군들의 이런 용기백배(?)는 한국군의 첨단 능력을 무색하게 한다. 세계에서 손꼽히는 최첨단 무기를 구비하고도 이것을 운용하는 장군들의 수준이 한국전쟁에 머물러 있는 것이다.

전시 작전통제권을 빨리 환수해야 한다고 주장하는 것이 아니다. 우리 군이 작전권을 온전히 행사해야 한다는 주장과 노력을 여러 번 시도했으나 실현하지 못했다. 여건이 성숙되지 않았다고 이야기할 수 있다. 그럼에도 주권국가의 군대가 전시작전권을 갖고 있지 않은 것이 비정상적임을 인식해야 한다. 그 비정상이 오래되다 보니 대한민국 군대 곳곳이 비정상적이다.

그 누적된 비정상을 무시하고 전작권을 빨리 환수하려는 시도도 우려하지 않을 수 없다. 머지않은 미래에 한국군이 전작권을 행사하는 것은 피할 수 없는 현실이 될 것이다. 절박한 마음으로 대한민국 군대 전체가 제대로 준비해야 한다. 서서히 비정상들을 바로잡고 전작권을 가져오더라도 국가안보에 별 무리가 없는 능력을 대한민국 군대가 갖게 되기를 진심으로 바란다.

강군의 조건 3
일본군의 잔재 청산

1
군 내 폭력
: 군 내 폭력과 사적제재는 어디서 왔는가

군 내 만연한 사적제재가 임 병장과 윤 일병 사건을 낳았다

2014년 4월 28사단 모 포병대대에서 한 의무병이 선임병들에 의해 입에 담기조차 힘든 지독한 폭력에 시달리다가 사망하는 사건이 발생했다. 이른바 '윤 일병 폭행 사망 사건'이다. 그해 6월에는 22사단에서 임 모 병장이 총기로 동료 5명을 살해하는 사건이 일어났다. 윤 일병 사망 사건과 임 병장 총기 난사 사건으로 국민은 큰 충격을 받았고 당시 육군참모총장은 사태의 책임을 지고 물러났다. 육군에 가장 큰 위기의 시간이었다. 나는 대령으로 육군참모총장실 정책과장직을 수행하고 있었다. 사태 수습을 위해 민관군 병영문화혁신위원회 구성 아이디어를 냈고 국방부가 이를 받아들여 위원회를 통해 다양한 해결책을 찾고자 했다. 나는 새로 취임한 육군참모총장을 수행해 전후방 각지를 다니며 병영문화 개선을 위한 토론에 참여했다. 많은 사회 저명인사의 조언을 청취하면서 대한민국 병영 문화를 깊이 들여다보게 됐다.

윤 일병과 임 병장 사건의 원인은 군 내 만연한 '사적제재私的制裁'가 근본 원인이었다. 사적제재란 법과 제도라는 공식적 절차 없이 개인이나 집단이 임의로 특정 대상에게 벌을 주는 행위를 의미한다. 사적제재는 일반적으로 군의 상급자나 동료가 행하는 폭언, 욕설, 폭행, 가혹한 얼차려, 집단적 따돌림과 괴롭힘 등으로 행해진다. 윤 일병의 죽음은 동료들의 사적제재가 직접적 원인이었다. 임 병장은 동료들의 무시와 따돌림을 겪었다. 그러나 사실 많은 장병이 사적제재를 견디지 못하고 자살을 선택한다.

군대에서 사적제재가 빈번히 벌어지는 것은 군기軍紀를 확립하겠다는 표면적 이유에서다. 군기란 군대에서 질서와 규율을 유지하기 위한 행동 규범을 말한다. 군대는 전쟁과 국가방위를 위해 무력을 사용하는 집단이므로 강한 규율과 질서가 필수다. 군기가 확립되지 않으면 군 조직이 혼란에 빠지고 전투력이 약해질 수 있다.

군기에는 상명하복, 복종과 단결, 책임감과 사명감, 질서와 규칙 준수, 기강 유지 등 다양한 요소가 있다. 이런 요소가 긍정적으로 작동했을 때 부대의 군기가 유지된다고 할 수 있다. 하지만 사적제재는 이러한 군기 요소를 대부분 파괴한다. 군대의 단결을 저해하고 책임감과 사명감을 떨어뜨리며 질서와 규칙을 무너뜨린다. 사적제재를 당한 사람은 다치거나 죽기도 한다. 그런데 사적제재를 당한 피해자가 분노와 공포를 느낄 때 항명과 불복종, 무장탈영, 자살, 상관 살해, 집단 살해 등의 극단적 반응을 보이기도 한다. 부대 전투력이 무너지는 경우도 드물지 않았다.

과거에 군을 경험한 사람들은 사적제재로 나타난 기계적 복종을 군기라고 착각하는 경우가 많다. 군인들도 그렇게 착각하는 경우가 없지 않다. 그러한 착각이 군 내에서 아직도 사적제재를 완전히 뿌리 뽑지 못하는 이유이기도 하다.

내가 육군 소장으로 진급했을 때 하필 28사단장 보직을 받았다. 28사단의 역사에 윤 일병의 비극만 있는 것이 아니었다. 1985년 2월에 사단 화학지원대에서 총기 난사 사건이 발생해 역시 8명의 장병이 목숨을 잃었다. 2005년 6월에는 530GP에서 총기 난사 사건으로 8명의 장병이 사망했다. 탈영 사건, 자살 사건은 말할 필요도 없었다. 530GP 사건으로 아들을 잃은 부모들은 슬픔을 떨쳐내지 못하고 주기적으로 현장을 방문하고 있었다. 이분들의 아픔을 조금이라도 위로하고자 희생자들이 묻혀 있는 대전 국립묘지에 별도의 추모비를 세우기도 했다.

28사단 역사에서 또 다른 큰 비극은 1959년 2월 2대 사단장이 부하에게 총기 살해를 당한 사건이었다. 시작은 군단 시범을 준비하던 중 생긴 사단장과 한 대대장 간에 작은 의견 충돌이었다. 사단장이 고분고분하지 않은 대대장의 태도에 화가 나 현장에서 구타했다. 서로 감정이 극도로 격앙됐다. 대대장은 감정이 격화해 사단장이 자기를 사살하려 한다는 피해망상에 사로잡혔다. 급기야 휴대한 권총으로 사단장을 사살하고 말았다.

사단장이 자기를 사살하려 한다는 그 대대장의 피해망상은 어디서 온 것이었을까?

한국전쟁 때 즉결처분권이 극단적 폭력문화의 시작이다

군 내 사적제재는 다양하다. 폭언, 욕설, 육체적 가혹행위는 물론 집단 폭력 등이 있지만 가장 극단적인 경우는 즉결처형이다. 즉결처형은 죽음의 공포를 유발함으로써 복종을 강요하기 위해 군 상급자가 행하는 극단적 폭력이다.

2014년 윤 일병과 임 병장 사건으로 국내의 여러 저명인사를 만나 조언을 듣던 중 매우 특이한 이야기를 들었다. 이야기를 꺼낸 분은 1976년 육군 모 부대에서 소대장으로 근무했다고 했다. 당시 북한군의 8·18도끼만행사건으로 전군에 데프콘-Ⅲ가 갑자기 발령됐다. 그런데 병사들이 곧 전쟁이 난다고 생각했던지 소대장의 지시를 잘 따르지 않았다. 고민이 깊던 그는 한국전쟁에 참전했던 선배 장교에게 전화해 조언을 부탁했다. 그 선배 장교가 조언한 내용은 충격적이었다. "전쟁이 나면 딱 두 명의 병사를 골라서 소대장이 직접 총살해라. 그러면 병사들의 눈이 달라질 것이다."라는 내용이었다. 그는 이야기 끝에 군에 이런 지휘 방법이 있는지, 전쟁이 나면 병사들을 어떻게 전투에 나서게 할 것인지라는 질문을 던졌다.

한국전쟁 초기 서울이 함락되고 한강 이남으로 후퇴를 거듭할 때 육군본부에서 특별한 훈령을 전군에 하달했다. 육군본부 총참모장 정일권 소장이 작전훈령 제12호를 통해 1950년 7월 26일 00시부로 분대장급 이상 지휘자에게 공식적으로 '즉결처분' 권리를 부여한 것이다. 전장에서 즉결처분이란 곧 총살을 의미했다. 즉결처분권은 군법보다 더 크고 절대적 영향력을 발휘했다. 대한민국 군대 전체에 적에게 죽기 전에 자칫 잘못하면 상관에게 먼저 총살당할 수 있다는 두려움이 지배했다. 한편으로 지휘관이 이를 남용하면 억울한 죽음을 막을 방법이 전혀 없었다.

1999년 10월 『월간조선』은 한국전쟁 시 즉결처분권에 관한 내용을 자세히 다뤘다. 한국전쟁 당시 한국군 내에 즉결처분이 매우 광범위하게 이뤄졌음을 확인할 수 있다. 개전 초기 임진강에서 있었던 일이다. 부대의 편제조차 무너진 상태에서 무질서하게 후퇴하는 장병을 재편성하기 위해 한 소령이 장교가 있으면 나오라고 했지만 아무도 나오지 않았다. 모두 계급장을 뗀 상태였기 때문에 장교와 사병을 쉽게 구분할 수 없었다. 그때 군인들을 강 건너편으로 실어다 줄 배 한 척이 나타나자 모여 있던 무리 중에서 한 사람이 자칭 장교라면서 먼저 타려고 했다. 그 소령은 조금 전에 장교가 있으면 나오라고 할 때는 나오지 않더니 배를 탈 때는 장교냐고 하면서 권총으로 사살했다. 그러자 여기저기 흩어져 명령도 제대로 듣지 않던 장병들의 질서가 순식간에 잡혔다고 한다.

1사단 12연대 예하 중대에서도 그와 비슷한 일이 있었다. 서울을 빼앗겼다는 소식에 병사들이 심한 충격을 받은 모양이었다. 중대장이 병사들에게 집합명령을 내렸는데 하사관 세 명이 나라가 망했는데 무슨 집합이냐면서 비웃었다. 그러자 중대장이 권총으로 그 셋을 모두 사살해버렸다. 축 처져 있던 병사들은 중대장의 명령이 떨어지기가 무섭게 집합했다고 한다.

1949년 5월에 소위로 임관한 육사 8기생들이 펴낸 『노병들의 증언』이라는 회고록에서는 일부 지휘관이 즉결처분권을 남용하면서 어떤 결과를 가져왔는지 볼 수 있다. 1950년 7월 한 달 동안 8사단 10연대장의 권총에 죽어간 장교만 최소 세 명이었다. 육사 8기생 김천만 중위가 배속된 8사단 10연대 1대대는 1950년 7월 4일 강원도 원주와 충북 제천의 중간지점에서 인민군의 남하를 저지하고 있었다. 하지만 월등한 화력과 병력을 앞세운 인민군의 야간 기습 공격에 김천만 중위의 소대는 전멸하다시피 했다. 간신히 살아남은 김 중위는 후퇴할 수밖에 없었다. 그런데 그를 기다리는 것은 10연대장 고근홍 중령(육사 2기)의 즉결처분이었다. 김 중위는 연대장에게 명령 없이 후퇴했다는 이유로 즉결처분 결정을 받자 소지하고 있던 권총으로 스스로 목숨을 끊었다. 강원도 원주의 신림 전투에서 최용덕(육사 9기) 소위가 총살됐고 단양 전투에서 인민군의 집중포격을 견디지 못하고 진지를 이탈한 정구정(육사 8기) 중위가 총살됐다.

즉결처분의 희생자는 사병과 초급 장교에게만 국한되는 것이 아니다. 1999년 8월 15일 건국훈장 애국장 수상자 명단에는 임시정부 광복군 대원이었던 '윤태현'이라는 이름이 있었다. 그는 1919년 충남 공주에서 태어나 열여섯 살의 어린 나이에 중국으로 건너가 임시정부 산하의 광복군에 입대했다. 그리고 1945년 임시정부와 미국 전략첩보국oss이 합작해 한반도에서의 게릴라 활동을 계획한 '독수리 작전'에 참가했다. 그러나 이 작전은 일제가 먼저 항복하는 바람에 실현되지 못했다.

윤태현은 해방 후 귀국해 육사 7기(특별) 소위로 임관했다. 대위 때인 1950년 4월 태백산맥 공비 토벌 작전에서 전과를 올려 화랑무공훈장을 받기도 했다. 이후 소령으로 진급해 8사단 21연대 1대대장으로 한국전쟁을 맞았다. 윤태현 소령이 배속된 국군 8사단은 동해안지역에 배치돼 있다가 북한군의 공격으로 강원도 원주를 거쳐 7월 6일 충북 단양, 7월 13일에 경북 영주까지 후퇴했다. 그리고 영주와 풍기 일대에 방어선을 펴고 남하한 인민군 8사단과 열흘간에 걸쳐 치열한 접전을 펼쳤다.

문제는 대대장이었던 윤태현 소령이 연대장 김용배 중령의 명령을 받아 방어선에 투입되면서 발생했다. 연대장 명령대로 방어선을 펼쳤다가는 대대가 전멸될 것을 우려한 윤 소령이 명령 지점보다 약 1킬로미터 정도 떨어진 후방에 병력을 배치한 것이다. 그 사실을 안 연대장과 말다툼이 벌어졌고 연대장이 항명죄를 물어 윤 소령을 즉결처형했다. 1950년 7월 17일의 일이다.

그런데 육군본부의 즉결처분권은 1950년 7월 26일에 하달됐다. 그전의 즉결처분은 분명히 지휘관의 권한을 남용한 불법행위이고 범죄행위라고 할 수 있다. 그러나 많은 증언에 따르면 적지 않은 지휘관들이 전쟁 초기부터 이미 자의적으로 즉결처분권을 행사하고 있었다. 육군본부의 즉결처분권은 이들에게 면죄부를 부여했다.

『육군 헌병 50년사』에는 즉결처분권을 독전督戰의 주요 수단으로 사용한 것을 볼 수 있다. 1950년 8월 수도사단장 김석원 장군은 "전 전선에 걸쳐서 후퇴 및 반격 간에 발생하는 전투 기피 현상과 신병들의 도망과 낙오 등을 억제하기 위해 후퇴자 중 12명을 전 부대원이 보는 앞에서 즉결처분하고 명령 없이 후퇴한 연대장을 구금했다."라는 기록이 있다.

곳곳에서 즉결처분권의 남용 사례와 부작용이 나타났다. 낙동강 동부전선 영덕을 방어하던 3사단에서도 전투에 패배한 책임을 물어 소대장을 총살하는 사건이 있었다. 3사단 23연대장 김종원 중령은 예하 소대장이 지키고 있던 영덕 남방의 고지를 빼앗기자 탈환을 명령했다. 하지만 탈환에 실패하자 그 책임을 물어 소대장과 사병 한 명을 즉결처분했다. 이 사건은 후일 3사단 미군 고문관이 문제시해 김 중령을 연대장에서 해임하는 일이 있었다.

1950년 8월경에는 육군 8사단 16연대 김 모 연대장이 대대장 허지홍 대위를 즉결처분했다. 그리고 비난을 모면하기 위해 허 대위가 육군 제1군단 고등군법회의에서 적을 앞에 두고 도망쳤다는 죄로 사형판결을 선고받은 것처럼 판결문을 위조해 문제가 되기도 했다.

1950년 9월 수도사단장에 취임한 송요찬 장군은 17연대 3대대장 조영구 중령을 즉결처분했다. 경주 북방의 곤기봉에 배치됐던 3대대가 후퇴하지 말라는 여러 번의 경고에도 자꾸만 후퇴하자 헌병을 시켜 대대장을 즉결처분한 것이다. 전쟁이 끝나고 1960년에 조 중령의 유가족이 송요찬 장군을 살인죄로 고소했다. 송 장군은 검찰에서 불기소처분됐다.

2003년 발간한 『어느 졸병이 겪은 한국전쟁』에는 백인엽 대령의 즉결처분 남용 사례가 등장한다. 1950년 겨울 1사단 17연대장 백인엽 대령은 광나루에서 한강을 건너 서울로 진입하는 가운데 휘하 모 중대장의 운전병이 추운 겨울 날씨에 지프의 발동을 꺼트렸다고 해서 그 중대장에게 운전병을 총살하라고 명했다. 중대장이 주저하자 자기 손으로 그 운전병을 직접 총살했다.

또 다른 사례로 전화 가설장비를 잔뜩 등에 짊어지고 행군 중인 통신병이 연대장 지프의 진로를 방해한다고 해서 연대장이 통신중대장 김 모 대위를 불러서 그 통신병을 총살하라고 명령했다. 김 대위는 명령을 거역할 수가 없어서 부득이 그 통신병에게 총을 한 방만 쏘고는 자기 위치로 돌아가 버렸다. 연대장은 팔에 총을 맞고 신음하는 그 통신병을 자기 손으로 사살하고 나서 수행하던 헌병 중대장 박 모 대위에게 확인 사살을 지시했다. 박 대위는 연대장의 명령을 그대로 이행했다.

어떤 사단장은 훈시 도중에 자세가 흐트러진 병사 세 명을 즉석에서 잡아내 모든 병사가 보는 앞에서 사살했다는 증언도 있다. 일부 지휘관은 전쟁 기간 내내 즉결처분권을 적극적으로 내세워 부하들을 독려하는 데 사용했다.

한국전쟁에서 즉결처분권이 전투력 유지에 얼마나 도움이 됐을지는 불명확하다. 또한 실제 전장에서 싸우는 소부대에서는 의미가 없는 지시였을 수 있다. 분대장 이상 지휘관에게 즉결처분권이 주어졌지만 전쟁에 참전했던 참전자들의 증언에서는 분대장과 소대장이 예하 분대원을 즉결처분한 경우는 좀처럼 찾아볼 수 없다. 소대원들 사이에는 사선을 함께 넘나들면서 알게 모르게 전우애가 싹텄기 때문이다. 최악의 상황이 아니면 한솥밥을 먹는 식구와 같은 부하들을 분대장이나 소대장이 총살하기는 어렵다. 그러나 대대 규모를 벗어나 연대급이나 사단급 정도만 되더라도 같이 얼굴을 맞대고 생활할 기회가 별로 없다 보니 인정에 얽매이지 않고 즉결처분권을 행사하기가 쉬운 면이 있었다.

반면 즉결처분권을 사적 복수나 갈등, 개인 이득을 위해 사용할 여지는 충분했다. 말 그대로 사적제재로 충분히 악용할 여지가 있었다. 앞에서 언급한 광복군 출신 윤태현 소령의 즉결처분을 일본군 출신 김용배 중령과의 갈등으로 보는 증언도 있다.

즉결처분권을 남용해 군 내 단결을 심각하게 저해하고 사기를 떨어뜨리는 등 필연적인 부작용에 대해 육군본부도 우려한 것은 분명한 것 같다. 육군본부는 1951년 7월 6일 훈령 제191호를 하달해 1951년 7월 10일 00시부로 즉결처분권을 폐지했다. 그렇지만 육군본부는 불과 2주 만인 7월 24일 전선 지역의 군기 확립을 목적으로 즉결처분권을 부활시켰다. 다만 부활된 즉결처분권은 중대장급 이상 지휘관만 행사하도록 했다. 그리고 8월 27일 육본은 군법회의를 개정할 시간적 여유가 없을 때만 즉결처분하도록 또다시 지시했다. 하지만 일선에서 남용하는 사례는 계속됐다. 즉결처분권은 휴전이 된 이후에야 완전히 중지됐다.

한국전쟁 기간에 즉결처분으로 아군에 희생된 장병에 대한 통계자료는 없다. 다만 언제든 상급자에게 죽임을 당할 수 있다는 공포가 폭넓게 존재했던 것은 분명한 것 같다. 1959년 2월 28사단에서 일어난 대대장의 사단장 살해 사건은 한국군 전체에 즉결처분의 트라우마가 얼마나 지독했는지 방증한다. 한국전쟁이 끝난 지 5년이 다 돼가고 있었지만 전쟁을 겪은 육사 출신 고위 장교가 즉결처분의 피해망상을 극복하지 못하고 사단장을 사살하는 중범죄를 저지른 것이다.

한국군에 미국식 군법보다 일본식 관행이 지배했다

1950년에는 대한민국 군대에 군형법이나 군사법 제도는 없었을까? 대한민국 '군형법'은 1962년에 최초 제정됐다. 그전에는 1948년 7월 제정된 '국방경비법'이 군형법을 대신하고 있었다. 1950년 7월 26일 하달된 육군본부의 즉결처분권은 당시 시행되고 있던 국방경비법 어디에도 없는 항목이었다.

1945년 11월 주한미군 군정사령부 예하에 국방사령부를 창설하고 1946년 1월 15일 남조선국방경비대를 창설했다. 새롭게 창설한 국방경비대는 독립적인 군사법 체계 없이 일본 형법과 일반 형법을 혼용해 사용해야 했다. 그러나 일본군 법체계는 제국주의적 군사 시스템을 기반으로 한 터라 강압적인 군사재판과 가혹한 처벌이 특징이었다. 이러한 군사법 체계는 민주국가로 새롭게 출발하는 대한민국이 받아들이기 어려운 요소를 포함하고 있었다.

1946년 3월 29일 국방사령부 명칭이 국방부로 변경됐다. 국방부가 정식 출범하자 미군정 당국은 장차 독립된 한국군을 유지하기 위한 군법이 필요하다고 여겼다. 미군정청은 법무 자문관인 아고Argo 대령을 책임자로 해 국방경비법 제정을 위한 기초 작업에 착수했다. 아고 대령은 국방경비법에 한국 군사법 체계의 근대화를 위해 미국의 군사법을 적극적으로 도입하는 것이 필요하다는 판단을 내렸다. 특히 국방부와 미군 군사법 전문가들은 협의를 거쳐 일본 군형법의 영향을 가능한 배제하고 미국식 군사법 체계를 적용하는 방향으로 결정했다.

국방경비법의 초안은 군정청 법률고문관 손성겸 변호사가 맡았다. 손 변호사가 실무를 맡고 아고 대령이 법률 제정 과정을 총괄했다. 국방경비법 초안은 1947년 9월 미군정사령관의 승인을 받았다. 그러나 정치관여죄 등의 문제로 논란이 있었고 군법회의 등의 세부적인 수정을 거쳐 1948년 7월 5일이 돼서야 정식으로 제정됐다.

국방경비법은 국방경비대의 조직과 임무를 명확히 규정하고 군 내부 범죄에 대한 군사법 적용 근거를 마련했다. 또한 군법회의 권한과 운영 방식을 명확히 규정해 군사재판의 공정성을 보장하고 군인의 법적 권리를 보호하는 내용을 포함했다. 국방경비법은 군무 이탈, 상관 명령 불복종, 반란죄 등의 군사 범죄를 명확히 규정하고 구체적인 처벌 규정을 마련했다. 모든 처벌은 군법회의의 판결을 거치도록 명시했다. 법은 전시와 평시를 구분해 적용할 수 있도록 했다. 군사기밀 보호와 국가안보 관련 범죄의 처벌을 강화하는 조항도 포함했다.

국방경비법이 제정된 이후 대한민국 국군은 조직과 규율을 보다 체계적으로 정비했다. 1948년 8월 15일을 대한민국 정부가 수립되고 국방경비대는 대한민국 국군으로 공식 개편됐다. 1948년 11월 30일에는 국군조직법이 제정돼 국방경비법의 일부 조항이 국군조직법으로 이관됐다.

국방경비법에는 당시 가장 선진적이라 할 수 있는 미국 군형법의 기본 정신을 거의 그대로 담았다. 미국 군형법의 기본 정신은 죄형법정주의를 기반으로 군율 유지와 군인의 법적 보호 사이에서 균형을 이루고자 하는 것이 핵심이다.

첫째, 엄정한 군대 규율의 유지다. 군 조직 특성상 명령체계를 철저히 유지하는 것은 필수다. 이를 위반하면 강력한 처벌이 따른다. 탈영, 상관에 대한 폭력, 명령 불복종과 같은 군의 질서를 저해하는 범죄는 엄격히 다뤄진다. 둘째, 법적 절차의 공정성과 군인의 법적 권리 보호를 강조했다. 군사법 절차를 민간 법률과 최대한 일치시키고 군인에게도 변호인 선임권과 재판을 받을 권리를 보장한다. 이는 군 내부에서 불필요한 권력 남용을 방지하고 법적 절차의 정당성을 유지하기 위한 것이다. 셋째, 군사법원의 독립성과 권한을 확립했다. 군형법에서는 군사법원이 일반 법원과 별도로 운영되지만 군의 지휘체계에서 독립성을 유지하도록 설계했다. 이는 군 내부 사건을 신속하고 전문적으로 처리할 수 있도록 하면서도 법적 공정성을 유지하기 위한 장치다. 넷째, 전시와 평시의 법 적용에 차이를 뒀다. 군형법은 평시에는 일반 법원과 유사한 절차를 따르지만 전시에는 더 신속한 법적 처리가 가능하도록 설계했다.

대한민국 국방경비법은 이러한 미국 군형법의 기본 정신을 거의 그대로 승계했다. 전쟁 전에 이미 가장 선진적인 군사법 체계를 마련한 것이다. 하지만 국방경비법은 전쟁이 일어난 지 얼마 지나지 않아 발령된 육군본부의 즉결처분권으로 사실상 무력화됐다. 국방경비법의 무실화 상황은 전쟁 기간 내내 지속됐다. 그나마 간혹 진행된 군사재판에서도 법을 과하게 해석하여 억울한 죽음을 만들기도 했다. 1962년 국방경비법은 폐기되고 국방경비법을 일부 보완한 대한민국 최초의 군형법이 제정됐다.

당시나 지금이나 대한민국 헌법과 법률은 정당한 법적 절차 없이 생명권을 박탈하는 행위를 금지하고 있다. 즉결처분권은 당시 국방경비법은 물론이고 계엄법이나 국군조직법 등 군 관련 법률 어디에도 그 근거가 없다. 대한민국 법률상 존재하지 않는 권한이었다. 그렇다면 육군본부는 도대체 무엇을 참고해 이 훈령을 하달했던 것일까? 당시 참전 용사의 증언에 그 근거가 보인다.

"즉결처분권은 일제시대 때 일본 군대에 갔다 온 사람들이 일본 군대의 나쁜 모습을 배워온 것입니다. 특히 제대로 배우지 못한 일본군 지원병 출신들이 해방 이후에 국군의 지휘관이 되자 리더십도 없는 상태에서 자신들이 배운 것을 그대로 써먹은 것이 즉결처분권입니다. 어떻게 적을 눈앞에 둔 전쟁터에서 자기 부하를 쏴 죽입니까? 말도 안 되는 얘기죠. 그리고 똑똑한 장교 하나 키우기가 얼마나 힘듭니까? 그것이 얼마나 큰 손실이라는 것은 바꾸어 말해서 우리가 6·25 때 인민군 장교 하나를 죽이기 위해서 얼마나 많은 희생을 치러야 했는지 생각해보면 쉬울 겁니다."

즉결처분권을 결정하고 하달을 지시한 당시 육군본부 총참모장이나 앞에 언급한 사례에서 즉결처분권을 실제로 시행한 지휘관들은 한결같이 일본 강점기에 일본제국군이나 만주군에 입대했다가 일제 패망 후 귀국해 대한민국군에 입대한 사람들이었다. 당시 국방경비법이 미국식 군형법 체계를 그대로 가져왔음에도 대한민국 고위 장교들의 생각과 관행은 그들의 경험에 따라 일본군 방식을 그대로 따랐을 가능성이 크다.

일본제국군과 만주군에는 즉결처분이 만연했다

일본제국육군 헌병대와 지휘관들은 광범위하게 즉결처분을 행사했다. 이들은 규율 위반이나 반항적인 행동을 보인 병사뿐만 아니라 점령지 주민에 대해서도 직접적인 처벌을 가했다. 일본군 헌병은 군도를 착용했는데 이는 즉결처분을 상징하는 것이기도 했다. 일본군 헌병은 전장에서 탈영병, 명령 불복종자, 기강 해이자를 즉시 처형하는 사례를 다수 남겼다.

1937년 중일전쟁 발발 이후 일본군은 탈영을 막기 위해 즉결처분을 강화했다. 1941년 화북지역에서 일본군 지휘관이 탈영을 시도한 병사 20여 명을 공개 참수했다. 다른 병사들에게 극단적인 경고를 하기 위함이었다. 1943년 베이징 인근의 일본군 27사단에서는 전투 중 명령을 어긴 병사들을 즉결처형한 사례가 공식 기록에 남아 있다.

만주군도 일본군의 영향을 받아 즉결처분권을 행사했다. 만주국은 일본이 1932년에 세운 괴뢰정부로 일본군의 군사적 보호 아래 운영됐다. 따라서 군사훈련과 법 집행 방식도 일본군을 그대로 따랐다. 만주군 장교들은 부하 병사에 대한 처벌 권한을 가지며 특히 반일 활동이나 공산 게릴라와 연계된 혐의가 있는 경우 즉결처분을 내릴 수 있었다.

　1944년 만주국 수도 신경(현 창춘)에서 만주군 헌병대가 사소한 규율 위반을 이유로 병사들을 즉결처형하는 사례가 증가했다. 특히 일본군이 패망할 것이 점점 확실해지자 만주군 내부 기강이 흔들렸다. 지휘관들은 이를 억제하기 위해 즉결처분을 더욱 빈번하게 활용했다. 같은 해 하얼빈 지역에서 일본군과 만주군이 합동으로 50여 명의 탈영병을 총살한 사건이 보고됐다.

　중국 동북지방에서 일본군은 치안 유지와 규율 강화를 이유로 즉결처분을 대대적으로 시행했다. 대표적인 사례로 1942년 타이위안 지역에서 일본군 제1군이 게릴라 활동이 의심되는 병사 15명을 현장에서 처형한 사건이 있다. 이는 지휘관의 단독 명령으로 시행됐으며 피고들에게 변론의 기회를 주지 않았다.

　또한 일본군이 점령지에서 병사들뿐만 아니라 협력하지 않는 주민을 즉결처분하는 사례도 빈번했다. 1945년 3월 베이징 남부에서 일본군 헌병대가 식량을 빼돌린 혐의를 받은 병사와 민간인을 함께 총살했다. 이러한 극단적 처벌 방식은 태평양전쟁 후반기 점령지에서 일본군의 통제력이 약해지면서 더욱 빈발했다.

　제2차 세계대전 종전 후 열린 전범재판에서 일본군과 만주군의 즉결처분권 남용이 주요 심문 대상이 됐다. 특히 일본군 헌병대가 전쟁 중 재판 없이 병사와 민간인을 즉결처분한 사례가 전쟁범죄로 보고됐다. 1946년 도쿄 전범재판에서 A급 전범이자 군인 신분으로 일본 총리대신을 역임한 도조 히데키는 즉결처분에 대해 '전쟁 중의 불가피한 조치'라고 주장했다. 재판 과정에서 즉결처분이 일본군 내에서 조직적이고 광범위하게 행해졌음이 입증됐다.

일본제국군과 만주군 장교들이 어떠한 법적 행정적 근거에 기반해 즉결처분권을 수시로 행사했는지는 명확하지 않다. 상급사령부의 공식 명령 여부는 확인되지 않았다. 다만 일본제국군은 정신력 강화를 위해 사무라이 정신인 '무사도武士道'를 특별히 강조했다. 이런 기조와 전시라는 극단적 분위기가 맞물려 할복자살과 즉결처분이 비슷한 이유로 일본군의 독특한 군사문화로 형성됐을 가능성이 크다. 이런 배경으로 일본군 내에 즉결처분이 중대한 범죄일 수 있다는 인식이 거의 없었을 것이다. 굳이 즉결처분권을 공식적으로 하달할 필요조차 없었을 것이다.

태평양전쟁 말기에 중국, 만주, 동남아시아에서 일본제국군이나 만주군으로 복무한 조선 젊은이들은 일본 군인들이 즉결처분하는 장면을 직접 목격했을 것이다. 그리고 전시에 즉결처분은 당연한 군사적 조치라 받아들였을 것이다. 이들 중 많은 수가 대한민국 군대에 입대했고 전쟁 전에 제정된 국방경비법은 이들에게 너무나 먼 이야기였을 것이다. 육군본부의 즉결처분권이 내려진 1950년 7월 26일 이전에도 여러 곳에서 즉결처분이 죄책감 없이 이뤄진 배경에는 일부 장교의 경험적 인식이 분명히 작용했을 것으로 추정한다. 육본의 훈령은 이들의 인식과 행동을 정당화했을 뿐이다.

일본군의 폭력문화가 한국군에 이어져 뿌리 내리다

한국전쟁을 통해 즉결처분이라는 최악의 폭력을 겪은 한국군 내부에 구타, 가혹행위, 언어폭력과 욕설 등 사적제재가 없어져야 한다는 인식이 생기기는 어려웠을 것이다. 즉결처분에 비하면 구타나 가혹행위는 상대적으로 가벼운 행위였다.

1946년 이후 대한민국 군대는 미국의 군사 지원을 받으며 군법뿐만 아니라 훈련과 행정 등 외형적으로는 미국식 군사체제를 적극적으로 도입했다. 그러나 상급자의 지시에 무조건 절대복종해야 하는 엄정한 상명하복 체계와 체벌의 일상화 등 일본식 군사문화가 정신을 지배했다. 강압적인 기강 유지 방식이 정착됐고 장병을 통제하기 위한 수단으로 구타와 가혹행위 등 폭력을 공공연히 용인했다. 장병은 군 생활 초기부터 상관의 절대적 권위 아래 놓였으며 신체적 정신적으로 극한의 고통을 당했다. 이는 단순한 훈련 목적이 아니라 군대 내 위계질서 확립을 이유로 일상화됐다.

1961년 5·16군사정변을 통해 박정희 정권이 출범한 이후 군대는 국가 운영의 핵심축으로 자리 잡았다. 군사 독재 체제하에서 군 내부의 인권 문제가 외부로 노출되기는 어려웠다. 군대 내 강한 통제와 엄격한 규율을 강조하는 분위기 속에서 구타와 가혹행위를 묵인하거나 정당화하는 경우가 많았다. 특히 24시간 영내 생활을 해야 하는 병사들 사이에서도 강한 군기가 유지돼야 한다는 인식이 정착돼 폭력을 당연시하는 문화가 조성됐다. 병사 간 서열 관계 속에서 구타와 가혹행위가 반복됐다.

신병 교육 과정부터 집단 기합과 강제적인 신체 훈련이 일상적으로 이뤄졌다. 신병은 입대 직후부터 강압적인 분위기 속에서 사소한 실수에도 체벌을 당하는 경우가 빈번했다. 상급자의 명령을 어기면 개인뿐만 아니라 집단 전체가 얼차려를 받는 등 연대 책임을 물어 극도의 심리적 압박을 경험했다. 집단체벌 방식은 군대 내 위계질서를 유지하는 중요한 수단으로 사용됐고 집단체벌 이후에는 개별적인 폭력이 뒤따랐다. 모든 병사는 폭력을 일상적으로 받아들이며 선임병의 폭력에 저항할 수 없는 구조 속에서 지속적인 두려움과 스트레스에 시달렸다.

군대 내 구타와 가혹행위는 세대 간 반복되는 악습으로 자리 잡았다. 선임병들은 과거에 자신이 당했던 폭력을 후임에게 그대로 되돌리는 방식으로 보복했고 폭력을 통해 자신들의 권위를 확인하려 했다. 이러한 관행이 지속되면서 병영 내 폭력 문화가 고착됐다. 이런 경험을 한 장병들이 사회로 나가면서 군 내 폭력이 정당하다는 그릇된 인식이 확산했다.

군대에서 지속된 구타와 가혹행위는 병사들에게 심각한 신체적 정신적 피해를 가져왔다. 구타로 중상을 입거나 사망에 이르는 경우도 적지 않았다. 극심한 스트레스와 공포 속에서 정신적 압박을 견디지 못하고 자살하는 병사도 늘어났다. 분노를 억제하지 못해 상급자를 총기로 살해하거나 무차별적으로 총기를 난사하는 등 극단적인 군기 사건이 발생했다.

한국전쟁 직후 국방부의 군 내 사망자 통계를 보면 1954년 2,988명, 1955년 2,660명, 1956년 2,710명, 1957년 2,001명이었다. 4년간 한 해 평균 2,000명이 훌쩍 넘는 군인들이 목숨을 잃었다. 모든 죽음이 군 내 폭력이나 사적제재가 직접 원인이라 할 수는 없겠지만 적지 않은 죽음이 군 내 폭력과 관련 있을 것이라는 점을 부인하기 어렵다. 군 내 사적제재와 폭력이 많이 완화됐다는 2000년대 들어서도 2005년 6월 28사단 530GP 사건, 2011년 7월의 해병 2사단 사건, 2014년 6월의 22사단 임 병장 사건 등 세 번의 대형 총기 사건이 있었다.

이런 폭력적인 군사문화와 병영 분위기로는 전쟁을 수행하기 어렵다는 것은 자명하다. 적보다 상급자에게 더 분노를 느끼는 군대는 어떤 적과도 상대할 수 없다. 1980년대 이후 인권의식이 커지면서 군 내부의 구타와 가혹행위가 사회적 논의 대상으로 떠올랐다. 국방부와 육군본부도 군 내 사적제재와 폭력 문제의 심각성을 고민하지 않을 수 없었다.

1987년 국방부에서 '구타 및 가혹행위 근절을 위한 지침'을 하달했다. 사실상 군 내 폭력에 대한 첫 번째 조치로 보인다. 이 조치만으로 4년 만에 군 내 사망자가 40% 줄었다는 것이 국방부의 시각이다. 군 내 사망자가 1985년 721명이었는데 1990년에는 430명이었다는 것이다. 국방부는 1994년 '군사고 예방 규정'을 제정했고 2003년 육군본부는 '병영생활 행동강령'을 내놓았다. 병영생활 행동강령은 병 상호 간 명령·지시 행위와 구타·가혹행위·폭언·욕설 금지, 성 관련 법규 위반 행위 금지 등을 포함한다. 2016년에는 군인의 복무 기준과 기본 권리를 명확히 규정하고 군대 내 인권 보호와 윤리의식을 강화하기 위해 '군인복무기본법'을 제정했다. 군 내 사망자도 1994년 416명에서 2015년 93명으로 감소했다. 그리고 매년 두 자릿수 이내로 사망자가 유지되고 있다.

하지만 이러한 노력에도 2014년 28사단 윤 일병의 사망을 막지 못했다. 전체 군 내 사망자 비율에서 자살자가 상대적으로 늘어나고 있다. 물론 모든 자살이 군 내부 문제로 비롯된 것은 아니다. 개인적, 가정적, 사회적 문제가 원인인 경우도 많다. 그러나 아직도 군 내 폭언과 폭력, 인격모독, 사적제재가 원인으로 밝혀지는 경우도 적지 않다. 일본제국군에서 시작된 대한민국 군대 내부의 폭력 문화가 얼마나 뿌리 깊은 것인지를 보여준다.

여기서 질문을 멈출 수는 없다. 즉결처분 등 극단적인 대책 없이도, 군인의 인권이 철저히 보장된 가운데서도 대한민국 군대는 전쟁을 할 수 있을 것인가? 이 질문에 대한 답을 찾기 위해서는 일본제국군의 실체를 알아야 한다.

2
일본제국군
: 역사에 없던 괴물군대가 만들어지다

일본제국군은 1868년 메이지 유신부터 1945년 제2차 세계대전 종전까지 존속한 일본 군대를 말한다. 일본의 공식적인 군사 조직으로 일본제국육군과 일본제국해군으로 구성돼 있었다.

1868~1945년 일본제국군은 어떻게 탄생했고 사라졌는가

일본은 1868년 메이지 유신을 통해 근대화를 추진하며 중앙집권적 군사체제를 확립했다. 1873년 징병제를 도입해 사무라이 중심의 군대에서 이른바 국민군으로 개편했다.

1894년부터 1895년까지 진행된 청일전쟁에서 일본군은 청나라군을 격파하고 대만을 할양받았다. 이를 통해 일본은 동아시아에서 군사 강국으로 부상했다. 1904년부터 1905년까지 벌어진 러일전쟁에서 러시아군을 상대로 승리하며 대한제국에 대한 지배권을 강화했다. 이를 통해 한반도 병합의 발판을 마련하고 남만주 지역에서 영향력을 확대했다.

제1차 세계대전 동안 일본은 연합국 측에 가담해 독일이 지배하던 중국의 산둥반도와 태평양 도서지역을 점령했다. 전쟁 이후 일본군은 제국주의적 팽창 정책을 본격화하며 군사력을 확장했다. 1931년 일본 관동군은 만주사변을 일으켜 만주를 점령하고 이듬해 괴뢰국 만주국을 세웠다. 1937년 일본군은 중일전쟁을 일으켜 중국 전역을 침공했다. 특히 난징대학살(1937) 등 전쟁 중 민간인 학살과 전쟁범죄를 저지르며 국제적으로 비난받았다.

1941년 일본군은 진주만 기습공격을 감행하며 미국과의 전쟁을 시작했다. 이후 태평양전쟁에서 초반에는 승기를 잡았으나 1942년 미드웨이 해전 이후 연합군에 밀리기 시작했다. 1944년부터 미군이 본격적으로 반격하며 일본 본토를 공습하고 해상을 봉쇄해 일본은 군사적, 경제적 기반이 붕괴했다. 1945년 8월 미국이 히로시마와 나가사키에 원자폭탄을 투하하고 소련이 대일전에 참전하면서 일본군은 더 이상 전쟁을 지속할 수 없었다. 8월 15일 일본 정부는 무조건 항복을 선언했다. 1945년 일본이 항복하면서 일본 제국군은 연합군 최고사령부의 지휘 아래 공식적으로 해체됐다. 일본은 평화헌법(1947)을 통해 전쟁을 포기하고 군대를 보유하지 않는 국가로 전환됐다.

그러나 1950년 한국전쟁이 발발하면서 일본 내 치안과 방위를 강화할 필요성이 대두됐고 1950년 8월 미국의 주도로 일본 방위대NPR를 창설했다. 공식적으로는 경찰 조직의 확장 형태였으나 사실상 군사 조직이었다. 1952년 샌프란시스코 강화조약을 통해 일본은 독립을 회복했다. 1954년 일본 정부는 공식적으로 방위대를 해체하고 자위대JSDF를 창설했다.

메이지 유신이 괴물군대 일본제국군 탄생의 뿌리다

일본은 19세기 중반까지 도쿠가와 이에야스가 임진왜란 직후 정권을 장악하면서 시작된 에도 막부가 통치하는 봉건적 사회 구조를 유지하고 있었다. 막부는 약 250년 동안 쇄국정책을 고수하면서 외부와의 교류를 제한했다.

1853년 미국의 매슈 페리 제독이 이끄는 함대가 일본 근해에 나타나 강제로 개항을 요구하면서 일본 사회는 큰 변화를 맞이한다. 서구 열강의 위협으로 일본은 서구 국가들과 외교를 피할 수 없게 됐다. 1858년 미일수호통상조약을 비롯한 불평등 조약들을 체결해야만 했다. 일본 경제는 혼란에 빠졌고 서구 세력의 영향력이 커지면서 막부 체제에 대한 불만이 고조됐다.

외세에 대한 위기의식이 고조되는 가운데 일본 내부에서 정치적 개혁을 요구하는 목소리가 커졌다. 일부 지방 영주(다이묘)와 지식인들은 막부 체제를 더 이상 유지할 수 없으며 천황을 중심으로 한 새로운 중앙집권적 국가를 건설해야 한다고 주장했다. 이러한 흐름 속에서 존왕양이尊王攘夷, 즉 천황을 받들고 서양 세력을 배척하자는 운동이 확산했다. 이러한 흐름은 조슈번(현 야마구치현)과 사쓰마번(현 가고시마현)이 주도했다. 이 두 번은 강력한 경제력과 자체 군사력을 보유하고 있었다. 이후 도사번(현 고치현)과 히젠번(현 사가현)이 추가로 가담했다. 이들은 막부를 타도하고 새로운 정권을 수립하기 위해 결집했으며 무력 충돌도 피하지 않았다.

1867년 막부의 마지막 쇼군인 도쿠가와 요시노부가 정권을 천황에게 반납하는 '대정봉환大政奉還'을 선언하면서 에도 막부 체제는 공식적으로 해체됐다. 그러나 이에 만족하지 않은 조슈번과 사쓰마번을 중심으로 한 신정부 세력은 막부 세력의 완전한 제거를 목표로 군사적 행동을 개시했다. 1868년 조슈-사쓰마번 연합군(삿

초동맹)과 막부군 사이에 보신전쟁이 발발했으며 연합군이 승리하면서 일본의 정치체제는 근본적으로 변화하게 됐다. 이 과정에서 연합군이 막부의 주요 거점이었던 에도(현 도쿄)를 점령했고 천황 중심의 새로운 정부가 공식적으로 출범했다.

일본의 신정부는 1868년 연호를 '메이지明治'로 정하고 근대적 개혁을 본격적으로 추진했다. 봉건적 신분제를 폐지하고 중앙정부가 각 지역을 직접 통치하는 체제를 구축하기 위해 1871년 번을 현으로 바꾸는 '폐번치현廢藩置縣' 정책을 시행했다. 지방 영주인 다이묘가 지배하던 번을 폐지하고 전국을 정부가 직접 임명한 관리가 다스리는 현 체제로 개편한 것이다. 또한 유럽의 군제를 본떠 징병제를 도입하는 한편 경제와 산업 정책을 개혁해 서구식 자본주의 경제 체제를 도입하는 등 다양한 개혁이 이뤄졌다.

극단적 사무라이 정신이 일본제국군의 군대문화를 주도하다

1868년 메이지 유신을 이룬 개혁 세력은 국가의 핵심 기구로서 근대적 군대가 필요하다는 데 공감했다. 새로운 군대는 기존의 사무라이 중심의 군사체제가 아니라 유럽의 국민군 체제를 모델로 하기로 했다.

국민군 체제를 모방하기로 한 데는 또 다른 이유가 있었다. 메이지 유신을 주도한 세력은 단 4개 번의 사무라이들이었다. 막부 체제하의 일본에는 270개에 이르는 번이 있었고 모든 번에는 사무라이 세력이 있었다. 우호 세력을 제외하더라도 260여 개 번의 사무라이들은 메이지 정부의 잠재적 위협 세력이었다. 이들을 견제할 적절한 방법이 필요했다. 메이지 유신 세력이 보기에 서구의 국민군 체제는 각 번의 사무라이 세력을 처리할 수 있는 효과적인 방안이기도 했다.

메이지 정부는 당시 유럽 각국의 군사체제를 분석해 일본에 적용할 방안을 모색했다. 육군은 조슈번이 중심이 돼 당시 유럽 최강의 육군을 자랑하던 프랑스와 프로이센의 군사체제를 모델로 했다. 해군은 사쓰마번이 중심이 돼 영국을 모델로 삼았다. 1873년 메이지 정부는 새로운 군대 구성을 위한 징병령을 발표했다. 그런데 메이지 정부가 제대로 파악하지 못한 것이 있었다.

우리가 앞에서 살펴봤지만 유럽 국민군의 시작은 1789년 프랑스 혁명이 계기가 됐다. 혁명을 통해 시민의식이 싹텄고 각성한 시민들이 가족과 공동체를 위해 자발적으로 무기를 든 것이 국민군의 시작이었다. 이러한 시민의식이 거의 1세기에 걸쳐 유럽 각국에 퍼졌고 프로이센의 전문직업군 제도와 결합해 근대 국민군 제도가 형성된 것이었다. 그러나 일본의 국민군 체제에는 자발적 참여라는 시민의식이 빠져 있었다. 더구나 메이지 정부는 모든 징집 나이의 젊은이들을 동시에 징집해 군대를 만들 예산도 없었다. 자기들의 입맛에 맞는 사람들만 징집했다.

1873년 징병령의 대상은 모든 국민이었지만 메이지 정부의 능력으로 군대로 편입시킬 수 있는 규모는 전체 징집 나이의 대략 3% 수준이었다. 문제가 될 소지가 있는 모든 사무라이는 징집에서 제외했다. 귀족 출신과 도시의 교육 수준이 비교적 높은 집단도 징집 대상에서 제외했다. 남는 것은 시골의 젊은 농민들이었다. 교육 수준도 경제 수준도 낮은 젊은 남성들만 강제로 징집한 것이다. 이들은 메이지 유신 이전에는 군대와 거리가 먼 집단이었다. 중세에 사무라이들이 전쟁할 때 도시락을 먹으며 구경하던 농노의 후손들이었다.

갑자기 군대에 끌려온 농민들은 불만을 나타냈다. 모든 농민이 다 징집된 것도 아니었다. 자신이 3%에 포함된 것이 도저히 이해되지 않았다. 시민의식과 국가주의는 이들과 아무런 관계가 없는 이야기였다. 불만이 쌓여가자 이들의 불만을 잠재울 일본군만의 군대 이데올로기가 필요했다.

천황에 대한 절대 충성을 군대의 핵심 이념으로 내세웠다. 일본제국군은 군인을 단순한 병사가 아니라 천황을 위해 헌신하는 존재로 규정했다. 1882년 발표한 '군인칙유軍人勅諭'는 일본 군대의 정신적 기초를 형성한 문서다. 모든 군인은 천황에게 절대적으로 충성해야 한다는 내용을 담고 있었다. 이 문서는 군인의 기본 윤리와 행동 지침을 규정하는 역할을 했다. 이후 일본군의 군사 교육과 훈련 과정에서 중요한 가치로 자리 잡았다.

1889년 공포된 대일본제국헌법에는 천황이 일본제국군의 최고 통수권자로 규정됐고 모든 군인은 천황의 신하가 됐다. 모든 상관은 곧 천황의 대리자였고 상관에 대한 충성과 복종은 곧 천황에 대한 충성과 복종을 의미했다. 상관의 명령은 절대적 권위를 가지며 불복종은 천황을 거부하는 것으로 간주했다. 상급자는 하급자에 대해 무소불위의 권한을 갖게 된 것이다. 이러한 문화 속에서 군인은 개별적인 판단보다는 상급자의 지시를 실행하는 데 집중해야 했다. 일본제국군의 무조건적 절대복종 문화는 상급자의 폭력을 정당화하는 방향으로 진행됐다.

1873년 징병령은 사무라이 계급의 해체를 의미하는 것이었다. 1876년 메이지 정부는 사무라이에게 주던 녹봉을 폐지했다. 1877년 메이지 유신의 주도 세력 중 한 명이었던 사이고 다카모리의 군사반란으로 인한 세이난 전쟁은 사무라이들의 마지막 저항이었다. 정부군이 반란군을 진압하면서 일본에서 사무라이 계층은 소멸했다. 사무라이들은 개별적으로 활로를 찾아야 했다. 1874년에 세워진 제국육군사관학교와 1876년 세워진 제국해군병학교를 통해 신식 군인을 양성하는 과정에서 사무라이 출신들이 상당수 장교로 유입됐다. 1894의 청일전쟁과 1904년 러일전쟁을 계기로 일본제국군은 급격하게 전력을 확충했는데 사무라이 출신들이 주요 지휘관으로 발탁돼 군의 중추로 자리 잡았다. 사무라이 출신들은 전투 경험이 풍부하고 전투 기술과 무사도의 가치를 내면화한 집단이었기에 일본군 내에서 군사문화를 주도했다. 이는 일본군이 다른 서구 국가들과는 차별화된 특성을 가지게 되는 원인이 됐다.

일본제국군은 사무라이 출신 장교들이 지휘부를 차지하면서 사무라이 문화가 군사훈련 방식과 조직 구조에 깊이 스며들었다. 일본군 장교들은 전투 현장에서 부하들에게 강한 충성심과 정신력으로 대표되는 무사도 정신을 강조했다. 장병들에게 전투에서 중요한 것은 체력이나 무기가 아니라 정신력이라는 가치를 주입했다. 이에 따라 극한의 상황에서도 끝까지 싸워야 한다는 인식이 자리 잡았다. 이러한 교육 방식은 후에 일본군의 자살특공대(카미카제)와 같은 극단적 전투 방식으로 이어졌다.

군 내부에서 개인보다 집단을 우선시하는 문화가 형성됐다. 병사 개개인의 행동이 전체 부대에 영향을 미친다는 이유로 한 명이 실수하면 부대 전체가 연대 책임을 지도록 하는 방식이 일반화됐다. 이를 통해 군 내부에서는 병사들이 상급자의 지시에 더욱 철저히 복종하도록 강요했고 집단적인 통제가 효과적으로 이뤄졌다. 병사들은 군 생활 초기부터 극심한 폭력과 체벌을 경험했다. 이러한 폭력과 체벌을 병사들을 강한 전투력과 인내심을 갖춘 군인으로 육성하기 위한 방식이라며 정당화했다.

막부 시대에 사무라이는 영지에서 농민과 하급 무사들을 지배했으며 생살여탈권을 가졌다. 당시는 사무라이가 자신의 권위를 유지하기 위해 혹은 단순한 분노 표출로 농민을 살해하거나 가혹한 체벌을 가하는 것이 허용된 사회였다. 일본제국군이 만들어졌지만 장교는 사무라이 출신이 많았고 사병은 농민 출신이 대다수였다. 일본군 내 인적 구조를 고려하면 전쟁터에서 장교가 부하의 즉결처분권을 행사하는 방향으로 전개된 것은 어쩌면 필연적인 현상이었다.

명령을 거부하거나 탈영을 시도하는 병사는 즉각 처형당하는 경우가 많았다. 심지어 전장에서 살아남아 돌아온 병사들조차 명예를 잃었다는 이유로 처벌받았다. 일본제국군의 군사문화는 세계 군사 역사상 매우 독특하다. 중세 일본의 사무라이 문화에서 이어진 극단적인 정신력 강조, 폭력의 정당화, 즉결처분이라는 비인간적인 통제 방식 등으로 대표되는 군사문화는 다른 군대에서는 좀처럼 그 사례를 찾기 어렵다.

일본 군사문화를 경험한 젊은이들이 한국군의 주역이 되다

1937년 중일전쟁이 발발하자 만주와 중국 지역에 병력 소요가 급격하게 늘었다. 1937년 만주와 중국 주둔 일본육군 사단은 각각 5개, 16개였으나 1941년에 13개, 27개로 늘었다. 병력 소요가 늘어남에 따라 조선인의 지원을 받기 시작했다. 1938년 일본 정부는 '육군특별지원병령'(조선총독부령 제44호)을 공포해 조선인도 일본군에 자원입대할 수 있도록 했다. 첫해인 1939년에는 약 400명을 모집했다. 이후 점차 증가해 1943년까지 총 1만 7,000여 명의 조선 젊은이들이 일본군에 지원해 입대했다. 한편 1932년 만주국이 세워진 후 1940년대 초에는 적어도 3,000명의 조선인이 만주군에서 복무한 것으로 추정한다.

중일전쟁과 태평양전쟁에서 병력 소요가 증가하자 일본 정부는 1944년 1월부터 조선인을 강제 징병했다. 1945년 8월 일본 패망

시까지 약 21만 명의 조선 젊은이들을 일본의 육군과 해군에 강제 징병했다. 적어도 20만 명 이상의 조선 젊은이들이 자발적 혹은 강제적으로 만주군과 일본군의 군사문화를 몸소 겪은 것이다.

1945년 8월 15일 일본의 패망과 함께 대한민국은 광복을 맞이했다. 한반도에는 즉시 독립된 국가가 수립되지 못했다. 미군정이 남한을 통치하는 과도기가 시작됐다. 이 과정에서 한반도 내 자주적인 군사력 확보가 중요한 과제가 됐다. 그러나 당시 한국에는 국군의 모체가 될 만한 독립된 군사 조직이 없었고 국군 창설을 위해 체계적인 군 간부 양성 과정이 필요했다. 이러한 배경하에 주한 미군정 주도로 1945년 12월 5일 서울 남산에 군사영어학교가 개교했다. 최초 개교 목적은 영어 통역관 양성이었다.

1946년 1월 군사영어학교에서 1기 졸업생 110명이 배출됐고 이들은 통역관을 넘어 이후 대한민국 국군 창설의 핵심 인물로 성장했다. 졸업생 110명 중 108명이 일본제국군과 만주군 군사 경력자들이었다. 1945년 해방 직전 광복군 규모가 1,000명 수준이었던 점을 고려하면 특이한 인적 구성이었다고 볼 수는 없다.

군사영어학교 졸업생을 중심으로 1946년 1월 15일 '남조선국방경비대'를 창설했다. 미군에게 훈련과 장비를 받은 국방경비대는 8개 연대로 편성됐다. 이후 1947년에는 국방경비대를 확대 개편하면서 조직력을 강화했고 군사영어학교 졸업생들을 주요 간부로 배치했다.

1948년 4월 국방경비대는 '국군준비대'가 됐다. 같은 해 8월 15일 대한민국 정부가 수립됐고 9월 5일 '대한민국 국군'이 정식으로 출범했다. 군사영어학교 출신 장교들은 국군 창설과 함께 대한민국 국군의 핵심 요직에 자리 잡았다. 이들 1기 군사영어학교 졸업자 중에 정일권, 송요찬, 백인엽, 김용배 장군 등이 있었다.

한편으로 역대 육군참모총장 중에 초대 참모총장부터 1972년 보직이 끝난 19대 참모총장까지 전원 일본군이나 만주군 경력을 갖고 있었다. 일본군 경력 논란이 있는 20대와 21대 참모총장까지 확장하면 적어도 1979년까지 대한민국 육군은 일본제국군의 군사 문화의 영향에서 완전히 벗어나기 어려웠을 것으로 보인다.

서구 유럽의 군대에서는 군 내 폭력을 어떻게 극복했는가

군대는 최악의 상황에서 규율을 유지하며 기능을 발휘해야 하는 조직이다. 서구 유럽 군대에서도 사적제재와 즉결처형 사례가 존재했다. 다만 일본제국군처럼 일종의 군사문화로 광범위하게 허용된 적은 없었다. 그리고 대부분의 유럽 군대는 제1, 2차 세계대전을 거치면서 비인도적 행위와 전쟁범죄에 대한 기준을 정립하고 군사법 체계를 강화함으로써 이러한 관행을 척결할 수 있었다.

먼저 영국군의 사례를 보자. 적어도 18세기와 19세기 초반까지 영국군은 탈영, 반역, 명령 불복종과 같은 행위에 대해 공개 처형을 시행했다. 특히 나폴레옹 전쟁(1803~1815) 동안 영국군은 탈영을 중대한 범죄로 간주해 군법회의 없이 현장에서 즉결처형하는 경우가 있었다. 처형 외에도 19세기 영국군 내부에서는 폭언, 욕설, 구타, 가혹행위 등의 사적제재가 만연했다. 20세기 초반까지 군의 계급 질서를 유지하기 위해 하급 병사에게 상급자가 가혹행위를 가하는 관행이 존재했다. 제1차 세계대전 동안에도 영국군은 전장 공포증(현 외상후 스트레스장애PTSD)으로 전투를 거부하거나 탈영하는 병사들을 가혹하게 처벌한 기록이 있다.

제1차 세계대전 이후 영국 정부는 이러한 즉결처형과 군 내부 가혹행위의 문제점을 인식했다. 1930년대 이후에는 군사법을 개혁해 즉결처형의 범위를 축소하고 군사재판 절차를 강화했다. 또한 병사에 대한 신체적 처벌과 구타를 금지하는 정책을 도입했다.

제2차 세계대전이 끝나고 1948년부터 평시와 전시를 불문하고 공식적인 군사법 절차를 거치지 않은 즉결처형을 전면 금지했다. 1953년 개정한 '영국 군사법'(1953)에서는 군사재판과 처벌 절차를 강화해 어떤 상황에서도 임의적 즉결처형이 발생하지 않도록 했다.

프랑스군 역시 18세기부터 20세기 중반까지 군대 규율 유지를 위한 강력한 처벌을 시행했다. 전시 상황에서 사적제재와 즉결처형이 빈번하게 발생했다. 특히 프랑스 혁명 전쟁(1792~1802) 동안 탈영병과 반란을 시도한 병사를 현장에서 즉결처형하는 경우가 많았다. 19세기 후반에도 프랑스군은 탈영과 명령 불복종에 대해 강력히 처벌했다. 특히 프랑스-프로이센 전쟁(1870~1871) 동안 패색이 짙어지면서 사기가 저하된 병사들이 탈영하는 사례가 증가하자 이들을 즉결처형했다.

프랑스군 내부에서도 상급자가 하급자에게 폭력을 행사하거나 신병을 대상으로 구타와 가혹행위를 자행하는 일이 흔했다. 특히 제1차 세계대전 동안 참호전의 극한 환경 속에서 사기가 저하된 병사들에게 복종을 강요하는 수단으로 이러한 폭력을 사용했다. 1917년 니벨 공세에 실패한 이후 일부 병사가 명령을 거부하자 장교들이 이들을 즉결처형했을 뿐만 아니라 규정 위반으로 체포한 병사들에게 가혹한 처벌을 가했다. 장교들이 병사들을 폭행하거나 음식과 물을 제한하는 등의 비공식적 제재가 이뤄졌다.

제2차 세계대전 이후 프랑스군은 군 내부의 가혹행위를 방지하기 위해 군사법을 개정하고 신체적 체벌을 금지하는 조치를 했다. 1950년대 이후 프랑스군은 군사재판 절차를 대폭 개선하고 즉결처형을 엄격히 제한하는 법적 개혁을 추진했다. 또한 병사에 대한 구타와 가혹행위를 근절하기 위한 규정을 마련하고 이를 위반하는 장교와 병사를 엄격히 처벌했다.

미국에서도 1775년 독립전쟁 중 일부 병사가 적군 포로와 충성심이 의심되는 민간인을 독단적으로 처형하는 경우가 있었다. 전쟁이 끝난 후 서부 개척 시대가 시작되면서 미군과 민병대가 연계해 원주민을 상대로 무력 사용을 남용하는 사례가 빈번하게 발생했다. 서부 개척지에서는 공식적인 법 집행기관이 미비했기 때문에 군인이 법을 대체하는 역할을 하기도 했다. 이 때문에 군이 사적제재를 행하거나 폭력적 방식으로 법을 집행하는 경우가 많았다.

남북전쟁 동안 북군과 남군 모두 군 내부 규율이 무너지면서 전쟁범죄와 보복 행위가 증가했다. 전투 중 포로가 된 적군을 즉결처형하거나 전쟁포로를 학대하는 일이 빈번했다. 또한 일부 군대는 점령지역에서 민간인에게 보복하거나 자의적으로 처형을 집행하는 사례도 있었다.

이러한 문제를 해결하기 위해 1863년 4월 24일 '리버법전$_{\text{Lieber Code}}$'이 제정됐다. 리버법전은 미군 역사상 최초의 공식적인 전쟁 윤리 규범으로 군사작전 중 발생할 수 있는 불법행위를 방지하기 위해 마련됐다. 이 법전은 전쟁 중 즉결처형을 금지하며 전쟁포로를 인간적으로 대우해야 한다는 원칙을 명확히 했다. 또한 군인이 개별적으로 사적제재를 가하는 행위를 엄격히 금지했다. 점령지에서 군사 행위에 관한 규정도 포함하고 있으며 민간인의 재산 보호와 약탈도 금지하고 있다. 1929년 제정된 제네바 협약도 리버법전의 영향을 받았다.

리버법전이 제정됐지만 오랜 관행은 즉각 사라지지 않았다. 남북전쟁 이후 미군은 해외로 작전 범위를 확장하며 식민지 전쟁과 점령 활동을 수행했다. 미군은 미국-필리핀 전쟁에서는 게릴라전을 수행하는 필리핀 반군을 상대로 가혹한 전술을 사용했다. 미군 일부 부대는 필리핀 반군을 체포한 후 즉결처형을 시행했고 보복 작전으로 민간인을 학살했다.

제1, 2차 세계대전을 거치면서 미군은 군사법과 규율을 점차 정비했다. 그럼에도 전쟁 중 포로 학대와 즉결처형이 완전히 사라지지 않았다. 특히 제2차 세계대전 태평양 전선에서 미군이 일본군 포로를 학대하거나 즉결처형한 사례가 일부 보고됐다. 전쟁이 끝나고 뉘른베르크 재판과 도쿄 전범재판을 통해 전쟁범죄에 대한 국제 기준이 강화됐고 미군 역시 이를 반영해 전시 윤리 교육을 강화했다.

1951년에 '통합군사법전UCMJ'을 제정해 미군 내 모든 범죄를 군사법정에서 다룰 수 있도록 체계화하고 전쟁범죄에 대한 처벌을 강화했다. 또한 제네바 협약 준수를 강조하며 포로와 민간인 보호 규정을 미군 교육과 훈련에 반영했다.

21세기 들어 미군은 교전수칙ROE을 통해 군사작전에서 법적, 윤리적 기준을 더욱 엄격히 적용하고 있다. 비교적 최근의 이라크 전쟁과 아프가니스탄 전쟁에서 발생한 전쟁범죄를 철저히 조사해 관련자를 군사법정에 넘기는 체계를 확립했다.

세계 대부분의 군대가 제2차 세계대전을 계기로 군대 내 윤리 기준을 정립하고 군사법 체계를 강화해 나가고 있는 시기에 안타깝게도 한국전쟁이 발발했다. 막 출범한 대한민국 군대는 그러한 세계적 흐름에서 많이 벗어나 있었다. 국제 기준을 살펴볼 기회를 얻기도 전에 한국전쟁 동안 우리 군대는 일본제국군의 관행을 답습했다. 그리고 그러한 관행은 전쟁 상황에서 어쩔 수 없이 감수해야 하는 것이라 받아들였다. 군대뿐만 아니라 대한민국 정부와 사회도 그렇게 생각해왔다. 지금까지도 그러한 사고에서 완전히 벗어나지 못한 사람들이 있는 것 같아 무척 우려스럽다.

대한민국의 주류가 그런 생각을 벗어나는 데 60년이 넘게 걸렸다. 2016년 군인복무기본법이 제정되면서 대한민국 군대도 선진국 군대와 같은 수준의 새로운 윤리 기준을 법률로 마련했다.

군대 윤리와 올바른 군사문화는 전쟁 수행의 필수 조건이다

전쟁은 극한의 상황을 수반하며 군인은 이에 대응하기 위해 강한 기강과 용기를 요구받는다. 일부에서는 이러한 기강 유지와 전투 수행을 위해 가혹행위와 욕설, 심지어 즉결처형과 같은 극단적 조치가 필요하다고 주장한다. 하지만 역사적 사례와 여러 연구에 따르면 이러한 방식은 오히려 군대의 전투력을 약화시키는 요인이었다. 군인의 기강 유지와 용감한 전투 수행에는 단순한 공포감이 아니라 보다 더 구조적이고 심리적인 요소가 필요하다.

첫째는 군인의 사명감과 충성심이다. 군인의 전투 의지는 국가와 국민을 지키고자 하는 사명감에서 비롯된다. 군인이 수행하는 모든 임무는 국가의 안전과 존립을 유지하는 데 목적이 있다. 이에 대한 인식이 확고할 때 장병들은 강한 전투 의지를 보인다. 단순히 상관의 명령을 강제적으로 따르는 것이 아니라 국가와 국민을 보호해야 한다는 확신과 신념을 가진 장교와 병사들이 전투 상황에서 더 자발적이고 능동적으로 행동할 가능성이 크다.

12·3 비상계엄 사태에서 갑작스럽게 동원된 군인들의 소극적 반응은 자신에게 부여된 임무가 군인의 신념에 반했기 때문이다. 정상적인 교육을 받고 윤리의식을 가진 군인이 비무장 국민을 상대해야 한다는 상황을 맞이하면서 자신의 신념에 반하는 행동을 하지 못한 것이다.

우리 장병은 민주주의의 과정을 경험했고 민주주의를 충분히 이해할 수 있다. 그리고 스스로 생각과 판단을 할 수 있으며 세계 모든 군대에서 가장 높은 교육 수준과 지적 수준을 갖춘 사람들이다. 대한민국의 높은 수준의 민주주의와 자유, 공정 등의 가치를 그대로 상기시키고 국민을 보호해야 한다는 군인의 사명만 인식시키면 된다. 대한민국의 체제를 제대로 알리는 것과 군인의 사명을 자각시키는 것 외에 우리 장병에게 더 이상의 작위적 정신교육은 사실상 필요 없다.

둘째는 동료애와 조직적 신뢰다. 군대는 개별적인 전사가 아니라 조직적인 협력체계 속에서 작동한다. 따라서 병사들 간에 신뢰와 협력 등 전우애는 전투에서 중요한 요소로 작용한다. 역사적으로 강한 전투력을 유지한 군대는 대개 구성원 간 신뢰가 높은 조직적 구조를 유지하고 있었다. 동료를 위해 희생할 수 있다는 신념은 병사들이 두려움을 극복하고 전투에 임할 수 있도록 하는 주요 요인으로 작용한다. 이와 반대로 가혹행위와 즉결처형을 통해 기강을 유지하려는 군대는 내부적으로 불신과 불안정을 초래해 조직 전체의 전투력을 떨어뜨린다.

사단장 시절에 '와이파이Why-FI, Why-Fellowship Increase' 운동이란 것을 시행했다. 장병들 사이에 신뢰를 구축해 전우애를 돈독히 하자는 것이었다. 신뢰는 서로에 대한 믿음에서 비롯된다. 하급자는 어떤 사항이든 자유롭게 질문하고 상급자는 답을 해야 한다는 행동 규칙을 만들었다. 명령과 지시에 대한 이유, 배경, 상급자의 생각 등을 소통해 궁극적으로 서로에 대한 믿음과 신뢰감을 높이자는 취지였다. 나는 사단장으로서 모든 정신교육을 질문과 답변으로 대체했다. 모든 지시와 명령에서 공정하기 위해 노력했다. 시간이 걸렸지만 조직이 서서히 변했다. 하급병이 상급병을 신뢰하고 병사가 간부를 신뢰하기 시작했다. 부사관과 장교의 친밀도가 높아졌다. 서로 개인적 고민도 털어놓을 수 있는 분위기가 만들어졌다. 초기에 많았던 질문도 서로 신뢰가 형성되면서 급격히 줄어들었다. 병영 생활관의 야간 잠금장치도 풀었다. 당직 근무도 꼭 필요한 자리만큼 줄였다. 야간 점호도 반드시 해야 하는 절차만 하도록 간소화했다. 부대 관리에서 간부의 확인과 감독의 필요성이 줄어들었다. 임무를 이해한 병사들이 스스로 만족할 수준의 결과로 마무리했다. 훈련에서도 능동적으로 행동하는 장병들이 탁월한 성과를 보였다. 훈련 시간을 길게 이어갈 필요가 없었다. 이 정도면 전쟁을 치를 수 있겠다는 느낌이 왔다. 11개월 만에 갑작스럽게 사단장 보직을 옮기지 않았다면 우리 군대가 어디까지 할 수 있는지 더 많은 것을 증명할 수 있었으리라는 아쉬움이 지금도 남아 있다.

셋째는 명확한 규율과 공정한 규칙이다. 군대가 효과적으로 작동하려면 명확한 규율과 질서가 필요하다. 그러나 이 규율이 단순한 공포감으로 유지될 경우 병사들은 상관을 존경하거나 신뢰해서가 아니라 두려워서 복종하게 된다. 이렇게 되면 군인들은 전투에서 주도적으로 행동하기보다는 수동적으로 임무를 수행한다. 역사적으로 규율이 엄격하면서도 공정하게 운영된 군대는 전투 능력을 장기적으로 유지하는 데 성공한 사례가 많다. 공포가 아니라 신뢰를 기반으로 한 군대 규율은 병사들이 상관의 명령을 존중하고 따를 수 있도록 유도하는 효과가 있다.

계몽군주로 알려진 프로이센의 프리드리히 대왕은 군대의 규율을 강화하고 능력 중심의 승진 제도를 도입해 프로이센을 유럽의 강대국으로 성장시켰다. 그는 상관이 무의미한 체벌과 구타를 하는 것을 금지했으며 오히려 규율을 위반한 지휘관을 처벌하는 경우가 많았다. 규율을 공정하게 집행하자 군대 내부의 갈등이 최소화되고 병사들은 훈련에 집중했다. 장교와 병사들이 상관의 명령을 맹목적으로 따르기보다는 전장 상황의 변화에 따라 창의적으로 판단하고 유연하게 전투를 수행할 수 있도록 교육했다. 이러한 지휘 철학은 현대 독일군과 미군이 적용하고 있는 임무형 지휘의 원형이 됐다.

제2차 세계대전 당시 미군은 민주적인 규율과 공정한 보상 체계를 운영해 높은 전투력을 유지했다. 미군은 명령체계를 엄격하게 유지하면서도 부당한 명령을 거부할 수 있도록 규정했다. 즉결처형은 엄격히 금지했으며 전쟁범죄를 저지른 군인은 군사재판을 통해 합법적 절차에 따라 처벌했다. 또한 능력 중심의 평가 시스템을 운영해 계급서열이 아니라 전투 성과와 리더십을 바탕으로 지휘관을 선발했다. 병사들은 단순히 명령에 복종하는 것이 아니라 자발적인 참여와 전우애를 강조하는 군대 운영 방식을 따랐다. 병사들은 공정한 대우를 받는다고 믿었는데 이는 전투에서 더욱 높은 전투력을 발휘하는 원동력이 됐다.

넷째는 체계적인 훈련과 휴식의 조화다. 제2차 세계대전 종전 이후 트레버 듀푸이가 설립한 미국의 듀푸이군사연구소TDI에서 독일군 장병과 미군 장병을 비교 연구한 적이 있었다. 특히 전장 공포증 환자와 탈영병 비율을 비교해보고 적지 않게 놀랐다. 독일군이 미군의 10% 수준이었다. 더구나 독일군의 통계는 가장 치열하다고 알려진 독소전의 불리한 상황에서 수집한 것이었다. 연구소는 두 군대에서 이러한 차이가 나는 이유를 분석했다. 민족성, 입대 전 교육 수준, 사회적 환경 등을 분석했으나 유의미한 결과를 얻지 못했다. 그러다가 두 가지 차이점을 발견한다. 이는 현대 미군의 정책에 반영돼 있다.

하나는 기초군사훈련의 차이였다. 독일군은 최소 12~16주간 기초군사훈련을 받고 전투에 투입됐다. 미군은 5~6주로 차이가 컸다. 기초군사훈련을 충실히 받은 병사들은 전투 투입 초기부터 생존율이 높았다. 충분한 기초군사훈련은 전장의 공포를 극복하고 용기를 유지할 수 있는 가장 중요한 요인이었다.

또 다른 차이점은 철저히 교대로 휴식을 보장했다는 것이다. 독일군은 제2차 세계대전 내내 10% 규모의 휴가 병력을 유지했다. 1943년 초 독일 6군이 스탈린그라드에서 포위돼 패색이 짙은 가운데 독일군 항공기가 포위망 내에서 쉴 새 없이 뜨고 내렸다. 탄약과 물자를 보급하는 것이기도 했지만 그중 많은 수송은 휴가 장병이었다. 휴가를 출발하는 것은 물론 복귀하는 장병도 같은 비율을 유지했다. 에리히 폰 만슈타인 독일군 원수는 제2차 세계대전 후 쓴 저서 『잃어버린 승리』에서 당시 독일군의 이러한 정책을 보고 왜 곧 전멸할 수도 있는 6군에 휴가 복귀 병력을 지속적으로 들여보내는지 모르겠다고 자국군의 정책을 비판할 정도였다. 아무튼 전쟁에서의 적절한 휴식과 쉴 수 있다는 기대는 전투력을 유지하는 또 다른 중요한 원인이었다.

우리 군은 두 가지 다 인색하다. 육·해·공군 모두 장교와 부사관 그리고 병사 등 모든 신분에서 기초군사훈련이 부족하다. 5주간 훈련이 전부다. 그나마 반은 정신교육이라는 이름으로 낭비된다. 휴가에도 인색하다. 최근에 이러한 경향이 바뀌고 있지만 평시임에도 갖가지 이유로 휴가를 제한하기 일쑤다. 군인은 사람이고 휴식이 전투력과 직결될 수 있다는 점을 간과해서는 안 된다.

아직도 군 내외 일부에서는 극한의 전투 상황에서 즉결처형과 같은 극단적 조치가 필요하다고 주장한다. 하지만 이런 조치는 전투력 강화보다는 오히려 조직의 붕괴를 초래할 가능성이 크다. 즉결처형과 폭력이 자주 시행되는 군대에서는 상관의 권위에 대한 불신이 커지고 병사들 사이에서 공포와 긴장이 심화한다. 이러한 환경에서는 병사들이 상관의 명령을 따르는 것이 아니라 탈영이나 명령 불복종, 항명, 상관 살해와 같은 극단적 선택을 할 가능성이 높아진다. 또한 이런 태도가 만연할 경우 병사들은 전투 수행보다는 내부적인 생존에 집중하게 되고 군대 전체의 사기가 떨어질 수 있다.

최근 들어 우리 군대의 윤리의식과 인권의식이 크게 높아진 것은 사실이다. 군 내 부조리와 사고로 인한 사망자도 크게 줄었다. 국방부와 각 군 본부는 사고와 인명피해를 줄이기 위해 노력을 많이 기울이고 있다. 일선 지휘관들의 가장 큰 관심도 사고 예방에 가 있다. 그런데 군 내 윤리의식과 인권의식 향상이 전투력에 어떻게 도움이 되는지, 사적제재와 폭력을 줄이는 노력을 전투 수행 의지에 어떻게 투영할 것인지에 대한 고민은 부족하다. 사적제재와 폭력 근절의 목적이 전우 간 신뢰를 높임으로써 실질적 전투 수행 능력을 확보하는 데 있어야 한다. 사고가 줄어드는 것은 부수적 효과다.

대한민국 군대 지휘관들은 대부분 의사소통을 내세운다. 그러나 조금 들여다보면 의사소통의 이유가 평시의 부대 관리와 사고 예방 수준의 관점에 머물러 있음을 알 수 있다. 내면적 전투력, 전투 수행 능력 제고의 관점에서 생각하지 못한다.

다행스럽게 최근 몇 년 사이 대한민국 군대의 분위기가 긍정적으로 변화하고 있다. 문제는 장군과 장교들의 인식 변화에 있다. 장군들이 군대가 전쟁을 수행하는 조직임을 재인식하고 개선된 분위기를 전투 수행 의지를 올리는 방향으로 제대로 이끌어야 한다. 관점을 바꾸면 분명히 희망이 보일 것이다.

3
민간인 살해
: 국민을 지켜야 할 총으로 국민을 쏘다

나는 40년 가까이 군에 복무하면서 광주민주화운동에서 왜 우리 국군이 국민에게 총을 겨누고 국민의 생명을 그토록 많이 빼앗았는지, 제주 4·3사건에서는 해방 이후 막 형태를 갖추기 위한 군대가 대부분 비무장인 자기 국민을 대상으로 왜 그토록 많은 희생을 내고 말았는지에 깊은 의구심을 품고 있었다. 정상적인 군대라면 대상이 적국의 민간인이라도 불필요한 피해를 줄이기 위해 노력해야 한다. 적어도 내가 함께 근무한 미군의 윤리의식과 전쟁 수행 방식은 명확히 그러했다. 그런데 대한민국 군대는 나라를 지키라고 준 무기로 왜 자기 국민의 생명을 그토록 많이 희생시켜야 했는지에 대해 지금도 안타까운 마음을 갖지 않을 수 없다.

이러한 우리 현대사의 비극 뒤에는 일본 군대의 간접 영향이 있었다. 일본제국군의 폭력 문화가 결코 군대 안에서만 영향을 미친 것은 아니었다. 19세기 말부터 20세기 중반까지 일본군은 수많은 전쟁을 수행했다. 전쟁 수행 중이나 혹은 전쟁이 끝나고 점령한 지역의 민간인에게 그들의 폭력문화가 영향을 주지 않을 수 없었다.

일본군은 점령지 계엄령 '군율'로 민간인을 살해하다

일본군은 1894년 청일전쟁을 시작으로 1945년 태평양전쟁이 끝날 때까지 점령지를 효과적으로 통제하고 군사적 이익을 극대화하기 위해 일종의 계엄령인 '군율軍律'을 적극적으로 활용했다. 군율은 점령군 사령관이 선포할 수 있었는데 사법권, 행정권, 경찰권을 장악해 점령지 주민을 통제한다는 측면에서 계엄령과 동일하거나 더 강력한 기능이 있었다. 군율은 단순히 점령지에서 법과 질서를 유지하는 도구가 아니라 일본군의 군사적 필요와 정치적 목적을 달성하기 위한 수단으로 기능했다. 군율의 영어 명칭을 계엄령과 같이 '마셜 로Martial Law'라 부름으로써 초기에는 일본이 서구 열강과 동등한 문명국임을 국제 사회에 알리기 위한 수단으로 활용했다. 그러나 점차 강압적이고 탄압적인 형태로 바뀌면서 군사 점령을 정당화하고 민간인을 통제하는 도구가 됐다.

일본군이 점령지 계엄령인 군율을 발령한 주요 이유는 크게 네 가지로 나눌 수 있다. 첫째, 군사작전을 원활히 수행하기 위해서다. 일본군은 전쟁 중 점령지에서 보급로를 보호하고 적군의 게릴라 활동을 효과적으로 차단하기 위해 군율을 선포했다. 이를 통해 민간인의 이동을 제한하고 정보 유출을 방지하며 군사적 통제권을 강화할 수 있었다.

둘째, 점령지에서 질서를 유지하고 군정을 강화하기 위함이다. 일본군은 군율을 통해 지역 사회를 군사 통제하에 두고 민간인의 정치적, 경제적 활동을 엄격히 규제했다. 언론 검열과 치안 단속을 강화해 일본의 점령 정책에 대한 반발을 사전에 차단했다.

셋째, 점령지 주민을 일본군이 필요로 하는 노동력으로 강제 동원하고 현지의 자원을 수탈하는 법적 근거로 활용하기 위해서다. 일본군은 군율을 통해 민간인을 강제로 동원해 군사시설, 철도, 도로 등의 건설에 투입했다. 농산물과 식량을 강제로 징발해 일본군의 군수 보급에 활용했다.

넷째, 국제 사회에서 일본의 위상을 강화하는 수단으로 사용했다. 청일전쟁과 러일전쟁 초기에는 서구 열강이 식민지에서 시행하는 법률과 유사한 방식으로 군율을 운영하며 일본이 문명국임을 강조하고자 했다. 그러나 시간이 지나면서 군율은 더욱 강압적인 형태로 바뀌었다.

청일전쟁 당시 일본군은 한반도와 중국 본토의 주요 거점을 점령하면서 현지에서 적용할 새로운 법률체계를 만들어 군사작전에 유리한 환경을 만들고자 했다. 청일전쟁은 일본이 동아시아에서 군사적 영향력을 확대해 서구 열강과 동등한 위치를 확보하는 것을 목표한 전쟁이었다. 메이지 정부는 청일전쟁을 제국 최초의 현대전이라고 생각했고 법적 형식도 갖추기를 원했다. 국제 사회의 시선을 의식해 점령지에서 군사작전의 효율성을 높이면서도 서구 열강이 사용하는 법률과 유사한 법률체계를 만들어야 했다. 일본군 현지 지휘관들은 이런 요구에 따라 민간 법률 전문가를 동원해 급하게 '긴급법'을 만들어 짧은 기간 동안 군율로 정립했다. 군율은 초기부터 점령지 주민을 엄중한 처벌로 위협해 일본제국군을 보호하고 현지에서 군사작전을 원활하게 하도록 설계했다. 다만 처벌 항목과 방법을 서구 기준에 맞춘 정도였다.

이런 배경을 고려했을 때 1894년 7월 일본군은 대한제국의 수도 한성을 점령한 후 새롭게 만든 긴급법이나 군율을 적용했을 것으로 보인다. 일본군은 이를 통해 대한제국의 법률체계를 무시하고 한반도에서 일본군의 작전을 정당화했을 것이다. 일본군은 이후 동학농민군 진압에 적극적으로 참여했다. 이러한 일본군의 활동 배경에도 군율을 적용했을 개연성이 있다.

1894년 11월 일본군은 청나라의 군사적 요충지인 대련과 여순을 점령한 후 군율을 적용했다. 전략적 거점을 확보하기 위해 강력한 군사 통제를 시행한 것이다. 군율을 이용해 지역 주민에게 협력을 강요하고 군사적 필요에 따라 강제 노동과 물자 징발을 단행했다.

요동반도의 여순을 점령한 일본군은 청나라 군대와 협력한 민간인을 대규모 학살했다는 기록이 있다. 일본군 제2군은 여순을 점령한 직후 5일 동안에 최소 2,000명 이상의 비무장 청나라군 포로와 중국 민간인을 무차별 학살했다. 중국은 이 사건을 '1894년 11월 여순 대학살'이라 부른다. 국제 기준에 맞추기 위해 점령지 계엄령, 즉 군율을 발령한 것이라는 일본군의 조치가 허울뿐임을 여실히 보여주는 사건이었다.

일본은 국제 사회에서 여순 민간인 학살을 비난하는 목소리가 높아지자 '문명국으로서 점령지에서 법적 절차를 준수'하는 모습을 명확히 보일 필요가 있었다. 일본 정부는 1895년 2월 23일 '점령지 주민 처분령'을 발령했다. 이는 점령지에서 일본군을 보호하고 현지 민간인을 통제한다는 면에서 무분별하게 적용하던 군율을 체계적으로 명문화한 조치였다. 이후 군율을 점령지 주민 처분령에 따라 더욱더 구체화했다.

일본군은 러일전쟁이 발발하면서 더욱 실용적인 방식으로 군율을 활용했다. 청일전쟁에서 서구 열강의 시선을 의식해 비교적 제한적인 방식으로 군율을 운영했다. 그러나 러일전쟁에서는 군사적 필요를 최우선으로 고려하면서 점령지에서 통제를 더욱 강화했다.

1904년 2월 일본군은 러일전쟁 개전과 동시에 조선 전역에 군율을 적용했다. 군율을 통해 대한제국 정부의 행정 기능을 사실상 무력화했으며 군사적 필요에 따라 조선의 항만과 철도를 자유롭게 이용했다. 또한 조선 내 일본군의 활동을 방해하는 인물을 '군사 질서 교란자'로 규정하고 처벌할 수 있도록 법적 근거를 마련했다.

일본군은 같은 해 5월 요동반도의 대련과 여순을 점령한 후 군율을 통해 지역 사회를 군사적 통제하에 두고 러시아군 포로와 중국인 주민을 강제 노동에 동원했다. 이후 1905년 봉천 전투에서 승리한 일본군은 군율을 선포해 점령지를 효과적으로 장악했다. 일본군은 군사법정을 운영하며 러시아와 협력한 중국인을 처벌하고 민간인을 강력하게 통제했다.

일본군은 군율을 단순한 군사 법률이 아니라 점령지의 민간인을 통제하고 탄압하는 도구로 사용했다. 일본군은 점령지역 민간인을 대상으로 법적 절차를 간소화한다는 명목으로 강압적인 통치를 시행했다. 이후 일본 군대는 별다른 거리낌 없이 적대적인 무장세력뿐만 아니라 민간인을 직접적인 군사작전 대상으로 삼는 방향으로 나아갔다.

한반도에 군율을 적용한 기록은 1905년 7월 10일 주한일본공사가 대한제국 정부에 보낸 공식 문서로 확인할 수 있다. 한반도에 주둔한 일본군 사령관의 군율 시행을 공식적으로 통보하는 내용이다. 이 군율 통보가 최초인지 또는 이후 1910년 불법 강점 이후까지 시행했는지는 명확히 확인되지 않는다.

일제는 1910년 10월 1일 '조선총독부 경찰관서관제'를 공포해 1919년까지 헌병경찰제도를 운영했다. 헌병경찰제도로 인해 일본군의 조선 주둔 헌병사령관이 경무총감警務總監이 되고 각도의 일본군 헌병대장이 경찰부장을 겸임했다. 이는 일본 군대에 공식적으로 경찰권을 부여하는 것으로써 한반도를 사실상 군율로 통치했던 것이다.

일본은 1919년 3월 1일 전국적으로 확산한 3·1운동을 무력으로 진압했다. 조선총독부는 경찰과 함께 일본 정규군을 동원해 강경 대응에 나섰다. '조선총독부 경찰관서관제'에 근거해 별다른 법적 조치 없이 군을 동원할 수 있었다. 3·1운동 진압 과정에서 비무장 민간인을 즉결처형하고 제암리 학살 등을 저지른 것을 보면 일본 군대가 벌인 행위들은 사실상 점령지 군율을 그대로 적용한 것이었다. 1919년 3·1운동을 계기로 문화통치가 시작되면서 8월 조선총독부 관제 개편이 이루어졌다. 악명을 떨쳤던 헌병경찰제도가 폐지되었다. 그러나 경찰 관서와 경찰의 수는 오히려 많이 늘어났고 일본 경찰에 의한 조선인에 대한 미행과 사찰, 검속, 불시 심문 등의 위협은 계속되었다.

군율을 통해 점령지에서 군인이 민간인을 살해하는 것을 정당화하면서도 점령지 내 일본 국민은 군율 적용에서 예외였다. 점령지에서 죄를 범한 일본인은 군율에 따라 처벌하지 않고 일본 본토의 일반 법령을 적용했다. 일본은 자국민과 피점령지 주민을 법률 적용에서도 철저히 차별했다.

한편 일제는 일본 본토에서는 군율이 아니라 계엄령이라는 명칭을 사용했다. 1945년 이전 일본 본토에 계엄령이 발령된 사례는 세 차례 확인된다. 1923년 관동대지진 때 도쿄와 요코하마 지역에 일본 최초의 계엄령이 발령됐다. 이때 계엄령은 조선인을 대량 학살하는 데 악용됐다. 1936년 2월 26일 군부 쿠데타 미수 사건이 발생했을 때 도쿄에 발령된 사례가 있고 태평양전쟁 말기에 연합군의 공습이 강화되자 일본 내 주요 도시에 계엄령을 선포했다.

1920년 간도 경신참변을 계기로 초토화작전에 눈뜨다

1920년 10월부터 11월까지 일본군은 만주 북간도 지역에서 대규모 학살을 자행했다. 이 사건은 역사적으로 '경신참변' 또는 '간도학살'이라고 불린다. 이 학살은 단순한 군사작전이 아니라 조선인 공동체를 뿌리째 제거하고 독립운동을 사전에 차단하려는 일본군의 조직적인 정책이었다.

경신참변이 발생한 배경에는 한국 독립군의 활발한 항일 무장투쟁과 일본군의 보복 심리가 있었다. 1910년 한일병합 이후 조선의 독립운동 세력은 일본의 강압적인 통치 아래 국내에서 활동하기 어려워지자 만주와 연해주를 중심으로 독립운동을 조직했다.

1920년 6월 4일 홍범도 장군이 이끄는 독립군 연합부대는 만주 봉오동에서 일본군과 전투를 벌여 대승을 거뒀다. 봉오동 전투는 독립군이 일본 정규군을 상대로 승리를 거둔 최초의 전투로 독립운동 세력에게 큰 희망을 주었다. 그러나 일본군은 이에 대한 보복으로 대규모 병력을 동원해 독립군을 추격했다.

같은 해 10월 21일 김좌진 장군이 이끄는 북로군정서와 홍범도 장군의 대한독립군 등이 연합해 청산리 전투에서 일본군을 격파했다. 전투에서 중대한 타격을 입은 일본군은 독립군 근거지를 제거하고자 북간도 지역에서 무차별 학살을 단행했다.

일본군은 청산리 전투 패배 이후 10월 9일부터 11월 5일까지 약 한 달 동안 북간도 지역에서 이른바 '초토화 작전'을 전개했다. 아즈마, 기무라, 이소바야시 세 개 지대를 편성해 북간도 지역을 삼등분하고 체계적으로 조선인 마을을 공격했다. 일본군은 마을을 포위하고 주민들을 강제로 집 밖으로 나오게 해 마구잡이로 총살하고 가옥을 불태우는 방식으로 초토화 작전을 실행했다. 당시 북간도 용정촌의 캐나다 장로파 교회의 스탠리 마틴 선교사의 현장

목격과 조사기록이 있다.

1920년 10월 30일 일본군은 장암동이라는 조선인 마을을 공격했다. 일본군은 마을을 완벽히 포위한 후 볏짚에 불을 질러 마을 주민들을 강제로 밖으로 나오게 했다. 주민들이 밖으로 나오자 남녀노소를 가리지 않고 무차별적으로 사격을 가했다. 아버지와 아들이 함께 처형되는 모습을 아이들과 여성들에게 강제로 목격하게 했으며 빈사 상태로 쓰러진 주민들 시신 위에 건초를 덮어 불태웠다.

마을 전체가 불에 타 연기가 치솟았고 이 연기는 30킬로미터 정도 떨어진 용정촌에서도 보일 정도였다. 학살이 끝난 후에도 일본군은 다음 날 다시 마을로 돌아와 무덤을 파헤쳐 아직 완전히 타지 않은 시신을 모아 다시 불태우는 잔혹한 행위를 저질렀다.

일본군은 장암동뿐만 아니라 백운평과 의란구 등의 마을에서도 유사한 학살을 자행했다. "닭이나 개조차 남기지 않는다."라는 전략으로 모든 생명체를 제거하는 방식으로 공격했고 민간인을 무참히 살해했다. 일본군이 떠난 후에도 시신을 수습할 사람이 없을 정도로 그 피해가 참혹했다.

경신참변의 피해 규모는 기록마다 다소 차이가 있다. 상해임시정부가 발간한 독립신문 1920년 12월 18일 자 기사에서 피살자가 3,469명이며 민가 3,209개와 학교 39개 등이 파괴됐다고 보도했다. 중국 측 기록에는 피살자가 348명으로 돼 있고 일본군의 공식 보고서인 「간도출병사」에는 피살 494명, 체포 607명이라고 기록돼 있다. 일본군이 기록한 피해 규모는 실제보다 훨씬 축소한 것으로 보이며 당시 신문과 외교 문서를 종합하면 2,000~3,500명 이상이 학살된 것으로 추정된다. 1920년 경신참변은 일본 정규군이 조직적으로 대규모 민간인 학살을 자행한 최초의 사례로 볼 수 있다.

경신참변 이전에도 일본군이 점령지에서 잔혹한 학살을 저지른 적이 있다. 그러나 정규군이 직접 나서서 수천 명에 이르는 민간인을 체계적으로 학살한 사례는 경신참변이 최초였다. 그 이전의 학살들은 대부분 특정 지역에서 제한적인 규모로 이뤄졌으며 전쟁 과정에서 발생한 부수 피해로 간주할 여지가 있었다. 그러나 경신참변은 일본군이 민간인을 직접 표적으로 삼아 계획적으로 수행한 학살 작전이라는 점에서 이전의 학살 사건들과는 성격이 달랐다.

경신참변에서 일본군은 단순한 군사작전이 아니라 특정 지역 전체를 목표로 삼아 조직적으로 학살과 파괴를 수행하는 '초토화 작전'을 실행했다. 이러한 방식은 이후 일본군이 점령지에서 수행하는 군사작전의 표준이 됐다.

경신참변 이후 일본군은 초토화 전술을 체계화하고 정교하게 발전시키면서 점령지에서 적극적으로 활용했다. 이는 중일전쟁과 태평양전쟁 동안 일본군이 보여준 무자비한 전쟁 방식의 근간이 됐으며 일본군의 점령지 통치와 학살 정책에 결정적인 영향을 미쳤다.

초토화작전 '삼광작전'으로 중국인을 지옥으로 내몰다

1937년 중일전쟁을 일으킨 후 일본제국군은 중국의 주요 도시와 군사 요충지를 점령했다. 하지만 중국 공산당(팔로군)과 국민당의 항일 게릴라 조직은 점령지에서 지속적으로 저항했다. 일본군은 도시와 주요 교통로를 장악했지만 중국군과 항일 게릴라는 시골 지역과 산악 지대에서 활발하게 활동했다. 특히 일본군의 보급로가 게릴라군의 공격을 받아 차단되는 사례가 증가하면서 일본군의 점령 정책에 심각한 문제가 발생했다.

1941년 12월 지나 파견군 총사령관이었던 오카무라 야스지는 대본영 575호 명령을 수리했다. 이른바 '삼광작전三光作戰' 시행을 지시한 것이었다. 삼광작전은 모두 죽이고殺光, 모두 약탈하고抢光,

모두 불태우는燒光 작전을 말한다. 게릴라전을 펴는 팔로군과 국민당군의 배후 촌락을 철저히 파괴하는 대규모 초토화 작전이었다. 이후 삼광작전은 1945년 중일전쟁이 끝날 때까지 지속됐다. 주로 화북지역과 만주지역에서 집중적으로 시행됐다.

 일본군은 점령지에 군율을 선포하고 항일 세력과 협력한 것으로 의심되는 사람들을 즉결처형했다. 마을 전체를 포위한 후 남녀노소를 가리지 않고 마구잡이로 학살했으며 가족 단위로 몰살하거나 수천 명의 민간인을 한곳에 모아 총살하는 방식이 일반적이었다. 그리고 항일 게릴라 활동 가능성이 있는 마을을 완전히 불태워 폐허로 만들었다. 주민들이 살던 집뿐만 아니라 곡물 창고, 학교, 병원 등 모든 건축물을 파괴했다. 마을 전체를 불태우고 불에 타지 않은 시체가 있으면 다시 모아 태웠다. 수천 개의 마을을 파괴하고 불태웠다.

 일본의 역사학자 히메타 미쓰요시는 『삼광작전이란 무엇인가-중국인이 본 일본의 전쟁』이란 책에서 삼광작전이라는 초토화 작전으로 약 270만 명의 중국 민간인이 살해됐다고 밝혔다. 일본군이나 만주군으로 중일전쟁과 태평양전쟁에 참전한 수많은 조선 젊은이가 일본군이 자행한 이 초토화 작전을 직접 보고 경험했을 것이다. 그리고 그들 중에 많은 수가 새롭게 창설한 대한민국 국군에 편입했다.

신생 대한민국 군대가 자기 국민에게 총부리를 겨누다

 1947년 3월 1일 제주도에서 삼일절 기념식 행사 직후 기마경찰이 어린이를 치고 달아났다. 화가 난 주민들이 경찰서에 몰려가 격렬히 항의했다. 경찰이 이들을 폭도로 규정해 발포했고 6명이 사망하는 사건이 발생했다. 당시 경찰은 대부분 일제강점기에 경찰이 된 사람들로 주민을 보호 대상이 아니라 통제 대상으로 보는 경향이 있었다.

이 사건은 제주도 내 반정부 감정을 촉발했다. 경찰과 행정 당국에 대한 대규모 항의 시위가 이어졌다. 남조선로동당은 이런 상황을 자신들의 영향력을 확대하는 기회로 삼았다. 이들은 제주도 내 좌익세력을 부추겨 경찰의 만행을 규탄하는 운동을 주도했다.

3월 10일부터 중앙정부인 미군정에 사과를 요구하는 민관합동 파업이 대대적으로 일어났다. 제주도 전체 직장의 95%가 파업에 동참했다. 미군정과 경찰은 이를 공산주의 세력의 선동으로 규정하고 강경 탄압을 결정했다. 미군정은 제주 경찰로 한계가 있다고 보고 응원 경찰을 제주도로 파견했다. 경찰은 파업 본부를 습격하고 파업 참여자들을 체포하며 총파업을 적극적으로 탄압했다. 응원 경찰과 함께 우익 민간 조직인 서북청년단도 제주도에 들어왔다. 경찰과 서북청년단은 파업 참여자들과 좌익 혐의자들을 대규모로 검거했다. 3월 1일 발포 사건 이후 1948년 4월 3일까지 2,500여 명이 감옥에 갇혔다. 탄압이 심해지면서 경찰과 우익 단체가 제주도민과 충돌하는 일도 빈번해졌다. 충돌 과정에 사망자가 다수 발생했고 감옥에 갇힌 이들 중 일부가 고문으로 사망했다. 제주도민의 불안과 불만이 폭증했다.

1948년 4월 3일 새벽 2시 남로당 제주 총책 김달삼이 주도한 300여 명의 무장대가 경찰지서 12개를 공격했다. 경찰관과 서북청년단 등 우익 요인들의 집도 함께 습격했다. 5월 10일 남한 단독 총선거를 방해하기 위한 공격이었다. 이 공격으로 경찰 4명을 비롯해 민간인 십수 명이 목숨을 잃었다.

미군정은 이 공격을 공산주의 반란으로 규정하고 강경 대응을 결정했다. 제주도 주둔 조선경비대 제9연대에 반란군 진압 명령을 내렸다. 제9연대는 1946년 11월 제주도 모슬포에서 창설된 부대였다. 9연대장 김익렬 중령은 강제 진압보다는 먼저 협상을 시도했다. 협상은 의외로 순조로운 듯했으나 정체불명의 무장 세력의 공격으로 결국 실패했다. 5월 10일 전후로 무장대와 군경의 대립이 격화했다. 작전 성과가 미흡하다는 이유로 제9연대가 해체되고 제11연대에 통합됐다. 그 와중에 제주도 출신 병사 41명이 무장대에 합류하고 강경 진압을 주도하던 제11연대장 박진경 대령이 피살되는 사건이 일어났다. 7월에 송요찬 소령이 새롭게 부활한 제9연대장으로 임명됐다.

1948년 5월 초 여수에서 국방경비대 제14연대가 창설됐다. 1948년 8월 15일 대한민국 정부가 수립됐고 9월 5일 대한민국 국군이 출범했다. 제주도의 혼란이 계속되자 1948년 10월 15일 육군 총사령부는 제14연대에 제주도 출동 명령을 하달했다. 10월 19일 밤 남로당 당원 지창수, 김지회 등은 제주도 출동을 거부하며 반란을 일으켰다. 이들은 반란을 거부하는 장교, 하사관, 병사들을 살해하고 연대의 지휘권을 장악했다. 반란군은 여수경찰서를 공격해 점령하고 다음 날에는 여수시 주요 공공기관을 모두 접수했다. 여수시 곳곳에 대형 인공기가 내걸렸다. 반란군 1,400명은 순천, 광양 방향으로 이동했다. 순천에서 홍순석이 이끄는 2개 중대가 반란군에 합류했다. 여수에 남은 소수의 반란군과 공산 의용군들이 평소 불만이 있던 주민들을 학살했다. 적어도 1,000명 이상의 주민들이 목숨을 잃었다. 반란군은 20일 오후 순천을 장악했고 21일에는 구례와 광양까지 진출했다. 반란군이 장악한 모든 지역에서 주민들을 학살했다. 반란 진압을 위해 광주에 주둔하던 제4연대 1개 중대가 긴급 출동했다. 그러나 순천에 도착하자마자 부대 내 공산 세력에 반대하는 장병 30여 명을 살해한 후 잔여 병력을 이끌고 반란군으로 가담했다.

　정부는 10월 21일 반란군이 장악한 지역에 계엄령을 선포하고 본격적으로 진압군을 파견했다. 지방에 주둔한 대부분의 부대에서 진압군을 차출해 1개 사단 규모의 부대를 집결시킬 수 있었다. 수적 우세를 달성한 진압군은 21일 밤부터 여수와 순천 수복 작전을 펼쳤다. 23일 순천을 수복했고 박격포 공격과 장갑차를 앞세운 시가전 끝에 27일 여수 탈환에 성공했다. 살아남은 반란군들은 지리산에 들어가 빨치산이 됐다. 진압 과정에 진압군 180여 명이 전사했다.

　문제는 진압 과정과 진압 이후 수습 과정이 더 참담했다는 것이다. 진압군 일부는 계엄령 선포를 즉결처형을 승인한 것으로 받아들였다. 일본군 점령지에서 발령한 계엄령, 즉 군율이 그러했기 때문이다. 일부 진압군은 진압 과정에서 반란군뿐만 아니라 반란에 협조했다고 의심하는 민간인까지 즉결처형했다. 반란군이 점령했던 마을의 주민들을 집단학살하기도 했다.

　반란을 진압한 이후에는 각 학교 운동장에 주민들을 모아 반란 가담자와 협조자를 분류했다. 지목된 사람들은 그 자리에서 즉결처형됐다. 일본도를 들고 민간인 학살에 앞장선 사람이 있었는데 김종원 대위였다. 그는 한국전쟁에서 부하에게 즉결처분권을 남발한 사람이다. 경찰도 주민 학살에 한몫했다. 반란군이 살해한 경찰이 300명이 넘었고 진압 이후에 그에 대한 격렬한 보복 심리가 작용했던 것이다.

　여순사건의 전체 민간인 희생자를 특정하기는 쉽지 않다. 약 3,400명에서 1만 명 규모까지 각기 다른 기록과 연구 결과가 있다. 다만 공통적인 것은 반란군이 살해한 사람보다 진압 과정과 그 이후의 사망자가 훨씬 더 많았다는 것이다. 여순사건은 제주에도 직접적인 영향을 미쳤다. 진압 작전이 훨씬 더 강경해진 것이다.

1948년 11월 17일 제주도 전역에 계엄령이 선포됐다. 계엄사령관 송요찬 소령의 포고령에는 10월 17일에 내려진 무허가 통행금지령(해안선 5킬로미터 이외의 지점과 산악지대는 무허가 통행금지)에 따라 중산간 주민들에게 11월 21일까지 해안지역으로 이동할 것을 명령하는 '소개령疏開令'이 포함됐다. 이는 무장대와 주민을 분리해 무장대가 식량과 정보를 공급받지 못하도록 하는 조치였다. 그러나 이 명령은 사실상 무장대뿐만 아니라 중산간 마을 전체를 '적대지역'으로 간주한 것이었다.

군과 경찰은 마을을 벗어나지 않은 주민들을 무장대 협력자로 규정하고 학살하기 시작했다. 1948년 11월 중순부터 중산간 마을을 초토화하는 작전을 본격적으로 수행했다. 군, 경찰, 서북청년단 등으로 구성된 토벌대는 소개령이 내려진 마을을 체계적으로 불태우고 파괴했다. 그리고 해안가로 이동하지 못한 마을 주민들을 무장대 협조자로 간주하고 즉결처형했다. 군경은 1949년 1월 17일 북촌리에서 약 300명의 주민을 사살했으며 같은 달 구좌읍에서도 200명 이상을 처형했다. 궁지에 몰린 무장대도 반동분자 처단과 보복을 외치며 자신들에게 비협조적인 주민들을 학살했다. 1949년 3월이 되면서 지속적인 초토화 작전으로 무장대는 상당한 타격을 입었다. 지도부 대부분이 사망하거나 도주했다.

초토화 작전은 1949년 3월에 유재흥 대령이 새로 창설된 제주도지구전투사령관으로 부임하여 무력진압과 선무공작을 병행하는 작전을 시작하면서 종료됐다. 선무공작으로 수천 명이 하산했고 1949년 6월경 무장대 세력은 사실상 소멸됐다. 하지만 비극은 쉽게 끝나지 않았다. 1954년 9월 21일이 돼서야 한라산 금족령이 해제되면서 상황이 종료됐다.

초토화 작전 결과 제주도에서는 대량의 인명피해가 발생했다. 2000년 6월부터 2001년 5월까지 조사한 「제주 4·3 사건 진상조사 보고서」에 따르면 민간인 사망자 1만 715명, 행방불명자 3,171명이 확인됐다. 가족 단위, 마을 단위 집단학살이 많았다는 점을 고려하면 조사 결과에 빠진 훨씬 더 많은 희생이 있었을 것이라는 주장도 있다. 미국 시카고대학교 한국학자인 브루스 커밍스 교수는 사망자 규모를 6만에서 8만 명까지 이야기하고 있다. 안타까운 것은 확인된 희생자 78%가 토벌대에 의한 것이었다. 희생자 대부분이 좌익무장대가 아니라 민간인이었으며 특히 여성, 어린이, 노인의 희생이 극심했다. 마을 공동체도 파괴됐다. 제주도의 중산간 마을 중 90% 이상이 불에 타거나 파괴됐으며 살아남은 주민들은 해안지역으로 강제 이주돼 어렵게 생활해야 했다.

한편 초토화 작전을 주도한 제9연대는 여순사건 진압부대였던 제2연대가 여순사건 진압을 마치고 1948년 12월 제주도에 새로 투입됨에 따라 작전을 단계적으로 이양했다. 그리고 1949년 3월경 제주도를 떠났다.

1948년 10월 30일부터 제14연대 출신 반란군이 숨어 들어간 지리산에 대한 대대적인 공비 토벌작전이 시작됐다. 이 작전은 1949년 4월 반란군 주모자 김지회, 홍순석 등이 사살되면서 사실상 마무리되는 듯했다. 하지만 잔여 세력을 완전히 소탕하기 전인 1950년 6월 25일 한국전쟁이 일어났다. 지리산 일대는 한때 북한군 점령지역이었다가 인천상륙작전으로 퇴로가 막힌 북한 패잔병과 공산 추종자들의 대피처가 됐다. 이들은 '남부군단'이라는 이름으로 조직적으로 게릴라 작전을 펼쳤다. 1950년 10월경 남부군단의 규모가 2만 5,000명에 달했다는 연구가 있다.

이들을 토벌하기 위해 새롭게 창설된 11사단이 투입됐다. 11사단 예하에 9연대가 편성돼 있었다. 최덕신 11사단장이 제시한 작전 개념은 '견벽청야堅壁淸野'였다. 중국군 복무 경험이 있던 그는 중국 국민당군이 팔로군을 상대할 때 썼다며 이런 개념을 내세웠는데 사실상 일본군의 초토화 작전과 동일한 개념이었다. 그리고 9연대는 4·3사건 이후 초토화 작전을 너무나 잘 이해하고 있었다.

연대장에게 작전명령을 받은 제9연대 3대대장은 1951년 2월 5일 거창군 신원면 일대로 진격했다. 별다른 저항 없이 신원면을 장악한 3대대는 인근 지역인 함양군과 산청군 경계로 전진하고 있었다. 2월 8일 자신들이 이미 확보했다고 생각했던 신원지서가 빨치산의 공격을 받았다는 소식을 듣게 됐다.

주민들이 빨치산과 내통했다고 판단한 3대대는 연대장의 명령을 받고 다시 신원면으로 돌아왔다. 그리고 2월 9일 청연마을에서부터 주민들을 학살했다. 대대는 2월 10일 덕산리 내동에서 밤을 보내고 아침 일찍 여러 마을을 불 지르면서 주민들을 과정리 면소재지로 몰아갔고 저녁이 되자 100여 명을 탄량골 하천 계곡에서 학살했다. 2월 11일에는 와룡리, 대현리, 중유리 일대 마을 주민 1,000여 명을 신원국민학교에 모두 모이게 했다. 이 가운데 군인, 경찰, 공무원 가족을 제외한 517명을 다음 날 박산골에 끌고 가 기관총으로 모두 총살했다. 당시 학살당한 주민은 15세 이하 어린이 359명, 60세 이상 노인 60명이 포함된 모두 719명이었다.

이 사건은 거창 출신 신중목 국회의원이 폭로했다. 1951년 4월 국회가 현지조사단을 파견했는데 당시 경남지구계엄사령부 민사부장 김종원 대령이 국군 병력을 빨치산으로 가장시켜 조사단에게 위협사격을 가하는 사건을 벌였다. 앞에서 언급했던 그 김종원 대령이다. 수사가 시작됐고 김종원 대령을 비롯해 9연대장, 3대대장 등이 군검찰에 기소돼 유죄판결을 받았다. 그러나 이승만 대통령이 1년도 되기 전에 이들을 모두 특별사면했고 김종원을 경찰 간부로 특채하는 조치를 했다.

제주 4·3사건, 여순사건, 거창사건만이 아니다. 빨치산에 대한 공비토벌작전에서 제대로 알려지지 않은 수많은 희생이 빨치산에 의해 그리고 토벌군에 의해 발생했다. 하지만 작전이라는 이유로 자행한 수많은 민간인 살해에 대해 어떠한 군인도 제대로 처벌받지 않았다.

물론 남한의 공산주의자들이 잔혹한 폭력을 먼저 사용하기도 했다. 김일성의 북한이 불법 남침해 시작된 3년간의 전쟁은 더 많은 참혹한 희생을 낳았다. 그렇다 하더라도 대한민국의 국군이 아니었던가? 국민의 생명을 지킬 사명이 있지 않았던가? 공산군과는 비할 수 없이 더 정의로웠어야 하지 않은가?

미군은 베트남전 미라이 학살을 어떻게 극복했는가

1968년 초 미군은 베트남전쟁에서 베트콩 소탕 작전을 수행하고 있었다. 게릴라전의 특성상 베트콩과 민간인을 명확히 구별하는 것이 어려웠다. 미군 지휘부는 대부분의 시골 마을이 베트콩 근거지일 가능성이 크다고 판단하는 경향이 있었다. 미군이 자주 공격받던 꽝응아이 지역에서 베트콩을 소탕하기 위한 군사작전을 시작했다.

1968년 3월 16일 미군 23보병사단 소속 C중대는 미라이 마을을 목표로 하는 공격 명령을 받았다. 지휘관들은 해당 마을이 베트콩의 주요 거점이며 주민들이 베트콩을 지원하고 있을 가능성이 크다고 판단했다. 작전 시작 전에 중대장 어니스트 메디나 대위는 "모든 적군과 협력자를 제거하라."라는 명령을 내렸다. 병사들은 이 명령을 민간인도 포함해서 모두 죽이라는 뜻으로 해석했다. 그러나 당시 미라이 마을에는 베트콩이 존재하지 않았으며 대부분이 농민과 마을 주민들이었다.

1968년 3월 16일 오전 7시 30분경 찰리 중대 병사들은 헬리콥터로 미라이 마을 외곽에 도착해 마을로 진입했다. 미군 병사들은 마을 주민들을 강제로 집결시킨 후 남녀노소를 가리지 않고 무차별적으로 총격을 가했다. 임산부와 어린이도 희생됐으며 일부 여성은 성폭행당한 후 살해됐다. 미군은 가옥을 불태우고 가축을 죽였으며 식수를 오염시키는 등의 행위를 저질렀다.

윌리엄 캘리 중위가 이끄는 부대는 민간인을 마을 광장과 논밭에 집결시킨 후 기관총으로 집단 사격을 가했다. 수류탄과 화염방사기도 사용됐다. 학살은 약 4시간 동안 지속됐으며 300명 이상이 목숨을 잃었다.

헬리콥터를 조종하던 휴 톰슨 소위가 미군 병사들이 민간인을 학살하는 장면을 목격했다. 그는 헬리콥터를 착륙시켜 미군 병사들에게 사격 중지를 요구했으며 일부 주민을 헬기에 태워 대피시켰다. 그러나 대부분의 주민은 이미 학살된 상태였다.

사건 직후 미군은 학살을 은폐하고 성공적인 작전으로 허위 보고했다. 캘리 중위는 미라이 작전에서 128명의 적군을 사살했다고 보고했다. 사건은 그대로 덮이는 듯했다.

그러나 1969년 헬기 관측병으로 근무하다가 전역한 로널드 라이든아워 상병이 의회와 군 상부에 미라이 학살에 대한 진상을 고발했다. 언론인 시모어 허시가 이 사건을 취재해 보도하면서 학살의 실체가 전 세계에 알려졌다. 학살 당시 촬영한 사진이 공개되면서 국제 사회가 미군의 범죄를 비난했다.

미군 당국은 책임자들을 조사했다. 1971년 군사재판에서 윌리엄 캘리 중위는 전쟁범죄 혐의로 종신형을 선고받았다. 미군의 신뢰는 크게 추락했고 미국 국민은 미군의 전쟁 수행 방식과 윤리적 문제에 대해 강한 비판을 제기했다. 반전 운동이 확산되면서 베트남전쟁에 대한 부정 여론이 높아졌다. 미국 정부는 베트남 철군을 본격적으로 검토하지 않을 수 없었다.

미군은 전쟁범죄가 전쟁 자체의 실패를 가져올 수 있다는 뼈아픈 교훈을 얻었다. 미라이 학살은 미군 내부에서 큰 반성을 불러일으켰으며 이후 미군은 군사작전 수행 시 민간인 보호를 강화하는 방향으로 변화를 모색했다. 베트남전쟁 이후 미군은 전쟁범죄를 방지하고 국제법을 준수하기 위해 다양한 법률 개정과 교육 강화, 작전교리 개선을 추진했다. 법적 체계를 정비하고 병사와 지휘관 대상 교육을 강화하며 전쟁범죄 예방을 위해 교전수칙을 개정하고 작전교리를 바꿔나갔다.

미군은 우선 전쟁범죄 방지를 위한 법적 체계 강화를 목표로 군사법 체계를 강화했다. 미군의 '통합군사법전UCMJ, Uniform Code of Military Justice'을 개정했다. 군인이 전쟁 중 민간인을 불법으로 살해하거나 고문하는 행위를 명확히 금지하는 조항을 신설했다. 상관이 명령을 내렸다고 해도 불법적인 명령을 수행하면 군인 개개인도 처벌받도록 규정했다. 또한 미군 법무관의 역할을 확대했다. 미군 법무관을 통해 전쟁범죄와 관련된 독립적 조사와 법적 판단을 수행하는 체계를 마련했다.

또한 국제법 측면에서 미군은 1949년 제정된 제네바 협약을 더욱 엄격하게 적용하기로 했다. 미국 국방성은 2006년 개정된 '전쟁법 매뉴얼DOD Law of War Manual'에 모든 군사작전에서 국제법 준수를 필수적으로 요구하는 내용을 포함했다.

장교와 병사가 전쟁범죄를 예방하고 국제법을 준수하도록 하는 교육을 필수 과정으로 편성했다. 장병에게는 군사훈련의 일부로 전쟁법과 전쟁윤리 교육을 의무적으로 실시하고 있다. 이러한 교육 과정에서는 제네바 협약, 국제 전쟁범죄 사례 연구, 민간인 보호 원칙 등을 다룬다. 특히 베트남전 미라이 학살 사건을 대표적인 사례로 활용해 전쟁범죄 방지 교육을 하고 있다.

실전 훈련에서도 민간인 보호를 고려한 새로운 방식을 도입했다. 기존의 전투 훈련에서는 적군과의 전투를 중심으로 훈련을 진행했다. 그러나 베트남전 이후 실전 모의훈련 과정에서 민간인 보호를 반영한 시뮬레이션을 도입했다. 이를 통해 병사들은 실제 작전에서 적군과 민간인을 구분하고 교전이 불가피한 상황에서도 최소한의 무력 사용을 원칙으로 삼는 훈련을 받고 있다.

델타포스, 네이비실 등 특수부대 장병은 고문 금지, 전투 중 윤리적 판단, 국제 전쟁법 준수 등의 전문 교육을 필수로 이수해야 한다. 또한 불법적인 명령을 받았을 경우 신고할 수 있도록 내부 신고 시스템을 도입했다. 내부고발자 보호법을 적용해 전쟁범죄를 목격한 병사가 상부에 보고했을 때 보호받을 수 있도록 법적 장치를 마련했다.

미군은 전쟁범죄를 예방하기 위해 각 전장의 특성과 작전목적에 맞춰 교전수칙을 구체적으로 마련해 적용한다. 또한 베트남전쟁 방식과 같은 무차별적 폭격이나 대규모 병력 투입 전략은 지양하고 정밀 타격과 부수 피해 방지 등 민간인 피해를 최소화하기 위한 교리를 마련하고 실전에서 구현할 수 있는 능력을 확보하고 있다.

미군의 이러한 개혁 노력은 이후의 여러 전쟁에서 전쟁범죄 감소와 민간인 피해를 크게 줄이는 효과를 가져왔다. 그렇지만 전쟁범죄가 아주 근절된 것은 아니었다. 2005년 이라크 하디타 마을에서 미 해병대 병사들이 민간인 24명(어린이 6명, 여성 4명 포함)을 무차별 사살한 사건과 2010년 아프가니스탄 메이완드 지역에서 미 육군 병사들이 세 명의 민간인을 살해한 후 탈레반 소행으로 위장한 사건 등 미군 병사들의 전쟁범죄가 간헐적으로 보고되고 있다.

미군의 전쟁범죄 예방과 민간인 보호 노력은 현재 진행형이다. 지속적으로 법률, 교육, 교리 개선을 통해 전쟁범죄를 예방하기 위해 노력하고 있다. 그러나 전쟁이라는 극한 상황에서 무력 사용의 완전한 통제가 사실상 어렵다는 한계가 있다.

청산되지 못한 역사가 1980년 광주의 비극을 가져오다

박정희 정부는 베트남전쟁에 대한민국 국군을 파병했다. 1964년부터 1973년까지 약 32만 명의 병력을 파병해 5,000여 명이 전사하고 1만 명이 넘는 부상자가 발생했을 정도로 치열한 전투를 치렀다. 이들의 희생은 국군 현대화와 대한민국 경제발전에 눈부신 기여를 했다.

피아를 구분하기 힘든 베트남전쟁의 특성상 한국군도 전쟁범죄에서 완전히 자유로울 수 없었다. 한국군의 전쟁범죄 실상이 명확히 알려진 것은 없다. 다만 현지 피해자들의 증언과 한국 시민단체들의 활동으로 한국군의 베트남 민간인에 대한 전쟁범죄 의혹이 끊임없이 제기되고 있다. 그중 한 사건을 한국 법원이 사실로 받아들이고 한국 정부의 손해배상 책임을 인정했다.

2025년 1월 17일 서울중앙지법은 베트남 꽝남성 학살 사건의 피해자 응우옌티탄(64세) 씨가 대한민국 정부를 상대로 낸 손해배상 청구 항소심에서 한국 정부가 원고가 요구한 3,000만 100원을 배상하라고 판결했다. 응우옌티탄 씨에 따르면 1968년 2월 베트남 중부 꽝남성 디엔안사읍 퐁넛·퐁니 마을에서 한국 해병 제2연대 1대대 1중대가 자신의 가족과 마을 주민 74명을 학살했다는 것이다. 당시 여덟 살이던 응우옌티탄 씨는 복부에 상처를 입은 채

목숨을 건졌지만 한국군은 모친 등 가족을 살해하고 집을 불태운 뒤 떠났다고 주장했다.

대한민국군은 한국전쟁 이전 혼란기와 한국전쟁 과정에서 수많은 민간인을 학살했지만 1970년대까지 한국 정부나 한국군 수뇌부 누구도 민간인의 대규모 학살 사실을 제대로 돌아보거나 인정하지 않았다. 대한민국 군대는 1970년대까지 일본군 출신들이 중요한 직책에 있었고 군사적 상황에서 민간인의 희생은 불가피하다고 여기는 분위기였을 것이다. 베트남전쟁에서 한국군 일부가 반인도적 행위를 벌였더라도 신경 쓰는 분위기가 아니었을 것이다. 전쟁은 으레 그런 것이라고 치부했을 것이다. 사실을 직시해야 문제점을 발견하고 개선할 수 있다. 하지만 대한민국군은 1980년이 돼서도 무엇이 문제인지조차 알아차리지 못했다.

1979년 12·12군사반란으로 정국의 주도권을 장악한 신군부가 세력을 확장하는 과정에서 광주민주화운동이 발발했다. 1980년 5월 17일 신군부는 계엄령을 전국으로 확대하는 조치를 했다. 이에 반발해 5월 18일 전남대학교 학생들이 비상계엄 철폐, 민주 정부 수립 요구로 시위를 했다. 신군부는 특전 부대를 주축으로 한 계엄군을 광주에 투입해 시위대를 강경 진압했다. 이에 반발한 광주 시민들이 시위에 합류했고 대규모 민주화 운동으로 확대됐다. 이에 계엄군은 이들을 무자비하게 진압했다. 5월 19일 계엄군의 최초 발포로 부상자가 발생했다. 5월 21일 오후에 계엄군은 시민들을 향해 마구잡이로 발포했고 사망자가 속출했다. 시민들도 무기를 들었다. 시민들의 저항이 거세지자 계엄군은 광주 시내에서 물러갔다. 계엄군은 광주시와 외곽 여러 곳에서 체포된 시민과 비무장 학생들을 사살했다. 계엄 투입부대 간 오인사격으로 군인들이 사망하기도 했다. 5월 26일 밤 계엄군이 전차를 앞세워 본격적으로 진압하고 다음 날 새벽 최후의 저항거점인 전남도청을 함락하면서 10일간의 광주민주화운동이 비극으로 마무리됐다. 「5·18민주화운동 진상규명조사위원회 보고서」는 사망 166명, 행방불명 179명, 부상 2,617명으로 밝히고 있다. 군인과 경찰 사망자는 27명이다.

아무리 명령이었다고 하지만 우리 군대는 왜 또다시 국민에게 총구를 들이댔던 것일까? 그때까지 한 번도 청산하지 못한 극단적인 폭력 경험과 기억이 수십 년간 이어져왔기 때문이다. 우리 현대사에는 대한민국 군인이 국민을 해한 일이 너무 많이 있었다. 그 행위의 근원을 일본제국군에게서 배워왔지만 한 가지 배우지 못한 것이 있었다. 일본제국군은 자국민인 일본인은 학살의 대상에서 제외했다. 그러나 우리 군은 자국민도 예외없이 학살했다.

대한민국 군대는 광주민주화운동 이전에 이를 제대로 찾아 반성하거나 재발을 막기 위한 노력을 단 한 번도 기울이지 않았다. 그저 금기 사항으로 감추기 급급했고 기억에서 사라지기만 기다렸다. 집단이 행했던 학살의 경험과 그에 대한 기억은 엄청난 영향력을 발휘한다. 일본제국군이 피점령지 민간인에게 저질렀던 행위는 여수, 순천, 제주, 거창으로 이어졌다. 그리고 베트남을 거쳤다. 집단학살의 경험과 기억은 사라진 듯했으나 빗장이 풀려버리자 또다시 1980년 광주에서 반복되고 말았다.

그렇다면 2025년 현재 대한민국 군대는 그러한 집단학살의 경험과 기억을 완전히 끊어냈을까?

4
전쟁 윤리
: 전쟁범죄는 어떤 경우에도 용납될 수 없다

아픈 과거를 직시해야 현재를 바꿀 수 있다

2024년 12월 3일 야간에 국회로 집결한 계엄군을 보고 1980년의 기억을 떠올리는 사람들이 많았을 것이다. 다행히 젊은 군인들이 달라져 있었고 국민을 대상으로 부당한 지시를 적극적으로 이행하려는 장병들이 없었다.

그렇지만 계엄을 막후에서 조력한 예비역 장군 노 모 씨의 수첩에 기재된 계엄 이행과 관련한 메모 내용은 충격적이었다. 하지만 완전히 새로운 방식은 아니었다. 잔인하지만 어디선가 본 듯한 내용이었다. 옛날 중국인이나 한국인을 학살한 일본군이나 건국 초기 민간인 학살을 주도했던 일부 장교들을 보는 듯했다. 자신의 생각과 다른 사람을 단순히 적으로 생각하고 계엄으로 권력을 잡으면 과거와 같은 방식으로 그들을 해하려 한 것이 분명해 보인다. 그에게는 그 옛날 집단학살의 경험과 기억이 사그라지지 않고 고

스란히 살아 있었던 것이다. 광주민주화운동 이후 45년이 흘렀지만 극소수 군인들의 생각과 신념은 그 옛날 방식을 추종하고 있었다는 것이 놀라웠다.

광주민주화운동이 재평가되고 여기에 기여한 사람들을 국가유공자로 선양한 것이 30년이 넘었다. 국민의 인식은 크게 바뀌었지만 광주민주화운동에 대한 군인들의 생각은 1980년대 언저리에 머물러 있었다. 대한민국군에서 정식으로 당시 광주에서 벌어진 일을 살펴보고 그런 잘못을 다시는 범하지 않을 교훈을 찾기 위해 노력했다는 이야기는 들어보지 못했다.

대신 혹 그때 일을 반성해야 한다는 군인이 있으면 비난했다. 내가 장군이 되고 나서도 선배 장군 중에 공공연히 전투 중에는 민간인 사살이 일어날 수 있는 일이라고 말하는 사람들이 있었다. 또 다른 선배 장군이 광주민주화운동에서 군이 범한 범죄를 사과하는 육군참모총장을 뒤에서 비난하는 것도 들었다. 평소에는 외부에서 보는 눈이 있어 노골적으로 그런 생각을 표현하지 않았지만 그들의 의식 속에는 전투 상황에서 민간인 사살은 충분히 일어날 수 있는 일이라는 생각이 깊게 자리 잡고 있다. 그리고 과거의 일로 군대가 폄훼돼서는 안 된다는 것이다. 자기 생각을 노출한 그 사람들만이 아니다. 사실 현재 적지 않은 대한민국 장군들의 생각이 그런 방향에 가 있다고 봐도 크게 틀리지 않는다.

백번 양보해서 1948년의 제주와 여수, 순천, 1951년의 거창, 1980년의 광주에 혹시 공산주의자가 있었고 이들이 무장해서 군대를 공격했다고 하자. 그렇더라도 작전 과정에 단 한 명의 선량한 국민이라도 군대의 잘못으로 죽임을 당했다면 그 자체로 씻을 수 없는 큰 과오다. 그런데 한 명만이 아니지 않은가? 수백 수천 명이 넘는 국민이 죽임을 당했는데 국민을 보호하려고 군복을 입은 군인이 그 사실을 뼈아파하지 않는다면 그가 진정한 군인일까?

문제는 군이 과거의 일로 비난받아서는 안 된다고 생각하는 많은 군인이 과거의 일들을 백안시하고 아예 들여다보지 않는 데 있다. 외면한다고 해서 사실이 달라지지 않는다. 나와는 무관한 일이라고 생각할지 모른다. 하지만 많은 군인이 어떤 일이 일어났었는지 모르고서 막연히 군대가 전투 상황에서 그렇게 할 수도 있다고 생각하고 있다면 과거의 비극은 언제든 또다시 현실화될 것이다.

일부는 왜 군의 아픈 과거를 들추냐고 생각할 것이다. 그러나 과거는 과거에만 머무르는 것이 아니라 현재를 있게 한 원인이고 자칫 미래를 지배할 수도 있다. 제대로 마주하지 않으면 과거에 지배된 미래를 맞이할 수 있다. 12.3 비상계엄과 그 이후에 벌어진 일련의 사태에서 우리는 그 증거를 보고 있다.

전쟁범죄를 방지해야 제대로 싸울 수 있는 군대가 된다

미군은 베트남전쟁에서 양민을 학살한 사건을 그냥 간과하지 않았다. 그와 같은 전쟁범죄가 전쟁 자체를 실패로 이끌 수 있다는 것을 절감했다. 그리고 재발을 방지하기 위한 다양한 조치를 했다.

흔히들 1973년 베트남전에서 처절하게 실패해 철수한 미군이 20년이 안 된 1991년 걸프전에서 보인 눈부신 변신을 무기와 장비, 전술에서만 찾는다. 사실 가장 큰 미군의 변화는 베트남전쟁에서 만연했던 군기 이완과 전쟁범죄를 근절하고 군 내에서 정의와 올바른 윤리 규범을 세운 것이다. 이는 미군 당국이 군법을 보완하고 법무관 제도를 만들고 전쟁법과 전쟁윤리 교육을 철저히 한 결과였다.

미군과 연합훈련 간 급박한 상황에서도 민간인의 부수 피해를 줄이기 위해 미련스럽게 절차를 밟는 미군을 신기하게 봤던 기억이 있다. 그들은 과거의 뼈아픈 실수를 잊지 않고 또다시 반복하지 않기 위해 법, 제도, 절차를 보완해서 실천하고 있다.

　1980년의 대한민국과 지금의 대한민국 사이에 달라진 것이 있다. 2007년에 '국제형사재판소 관할 범죄의 처벌 등에 관한 법률(국제형사범죄법)'을 제정한 것이다. 이 법에는 무력충돌 시 전쟁범죄, 집단살해, 반인도적 범죄 등을 지시하거나 행한 자를 처벌하도록 명시돼 있다. 하지만 이 법은 우리가 겪어온 아픈 역사를 반성해서 만든 법은 아니다. 법의 명칭에서 알 수 있지만 우리 내부의 필요가 아니라 국제적 요구에 따른 것이다.

　20세기 후반 르완다와 구 유고슬라비아에서 발생한 대규모 인종 학살과 전쟁범죄는 국제 사회에 큰 충격을 주었다. 이에 1998년 이탈리아 로마에서 국제형사재판소에 관한 로마규정을 채택했다. 대한민국은 2002년 로마규정을 비준해 국제형사재판소의 회원국이 됐다. 로마규정은 회원국에 국제형사재판소의 관할 범죄를 국내법에 반영해 처벌할 의무를 부과하고 있다. 이러한 국제적 의무 사항을 이행하기 위해 법무부 주도로 2007년에 제정한 것이 '국제형사재판소 관할 범죄의 처벌 등에 관한 법률'이라는 긴 이름의 법이다.

　대한민국 군인이 자국민에게 범한 과거의 역사를 반성하거나 되짚어 보고 만든 법이 아니다. 군형법과 관련이 없다. 계엄령하에서 무력 충돌이 아닌 경우에 이런 일이 벌어지면 어떻게 적용해야 하는지도 명확하지 않다.

　이번 12.3 비상계엄의 사례를 대한민국군이 헛되이 버리지 않길 바란다. 원인과 과정을 살펴보고 다시는 장군들이, 대한민국 군대가 불법에 동원되지 않도록 법과 제도를 보완해야 한다. 더 나아가 과거 우리 군이 범했던 행위들을 반성하고 반복하지 않기 위한 법과 제도를 정비해야 한다. 대한민국 군인이 비무장한 우리 국민을 대상으로 무기를 사용하면 더 엄중하게 처벌할 수 있는 근거를 마련해야 한다. 대한민국 국군의 사명과 관련된 일이다. 대한민국 군대가 우리 국민을 보호하는 것을 생명처럼 생각하는 군대로 거듭나야 한다.

2022년 2월 말 우크라이나를 침공한 러시아가 우크라이나 수도 키이우 부근의 부차를 점령했다. 2022년 4월 1일 우크라이나군이 반격에 성공해 부차를 탈환했다. 부차를 돌아본 우크라이나군은 아연실색했다. 여기저기에 손이 뒤로 묶인 채 총에 맞아 사망하거나 고문과 폭행 흔적이 있는 시신이 다수 발견된 것이다. 그리고 집단 매장지에서 수십 구의 시신이 발굴됐다. 여성과 어린이를 포함해 최소 400명 이상의 민간인이 러시아군에 살해됐다.

대한민국 군대는 언제든 북한과 전쟁을 할 수도 있는 군대다. 북한군에 단기간 점령된 곳을 회복하거나 북한지역에 진출했을 때 우리 군대는 절대 이런 일을 벌이지 않을 것이라고 단언할 수 있을까? 나는 이런 고민을 30년 넘게 해왔으나 그런 일은 절대 없으리라 자신할 수 없었다. 그런데 이런 일이 실제 일어나고 이것이 대외에 알려진다면 우리 군이 수행할 전쟁의 정당성이 모두 사라질 것이다.

우리 사회 일각에서는 강한 군대를 만들어야 한다며 대적관 교육을 전가의 보도처럼 내세운다. 그러나 대적관 교육이란 것이 자칫 증오심만 과도하게 불러일으키고 무력 사용을 폭주시킬 우려가 없을지 돌아봐야 한다. 그런 군대는 위험하고 전쟁의 승리와도 거리가 멀다.

『손자병법』「화공편」에는 "노이요지怒而撓之 비리교지卑而驕之"라 해 군대가 감정에 휘둘리는 것을 경계하고 있다. 『오자병법』에도

"불가이일노이전不可以―怒而戰"이라 해 감정에 휘둘려 싸우지 말라고 경고하고 있다. 감정의 폭주는 자칫 많은 장병과 민간인을 희생시킬 수 있다.

오히려 지휘관이 자기 부대의 무력을 적절하게 제어할 수 있을 때 전투의 우발적 상황을 통제할 수 있다. 군법과 교전규칙을 명확히 규정하고 그런 수단을 제대로 썼을 때 엄정한 군기를 유지할 수 있다. 군 내 모든 불법적 폭력과 사적제재를 완전히 근절하고 어떠한 상황에서도 공고한 신뢰로써 엄정한 군 기강을 유지해야 한다. 또한 자국민뿐만 아니라 외국 민간인까지 철저히 보호한다는 높은 윤리적, 도덕적 기풍을 명확히 확립해야 한다. 그리고 그와 관련한 법적, 제도적, 절차적 장치를 완전히 갖춰야 한다. 그래야 국민의 절대적이고 무한한 신뢰를 받을 수 있다.

그래야 제대로 전쟁을 수행할 수 있는 군대가 될 것이다.

강군의 조건 4
미래를 준비하는 군대

1
냉정한 직시와 단절
: 과거에서 배우고 미래를 위해 성찰하자

누적된 문제를 해결해야 정상적인 군대가 될 수 있다

지금까지 세 가지 문제를 다루었다. 첫째, 군의 정치적 중립 문제다. 둘째, 군의 전문성과 전쟁 수행 능력의 문제다. 셋째, 군의 내적 기강과 비인도적 무력 사용의 문제다. 전 세계에서 이 세 가지 문제의 가장 모범적인 군대는 미군이다. 우리는 다행히 가장 긴밀하게 미군과 연합작전체제를 구축하고 1년에 두 차례씩 대규모 연합훈련을 한다. 바로 옆에 있는 미군에게 제대로 배우면 된다. 미군을 롤모델로 그들이 어떤 의식을 갖고 어떤 시스템을 갖추고 어떻게 실행하고 있는지를 유심히 관찰해야 한다. 그리고 받아들일 것들은 과감히 수용하면 된다. 선진군대를 배우는 데 엉뚱한 자존심을 앞세울 필요가 없다.

문제해결의 최우선은 우리의 인식을 새롭게 하는 것이다. 사실 그동안 우리 군 스스로 이런 내면의 문제를 애써 외면해왔다. 대한민국군을 이끌었던 군 선배들과 관련한 문제이기도 해서 부담스러웠다. 그러나 정상적인 군대, 선진적인 군대로 가는 길목에서 잘못된 문제를 제대로 짚고 가지 않으면 안 된다. 불편하다고 그냥 외면한다고 해서 저절로 사라질 문제가 아니다. 문제가 누적돼 상황이 더 악화할 수도 있다. 문제의 근본을 들여다보지 않고 표피적 임기응변으로 대응하면 시간이 지나면서 해결 비용과 노력이 과도하게 들어갈 수도 있다. 자칫 해결 방향이 엉뚱한 산으로 갈 수도 있다.

군의 일부 선배로부터 시작된 잘못된 역사와 비정상적인 상태를 현재와 미래의 군인이 그대로 안고 갈 필요가 없다. 대부분 일은 지금의 군인이 군에 입대하기 전이나 어떤 것은 심지어 태어나기도 훨씬 전에 발생한 일이었다. 전훈을 분석하듯 선입관 없이 객관적으로 과거 사실을 철저히 분석해 미래의 교훈으로 삼으면 된다. 그렇게 해서 잘못된 것들을 반복하지 않도록 새로운 시스템을 구축하면 된다. 새로운 기준을 세우고 그 기준대로 미래를 설계하면 된다. 그러면 과거의 역사는 그것이 잘못됐든 잘됐든 미래의 자산이 된다. 그렇게 준비된 미래의 대한민국 군대는 전문성과 효율성은 물론이고 도덕성이 높은 군대가 될 것이다. 국민이 마음 편하게 신뢰하는 군대가 될 것이다.

국민의 온전한 신뢰를 받아 미래로 나아가자

대한민국의 여러 분야가 세계 표준이 될 정도로 발전하고 있다. 더 이상 대한민국 군대만 동떨어져 있으면 안 된다. 대한민국 군대는 모든 면에서 세계 최고, 세계 최강의 수준이 돼야 하고 무엇보다 정의로워야 한다.

우리가 상대할 대상은 북한만이 아니다. 세계에서 군사력이 가장 강하다고 평가되는 미국, 러시아, 중국, 일본 군대가 바로 주변에 있다. 이들과 동맹하고 협력하고 경우에 따라 치열하게 경쟁할 수밖에 없다. 많은 사람이 이스라엘군이 강하다고 하지만 이스라엘군이 상대하는 주변 세력과 대한민국 군대가 상대해야 하는 주변 세력은 그 격이 다르다.

우리 앞에는 과거의 역사 못지않게 피할 수 없는 현재의 사실들이 있다. 대한민국과 대한민국 군대 앞에 놓여 있는 도전들이다. 하나하나가 매우 심각하다. 그 사안들을 슬기롭게 해결하지 않으면 대한민국에 더 큰 위기가 될 것이다.

지금까지 과거와 현재를 이야기했다면 이제는 현재와 미래의 이야기를 하려고 한다. 현재에 대한민국에 이미 닥쳤거나 미래에 닥칠 안보 이슈에 관한 이야기다. 여기에는 분명하고 심각한 위기가 있고 반대로 기회도 존재한다.

미래로 나아가려면 앞서 이야기한 내용들을 함께 해결해야 한다. 정치적 중립을 지키지 못하고 전쟁 수행 능력을 갖추지 못하며 국민에게 정의롭다고 평가받지 못하는 군대는 한 걸음도 앞으로 내디딜 수 없다. 국민이 군대가 가는 길을 온전히 신뢰하지 못할 것이기 때문이다. 국민의 신뢰를 받아야 임무와 역할에만 집중하는 군대가 된다. 신뢰의 힘으로 현상의 본질을 보면서 과감히 변신할 수 있다.

이제 한국군이 당면하고 있는 도전들에 대해 개인적으로 생각해 온 해결책을 제시하고자 한다. 내 생각에 더 나은 생각들이 더해지기를 간절히 기대한다.

2
대한민국 안보 현실
: 만만치 않은 현상과 위기에 직면하다

인구절벽은 대한민국 육군의 절대적 위기이다

2023년에 대한민국에서 출생한 남자아이는 11만 8,000명이다. 이들은 대략 2043년경 군에 복무해야 한다. 현재 육군 기준의 18개월 복무기간에 변화가 없다고 보고 출생한 남아가 100% 문제없이 군에 들어온다면 대한민국 군대 병사 수는 17만 7,000명이다. 연도별로 차이는 있지만 병역 대상자 중 현역 판정 비율은 최대 90% 정도였다. 이를 고려하면 가능한 병사 수는 16만 명 정도다. 간부 수를 18만 명 정도로 추산하면 대한민국 군대 총병력 수는 34만 명 규모가 될 것이다. 『국방백서』에 따르면 2022년 대한민국 군의 병력 규모는 약 50만 명이다. 대한민국 군대 규모가 약 20년 후에 70% 수준으로 줄어든다는 이야기다.

이것은 20년 후에나 닥칠 문제가 아니다. 출생률이 급격하게 줄어든 것은 2010년대 중반부터였다. 따라서 출생률 저하의 영향은 빠르면 당장 2020년대 후반부터 나타나기 시작할 것이다.

국방부는 해군과 공군 규모를 크게 조정할 계획이 없다. 인구 감소의 영향은 육군의 문제다. 2022년 기준으로 해군은 해병대를 포함해 7만 명, 공군은 6만 5,000명 규모다. 인구가 줄어들어도 해군과 공군에 미치는 영향은 제한적이다.

육군 병력은 36만 5,000명이다. 2043년에 예상되는 육군 병력은 20만 명 수준이다. 육군이 56% 수준으로 줄어드는 것이다. 2022년 북한군 육군 병력은 110만 명이다. 북한도 인구 감소에 직면해 있지만 우리만큼 급격하지 않다. 복무기간을 마음대로 조정해서 자신들이 원하는 규모를 맞추기도 한다. 2040년에 한국 육군은 5분의 1 규모로 이들을 상대해야 한다.

해군과 공군 규모에 큰 변화를 주지 않겠다는 국방부의 방향성에 토를 달 생각은 없다. 해군과 공군은 육군보다 효율성이 높은 무기와 장비를 갖추고 있다. 병력 감소가 불가피하다면 그 빈자리를 해군과 공군 전력으로 보완하는 것이 훨씬 더 효율적이다.

한미연합방위체제에 기대어볼 수도 있다. 그러나 앞에서 살펴봤지만 미군은 한반도 유사시 해군이나 공군 전력을 지원하는 것은 몰라도 육군 병력을 지원할 생각은 없다. 이미 지금도 북한 침공 시에 미 지상군 전력의 투입은 장담할 수 없다. 앞으로도 한반도 방어에 미 지상군의 역할이 거의 없을 것이라고 보는 것이 합리적이다. 따라서 인구 감소에 따른 병력자원 부족 문제는 온전히 우리가 해결해야 할 문제다.

우려하는 것은 만약 육군이 전방에서 방어에 실패하면 해군과 공군 전력만으로 대체하거나 회복할 수 없다는 것이다. 북한의 지상군 일부가 전방을 돌파해 수도권으로 밀고 온다면 이를 막고 침탈된 지역을 회복해야 하는 것도 육군의 몫이다. 해군과 공군의 화력은 최전방의 적보다 북한군의 후방이나 내륙의 적을 파괴할 수 있을 뿐이다. 우리 땅을 침략한 적은 육군이 전투를 통해 한 명 한 명 제거해야 한다. 여기에서 실패하면 피해 규모는 급격하게 늘어날 것이고 적들이 우리 국토를 유린할 것이다. 육군의 실패는 국민의 생명과 국가 존망과 직결돼 있다. 인구 감소의 문제는 육군의 문제, 국방의 문제이면서 곧 국가 존망의 문제이기도 하다.

육군 현역 20만 명으로 국가방위 문제를 해결하지 못하면 대한민국의 미래는 없다.

한국 군대의 훈련 수준은 세계 최저수준이다

대한민국 육·해·공군과 해병대에 입대하는 모든 군인은 5주간 기초군사훈련을 받는다. 신병훈련을 받는 병사뿐만 아니라 부사관, 장교도 마찬가지다. 첫 주는 건강검진, 상담, 신상기록 등 행정절차가 진행되므로 훈련은 사실상 4주간 진행된다. 민간인이 입대 후 기초군사훈련을 4~5주간만 하는 군대는 많지 않다. 러시아-우크라이나 전쟁에서 러시아군의 극심한 인명 손실의 원인으로 짧은 기초군사훈련이 주목받았다. 훈련기간이 짧다는 러시아군은 4주간 훈련 후 전선에 투입됐다.

제2차 세계대전에서 독일군은 12주 이상의 기초군사훈련을 받았다. 현대 독일군도 16주간 기초군사훈련을 받는다. 미군은 10주간 기본 교육 후에 군사특기에 따라 고급 개인 훈련을 이수한다. 평균 18주에서 22주간 군사훈련을 이수하고 부대에 배치된다. 입대 후 군사훈련 기간이 가장 긴 군대는 이스라엘군이다. 이스라엘군은 군사특기에 따라 다르지만 6개월에서 8개월간 훈련기간을 거친다.

대한민국 군대의 4~5주간 훈련기간은 세계 모든 군대 중에서 가장 짧다. 물론 우리 군도 군사특기에 따라 2주 정도 후반기 교육을 받기도 한다. 그렇더라도 다른 선진국 군대와 큰 차이가 있다.

교육사령관에 재직할 때 과거 우리 군이 어느 정도 신병훈련을 받았는지 확인해봤다. 창군 이후 계속 4~5주간만 훈련을 시켰는지 알고 싶었다. 보고받은 내용은 한국전쟁 초기는 2주 정도였지만 전쟁이 길어지면서 16주로 늘어났다. 전쟁 이후 1970년대까지는 12주간 훈련을 받았고 1980년대 초에 4주로 줄었다. 2010년대 보충대를 차례로 해체하면서 지금의 5주간 훈련이 정착됐다. 현재 5주간 훈련기간에는 과거 보충대에 머무르던 3박 4일이 통합된 것이다.

사실관계와 훈련기간 변화의 이유와 배경은 더 확인해봐야 한다. 하지만 한국전쟁 기간 신병훈련이 16주까지 늘어난 것은 전쟁하면서 훈련 숙달이 병사의 생명과 직결된다는 것을 절감했기 때문이었을 것이다. 1980년대를 기점으로 신병 훈련기간이 줄어들었다면 당시 해안 경계를 군이 전담하면서 경계병의 소요가 갑자기 늘어난 것과 무관하지 않아 보인다.

대한민국 신병은 짧은 훈련기간을 보내고 대부분 자대로 배치된다. 겨우 경험한 전투기술은 소총 사격술과 수류탄 투척 경험 정도다. 자대에 배치된 신병은 사실상 군대의 모든 것에 무지하다. 무엇하나 자신 있게 할 수 있는 것이 없다. 그냥 어리바리한 사람이 된다. 입대 전 아무리 고등교육을 받고 사회적 지위가 있었어도 소용없다. 한국 군대는 이들을 자대에 배치하고서 선임병에게 도제식으로 나머지 필요한 것을 배우라는 것이다. 하지만 선임병은 신병의 무지를 위계를 세우고 우월적 지위를 확고히 하는 데 사용한다. 그 과정에서 폭력과 사적제재를 가하고 이러한 악습을 대물림하고 있다. 정작 기대하는 선임병의 전투 기술도 제한적이다. 그들도 훈련보다는 사적제재에 휘둘려왔기 때문이다. 개인별, 부대별 편차도 매우 크다. 만성적인 기초군사훈련 부족 문제를 해소하지 않고서는 대한민국 군대가 강해질 수 없다.

내가 사단장 시절에 신병훈련을 마치고 자대로 분류된 병사들을 바로 분대로 편성하지 않고 3~4주간 추가 집체훈련을 시행했다. 자대의 훈련 여건이 좋지 않아 훈련 과제를 단순화했다. 체력과 사격에서 특급을 받는 것만 목표로 하도록 했다. 결과는 고무적이었다. 어리바리한 신병이 없어졌다. 분대로 편성되자마자 자신감 있게 바로 임무 수행이 가능했다. 훈련받은 신병은 바로 위 선임병보다 체력과 사격술이 우수했다. 선임병의 우위가 없어지자 신병이란 이유로 함부로 대하지도 못했다. 여가에 동기생끼리 모여 체력단련을 하는 신병들도 있었다.

과거 한국군의 만성적인 훈련 부족 문제를 해소하고 훈련보다는 병영 내 위계질서 유지에 낭비하는 노력을 줄이고자 몇 가지 방안을 시도하기도 했다. 김태영 국방부장관은 취임하자마자 사단마다 제2훈련대대를 만들었다. 신병훈련 이후 심화교육을 4주간 시키도록 한 것이다. 그러나 김태영 장관의 시도는 1년여 만에 장관이 교체되자 곧 없어졌다. 왜 추가 훈련을 해야 하는지에 대한 공감대가 부족했다.

1990년대와 2010년대 여러 사단에서 적어도 네 차례에 걸쳐 동기생 부대를 편성해서 시험 운영했다. 동기 분대에서 동기 중대까지 다양한 편성을 시도했다. 모두 훈련이나 전투기술 숙달 면에서 크게 개선된 결과를 나타냈다. 병영생활 스트레스 없이 에너지를 훈련에 집중한 결과였다. 그러나 해당 사단장들이 떠나자 곧 없어졌다. 이유는 다양했다. 동기 간에 왕따가 생기거나 자살자가 발생하기도 했고 동기생 중대가 모두 병장이 되자 통제할 간부가 부족한 것도 문제가 됐다. 또는 병영 내 위계질서가 중요하다고 생각한 후임 사단장의 개인적인 신념 때문이었다.

독일군은 중대 단위로 입대해 신병훈련을 받고 자대에 배치된 후에도 중대 단위로 임무를 수행하는 편성이 일반적이다. 18세기부터 시행한 동일 제대 입대제도는 제2차 세계대전을 거치면서 정착했다. 여기에는 분대장부터 중대장까지 중대의 간부체제가 탄탄하게 유지되는 배경이 있다. 필수 구성인원이 거의 빠짐없이 편성된 중대의 간부들은 신병이 입대하면 이들을 함께 훈련시키고 그대로 자대에 데리고 가서 전투와 훈련을 함께 하고 동시에 전역시킨다. 그리고 동시에 신병을 받아 다시 훈련을 시작한다.

훈련기간이 늘어나면 신병에게 다양한 필수 전투기술을 가르쳐 숙달시킬 수 있다. 보병을 예로 들면 개인화기 사격술을 더 고도로 숙달하는 것은 물론이고 다양한 지형에서 다양한 사격 자세를 훈련하는 것도 필수다. 주특기를 떠나 분대에 편성된 모든 화기를 다룰 수 있도록 해야 한다. 전투에 어떤 손실이 있어도 가장 파괴력 높은 화기를 즉각 가용해야 하기 때문이다. 지뢰나 부비트랩을 설치하거나 해체하는 요령도 가르쳐야 한다. 개인 통신장비와 야전 생존술도 필수다. 기초적인 팀 훈련과 전투대형도 숙달해야 한다. 그래야 비로소 전투원이라 할 만하다. 이렇게 숙달하면 자대에서 바로 임무를 수행할 수 있다. 전투가 벌어지더라도 어리바리하다가 자신의 소중한 생명을 잃는 일이 벌어지지 않는다.

상비군과 예비군의 투자와 전력 차이가 크다

상비군常備軍은 국가의 어떠한 비상사태에도 항상 대비할 수 있도록 전시와 평시 항상 준비된 군대를 말한다. 대한민국 군대는 평시부터 상비군을 대규모로 유지해야 한다는 집착이 상대적으로 강하다. 현행작전을 해야 하기 때문이다. 현행작전은 평시에 일어날 수 있는 다양한 군사적 상황에 대비하는 작전이다. 현행작전 중에 가장 소요가 많은 부분이 경계작전이다.

평시에 대규모 상비군을 준비하고 있어야 전쟁이 발발하면 이들을 그대로 투입할 수 있다고 생각한다. 전쟁을 평시의 상비군으로 치러야 한다고 생각한다. 여기에는 1950년 한국전쟁의 경험도 작용했다. 북한 김일성 정권은 1950년 6월 25일 새벽 4시에 선전포고도 없이 기습공격을 해왔다. 국군은 북한의 공격징후를 전혀 포착하지 못했고 무방비로 당했다. 한국전쟁 이후 한미연합군이 함께 한국을 방위하면서도 이러한 트라우마를 극복하지 못하고 있다. 조기경보 능력이 고도로 발달해도 이러한 관념을 바꾸지 못하고 있다. 『국방백서』에 기술돼 있는 대한민국 군대 50만 명 규모는 상비군 규모다.

상비군과 대비되는 개념은 예비군이다. 대한민국은 2023년을 기준으로 270만 명 이상 규모의 예비군이 편성돼 있다. 한국전쟁 이전에 호국군이라는 일종의 예비군이 있었지만 곧 폐지됐다. 현재의 예비군은 1960년대에 만들어졌다. 1961년 11월에 향토예비군 설치법이 제정됐으나 실제 이행은 미루다가 1968년 4월 1일부로 예비군을 창설했다. 그해 1월 21일 일어났던 김신조 등의 청와대 습격 사건이 직접적 계기가 됐다.

예비군은 병사의 경우 현역에서 예비역으로 전역해 8년 동안 의무적으로 편성된다. 이 중 6년은 정기적으로 예비군 훈련을 받아야 한다. 간부는 20년 이내 복무한 경우 전역 후 현역의 계급 정년까지 예비역으로 복무해야 한다. 20년 이상 복무한 사람은 전역해 예비역이 될지 퇴역할지를 선택할 수 있다.

예비군은 동원예비군과 지역예비군으로 구분된다. 동원예비군은 전시가 되면 상비부대에 증원되거나 새로 창설되는 부대에 편성된다. 또는 보충병으로 현역병의 빈자리를 채우는 역할을 한다. 지역예비군은 현역부대에 보충되지 않고 지역방위 임무를 수행한다. 현역부대 소요가 많아지면 지역예비군도 현역부대에 보충될 수 있다.

예비군 제도의 문제는 현역과 예비역의 물자와 장비가 현격한 차이가 난다는 것이다. 예비군에게 주어지는 장비는 소총이 거의 전부다. 그 소총마저 구식 장비다. 한국전쟁 때 쓰던 M-1 개런드 소총이 M-16으로 교체된 것이 10년 정도밖에 되지 않았다. 전시에 창설되는 동원부대에는 전차와 야포도 편제돼 있다. 문제는 이 전차와 야포가 현역부대에서 이미 오래전에 퇴출한 장비라는 데 있다. 현역부대에서 복무하고 전역한 병사가 예비군에 편성돼 가장 먼저 겪는 애로 사항이 듣지도 보지도 못한 장비를 다뤄야 한다는 것이다. 그나마 소총은 적응할지 몰라도 다른 장비는 아예 기초부터 새로 배워야 한다. 이를테면 현역 때 K-9 자주포를 다룬 병사가 예비역이 돼 KH-179 견인포를 다뤄야 한다면 처음부터 다시 배워야 하는 것이다. 계획대로 동원되더라도 전투력을 발휘하는 데 오랜 기간이 소요될 것이다.

예비군 복무기간이 8년으로 정해져 있어 인구 감소에 따라 현역병과 시기 차이는 있지만 예비군도 똑같이 줄어드는 문제가 있다. 한 해에 전역하는 병사가 10만 명 수준으로 줄어들면 간부 예비군을 포함하더라도 전체 예비군도 100만 명 규모를 넘지 못하는 것이다.

현 예비군 제도의 틀이 만들어진 지 30년이 됐다. 인구절벽의 시대에 예비군 제도의 근본부터 다시 살펴보지 않으면 안 된다.

인구 감소에 대비한 신뢰할 만한 대안이 없다

복무인력 감소에 대한 대안으로 가장 많이 언급되는 것이 모병제로 전환하는 것이다. 미군이 모병제를 채택하고 있다고 해서 우리나라도 검토해보자는 것이다. 오랫동안 근무하게 되므로 전문화 측면에서 장점을 이야기하는 사람들이 많다.

몇 년 전 국방부가 설문조사를 한 적이 있다. 모병제로 전환되면 군에 지원하겠느냐는 것이었다. 지원하겠다는 사람이 없지는 않았다. 설문 응답자를 전체 징집 가능 인원으로 산출했을 때 연간 8,000에서 1만 2,000명 정도가 모병 가능하다는 계산이 나왔다. 이들을 5년간 복무시킨다고 하더라도 5만 명 이상 충원이 안 된다. 또 한 가지는 어떤 사람들이 모병에 응할 것인가다. 군을 동경하는 사람도 있겠지만 사회에서 경쟁력이 떨어지는 사람들이 많이 지원할 것이다. 전문성이 높아지는 것이 아니라 전반적으로 병력자원의 질이 떨어질 우려가 크다.

모병제를 채택하고 있는 미군도 비슷한 문제에 봉착해 있다. 미 육군의 모병 책임관은 교육사령관이다. 미군은 오래전부터 지원율이 저하함에 따라 다양한 유인책을 쓰고 있다. 영주권만 있다면 군 복무를 허용하고 군 복무를 하고 나면 미국 시민권을 부여한다. 복무 중이거나 퇴역 후에도 대학 학비를 지원한다. 주거, 의료, 금융 지원 등 파격적인 혜택을 내세워 겨우 충원하고 있다. 그럼에도 병역자원의 전반적인 질적 저하는 가장 큰 고민이다.

인구 규모가 미국에 비할 수 없는 우리나라는 모병제가 대안이 될 수 없다. 인구가 줄어들면 더 어려워질 것이다. 다만 부분적으로 징집병 중에 지원병을 받아 복무기간을 연장하는 방법이 있다. 징모혼합제라 한다. 징병제만의 문제점을 완화할 수 있는 방안이지만 지원 규모가 일정치 않다는 문제가 있다.

두 번째 대안은 군무원 채용 규모를 대폭 늘리는 것이다. 군무원은 군부대에서 군인과 함께 근무하는 특정직 국가 공무원이다. 직접 전투에 참여하는 것을 제외하고 다양한 역할을 할 수 있다. 기존에 현역 병력이 수행하던 일 중 행정, 훈련평가, 일반 기능 업무를 대신할 수 있다. 현역 병력은 전투업무에 집중해 실질적으로 병력 증강의 간접효과를 얻을 수 있다. 얼마 전부터 군무원 채용을 대폭 늘려가고 있는데 예산과 지원 규모가 한정돼 무한정 늘려갈 수는 없다. 지원하는 군무원이 지역적 편차를 보이고 잘 적응하지 못해 퇴직률이 높은 것도 해결해야 할 문제다.

세 번째는 민간 위탁 분야를 확대하는 것이다. 후방지역 시설 경계부터 교육, 식당 급식, 시설 관리 등 군수 지원 업무 중 상당수를 검증된 민간업체에 위탁하는 것이다. 다행히 한국군은 해외 원정작전을 하는 군대가 아니라 대한민국 국토 안에서 작전하는 군대다. 민간 위탁 분야를 조금 더 과감하게 판단할 수 있다. 적과 교전하는 최근접 전투지역은 제한되겠지만 후방의 가까운 장소까지는 보급 등의 임무를 위탁할 수 있을 것이다. 미군은 해외 원정작전 시 미 본토에서 원정 대상 국가까지 군수 수송 업무를 민간업체에 위탁하는 것이 일반적이다.

마지막으로 인공지능, 드론, 로봇으로 병력자원을 대체하는 것이다. 최근 급격히 발전하고 있는 이런 분야가 병사를 대체하리라는 것은 어느 정도 가능성이 있어 보인다. 그러나 아직은 기술이 현실화되는 시기가 유동적이다.

인공지능은 군사작전의 효율을 크게 높일 수 있다. 미국의 팔란티어 같은 회사는 러시아-우크라이나 전쟁을 통해 인공지능이 전장에서 어떤 위력을 발휘하는지 보여줬다. 그러나 인공지능을 완벽히 구현하려면 확실한 통신 기반 체계가 중요하다. 우리는 스타

링크 같은 전천후 통신 기반 체계가 마련돼 있지 않다. 인공지능을 통한 효율성 증대만으로 병력 부족을 어느 정도까지 대체할 수 있을지 확언할 수 없는 것도 문제다. 재래식 군사력에서 러시아군에 크게 뒤지는 우크라이나군이 서방의 무기와 미국 인공지능 시스템을 전폭적으로 지원받았지만 전세를 뒤집지는 못했다.

드론도 러시아-우크라이나 전쟁을 통해 무한한 가능성을 보여줬다. 잘 사용하면 병사의 희생을 줄이는 데 큰 효과가 있는 것은 분명하다. 그러나 드론 사용량을 크게 늘린 우크라이나군이 재래식 전력의 열세를 극복하기에는 한계가 있었다.

로봇의 미래는 더 불투명하다. 언젠가는 자율기동 로봇이 인간의 많은 영역을 대체하리라는 것은 분명해 보인다. 그러나 그 구현 시기가 불분명하다. 교육사령관 시절부터 이 문제를 들여다봤다. 가장 큰 걸림돌은 자연의 다양한 사물의 질감을 식별할 정도의 센서가 없다는 것이었다. 자연환경에서 언덕의 흙의 미끄러움 정도나 물웅덩이와 질퍽한 땅 등을 구분할 수 있는 신뢰할 만한 센서가 아직은 없다. 야지 기동이 어려운 것이다. 당장 도로를 주행하는 자율주행 자동차도 그 개발 시기가 계속 지연되고 있다. 다만 원격조종을 통해 위험한 지역을 로봇이 먼저 들어가서 인간의 희생을 줄이는 용도는 지금도 어느 정도 가능하다.

미국 브루킹스연구소의 군사 전문가 마이클 오핸런 박사는 2024년 육군본부가 주관한 육군력 포럼에서 현재의 주목받는 첨단 기술에서 당장 전쟁의 판도를 바꿀 만한 군사기술이 보이지 않는다고 밝혔다. 러시아-우크라이나 전쟁에서 드론이 주목받고 있지만 사실상 전쟁 양상은 제1차 세계대전 진지전을 방불케 한다는 것이다. 다만 군집 비행 기술 정도를 주목하고 있다고 했다. 첨단 기술이 당장 병력을 대신하는 것은 과한 기대라는 것이다.

인공지능, 드론, 로봇 기술이 언젠가는 작전 효율을 높이고 병사의 희생을 줄이는 효과를 분명히 발휘할 수 있으리라고 본다. 그런데 당장 5년, 10년 안에 불완전한 기술을 완전하게 구현해 병사를 줄일 수 있는 수단으로 현실화될 가능성은 희박해 보인다.

지금 이야기한 대안들을 복합적으로 적용하더라도 예상되는 안보 위협을 모두 대처하기는 어렵다. 더구나 인구절벽의 근본적인 문제해결 방법으로 보기는 무리가 있다.

대한민국은 모든 다양한 안보 위협에 대비해야 한다

국가방위에는 최악의 상황만 있는 것은 아니다. 차악의 상황도 무수히 발생한다. 대부분 상대의 의도와 배경이 있지만 우발적 상황도 배제할 수 없다. 최전방 감시초소가 북한군의 총격을 받을 수 있다. 무장세력이 침투해 전방의 군부대를 공격하거나 후방에서 사회 혼란을 일으킬 수도 있다. 불특정 세력이 우리 국민을 향해 테러를 벌일 수도 있다. 사이버 공격은 지금도 일어나고 있는 현실이다. 위치정보시스템GPS 교란도 수시로 일어나고 있어 어느 날 우리 항공기가 위치정보시스템GPS 교란으로 위험에 처할 수도 있다. 소형 무인기 위협도 언제든 재발할 수 있다.

연평도 포격전과 같이 우리 국토 일부에 북한의 포병 공격이 있을 수 있다. 북한은 지금도 수시로 미사일 발사 시험을 하고 있다. 어느 날 북한의 미사일이 대한민국의 어느 곳을 공격해올 수도 있다. 우리 해군 함정이나 공군 항공기를 공격할 수 있다. 우리를 위협하는 것은 북한만이 아니다. 중국군과 러시아 공군도 수시로 방공식별구역KADIZ을 무단 진입한다. 언제든 영공을 위협할 수도 있다. 중국 해군이 우리 영해를 침범할 수 있다. 일본 순시선이 독도 영해 침범을 시도할 수도 있다.

지금 언급한 것은 전쟁 상황이 아니지만 언제든 일어날 수 있는 군사적 충돌 상황이다. 이 외에 더 심각한 상황이 발생할 수 있다. 북한군이 어느 날 갑자기 항공기로 특정 지역을 폭격할 수 있다. 항공기와 함께 전 전선에서 북한군이 동시에 포병 공격을 해올 수도 있다. 북한군이 가용한 특수부대를 동시에 침투시켜 전방과 후방을 교란할 수 있다. 일부는 국토 최남단까지 침투할 수 있다. 북한군 일부가 우리의 섬이나 전방 특정 지역 점령을 시도할 수도 있다. 북한 잠수함이 후방에 상당한 규모의 무장세력을 투입할 수도 있고 주요 항구 외곽에 기뢰를 설치할 수도 있다. 다량의 미사일과 방사포로 우리 군의 주요 기지와 남한의 주요 도시를 동시에 공격할 수도 있다. 중국이나 러시아 군사력 일부가 북한의 공격에 가담할 수 있다. 최악의 경우 화력 공격이 핵 공격으로 이어질 수도 있다. 별다른 징후 없이 어느 날 갑자기 핵 공격만 시도할 수도 있다. 이와 같이 대규모 지상군을 투입하지 않는 전쟁 수준의 공격 양상을 '비대칭 공격에 의한 전면전쟁'이라고 한다.

그리고 지상과 공중의 화력 공격에 이어 대규모 지상군이 함께 침공할 수도 있다. 이를 비대칭 수단과 대칭적 수단을 동시에 쓴다고 해서 '통합공격에 의한 전면전쟁'이라고 한다. 1950년과 같은 전쟁 양상이다.

전쟁이라고 판단하는 거의 모든 상황에서 연합방위체제가 가동하겠지만 그렇지 않을 수도 있다는 것이 또 다른 문제다. 여러 군사적 상황은 단락단락 개별적으로 벌어질 수도 있지만 동시다발적으로 벌어질 수도 있다. 일련의 연속상황으로 이어질 수도 있다. 무력 충돌 양상의 연속성이다. 이를 '전쟁의 스펙트럼'으로 부를 수 있다. 여기서 전쟁은 전면전쟁만을 의미하는 것이 아니라 '국가와 국가 또는 교전 단체 사이에 무력을 사용해 싸움'이라는 뜻의 사전적 의미로 폭넓은 의미의 전쟁을 의미한다. 스펙트럼은 흔히 빛을 프리즘과 같은 도구로 봤을 때 연속적이고 다양한 색깔로 보이는 것을 말한다. 전쟁도 경우에 따라 스펙트럼처럼 다양한 양상이 존재하고 연속적일 수 있다.

우리나라 인구가 줄어든다고 해서 우리가 맞이할 가능성이 있는 '전쟁의 스펙트럼'이 없어지는 것이 아니다. 우리 군대는 병력이 줄어드는 상황을 맞이하더라도 '전쟁의 스펙트럼' 전체에 대비하지 않으면 안 된다. 대한민국 군대의 숙명이다.

한반도의 가장 큰 위협은 북한의 재래전 능력이다

'전쟁의 스펙트럼' 대부분은 북한군과 연계돼 발생할 가능성이 크다. 북한군은 매우 다양한 군사적 능력을 갖추고 있다. 그것을 다 열거할 필요는 없을 것이다. 다만 그들은 전쟁의 스펙트럼상 거의 모든 도발을 할 충분한 능력을 갖추고 있다.

북한의 재래전 능력의 핵심은 대규모 지상군이다. 『2022년 국방백서』에서 밝힌 북한군 총병력 규모는 128만 명이다. 중국, 인도, 미국 다음으로 많다. 세계 4위의 규모다. 이 중에 육군이 110만 명이다.

북한의 재래전 능력 중에 가장 큰 위협은 포병이다. 북한군 포병 능력은 야포 8,800문, 방사포 5,500여 문이다. 합하면 1만 4,300여 문이다. 방사포의 발사관 수는 다양하지만 평균 10개로 치면 6만 개가 넘는 발사체가 동시에 불을 뿜을 수 있다. 숫자로는 가늠이 잘 안 될 것이다. 러시아가 우크라이나 침공 때 동원한 야포가 4,700여 문이다. 러시아-우크라이나 전선의 길이는 약 1,000킬로미터다. 반면 남북한 사이에 대치하고 있는 전선의 길이는 240킬로미터 정도다. 어림짐작으로도 북한군은 러시아군에 비해 약 12배의 화력을 남한에 집중시킬 수 있는 것이다. 한편 제2차 세계대전을 일으킬 당시 나치 독일군이 보유한 야포는 1만 3,000문 정도였다.

북한군 포병은 비교적 폭이 좁은 한반도에서 세계 역사에서 유례를 찾을 수 없는 압도적 화력밀도를 달성했다. 그들의 포가 명중률이 형편없고 대부분 낡았으며 탄약 불발률이 높다고 하더라도 그 양적 위협은 결코 무시할 수 없다.

북한군의 일부 장사정포를 제외하면 대부분의 야포 사거리는 30킬로미터 정도다. 한국전쟁 직후 북한군 포의 사거리는 10킬로미터 내외였다. 한미연합군은 북한군 야포 사거리를 고려해 '전투지역전단Forward Edge of Battle Area체계'를 구축했다. 흔히 전투지역전단FEBA체계라고 한다. 남한을 석권하고 싶었던 북한은 가장 먼저 전투지역전단FEBA체계를 극복하고 싶었을 것이다. 그래서 수십 년간 노력해 야포 사거리를 크게 늘린 것이다.

한국군 장군 대부분은 아직도 전투지역전단FEBA체계를 신봉하고 있다. 북한군 포병 규모가 세계 최고 수준에 도달했어도, 그들 포의 사거리가 전투지역전단FEBA체계를 한참 넘어섰어도 도통 뒤돌아보지 않는다. 전투지역전단FEBA체계의 위치가 거의 다 노출돼 한미연합훈련에서 매번 10만 명이 넘는 사망자가 발생해도 돌아볼 생각을 하지 못한다. 역대 연합군사령관들이 아무리 심각하게 우려해도 요지부동이다. K-9 자주포와 K-2 전차 등 세계가 열광하는 최고 수준의 무기를 보급해도 전투지역전단FEBA체계에 대한 맹목적 신념을 버리지 못한다. 병력 10만 명은 2023년에 출생한 우리나라 남자아이 숫자와 맞먹는다. 이런 병력을 단 며칠 만에 잃는다고 생각해보자. 국가의 재앙이다.

북한 재래전 능력 중 두 번째로 짚어볼 것은 북한군의 특수전 능력이다. 『2022년 국방백서』에 북한군의 특수작전군을 약 20만 명으로 기술하고 있다. 그러나 이는 조금 과장된 숫자로 보인다. 2000년대 초 북한군이 갑자기 전방 군단 후방 사단을 경보병부대로 만들었다. 일반 정규 보병부대에서 전차, 포병, 지원부대를 빼고 순수 보병만 남긴 것이다. 무기와 장비를 줄여서 경보병부대로 만들었다는 것인데 상식적으로 무기와 장비를 줄인 부대가 전투력이 더 강해진다는 것은 논리에 맞지 않는다. 경보병부대라는 이름에서 오는 착시 현상이다.

경보병부대는 이름에서 보듯 경무장한 부대로 산악지역이나 동굴 같은 특수한 조건에 적합한 부대다. 2000년대 초는 미군이 아프간에서 탈레반과의 전쟁에서 고전을 면치 못했을 때다. 탈레반은 산악 동굴에서 미군의 첨단 공격을 견뎌냈다. 북한이 이런 면에서 착안했을 가능성이 크다. 경보병부대는 특수부대라기보다는 정규부대의 한 가지 유형이라고 봐야 한다. 전방군단의 일반 경보병부대를 빼면 북한의 순수한 특수작전군은 8만 명 규모로 추정한다.

그린베레와 네이비실 등 미군의 특수부대는 세계에서 가장 강한 것으로 정평이 나 있다. 대한민국의 UDT와 특전사도 세계에서 이름난 매우 강력한 특수부대다. 그러나 북한의 특수부대 8만 명을 미군과 우리 군의 특수부대 수준으로 보는 것은 무리가 있다. 미군과 우리 군의 특수부대는 각종 첨단 장비와 공군과 미사일 등 간접화력이 지원된다. 반면 북한 특수부대는 그들이 휴대할 수 있는 무기와 체력이 거의 전부다. 전투력에 한계가 있을 수밖에 없다. 더구나 정규부대와 배합전을 한다고 하는데 정규부대가 격파되면 특수부대 단독 작전도 제한적이다. 유사시 이들이 한국군에게 골치 아픈 존재인 것은 맞는데 그 자체로 전쟁의 승패를 흔들 만한 결정적 전투력이 될 것이라고 평가하는 것은 아무래도 무리가 있다.

북한 재래전 능력 중에는 기계화부대인 전차와 장갑차 부대와 해군과 공군 등도 있으나 이들의 장비는 30년 이상 투자가 거의 이뤄지지 않아 오래된 모델이거나 매우 노후화된 상태다. 이런 무기는 한미연합군의 정보력과 해·공군력에 매우 취약해 사실상 결정적 위협요소로 보기 어렵다.

북한의 핵과 미사일은 심각하고 절대적인 위협이다

북한의 능력 중에 가장 심각한 위협은 북한 핵무기다. 북한의 핵무기는 이미 한반도에서는 현실이 됐다. 한반도 어디든 그들이 마음먹으면 핵탄두가 탑재된 미사일을 발사할 수 있다.

북한의 핵 개발은 1956년 소련과 핵 기술 지원 협정을 체결하고 기초적인 원자력 기술을 도입하면서 시작됐다. 1965년에 소련의 지원을 받아 영변에 연구용 원자로를 가동했다. 1970년대와 1980년대에 북한은 원자로 운영 경험을 바탕으로 핵연료 재처리와 우라늄 농축과 같은 핵무기 개발 기술을 연구했다. 1985년부터 영변에 5메가와트 원자로를 가동해 핵 물질을 생산했다.

1990년대에 들어서면서 북한의 핵 개발은 본격적인 논란의 대상이 됐다. 1992년 북한은 국제원자력기구IAEA의 사찰을 수용했으나 이후 핵연료 재처리 시설과 관련해 의혹이 제기되면서 국제 사회가 강하게 압박했다. 1993년 북한은 핵확산금지조약NPT 탈퇴를 선언하며 핵 개발 의지를 드러냈다. 2003년 공식적으로 핵확산금지조약에서 탈퇴하고 핵 개발을 본격적으로 추진했다. 2006년 10월 첫 번째 핵실험을 실시하며 핵무기 보유국임을 선언했다. 이후 2009년, 2013년, 2016년(2차례), 2017년 등 총 여섯 차례 핵실험을 실시했다. 이 과정에서 북한은 핵탄두의 위력을 높이는 동시에 소형화해 대륙간탄도미사일ICBM에 탑재하는 연구를 해왔다. 여러 연구기관의 의견 차이는 있지만 북한은 현재 대략 100개 내외의 핵탄두를 확보하고 있을 것으로 추정한다.

핵무기는 단순한 보유만으로는 전략적 가치가 제한적이며 목표 지점까지 정확하게 운반할 수 있는 수단이 필수다. 따라서 북한은 1980년대부터 시작한 미사일 기술 개발을 점진적으로 사거리를 늘리고 운반 능력을 높이는 방향으로 발전시켜 왔다.

2000년대 이후 북한은 중거리탄도미사일IRBM과 장거리탄도미사일 개발에 집중하며 미사일 기술을 빠르게 발전시켰다. 이 시기 개발된 대표적인 미사일로는 무수단(BM-25) 미사일이 있다. 무수단 미사일은 사거리 3,000킬로미터 이상으로 괌의 미군 기지를 타격할 수 있는 능력을 갖춘 것으로 추정한다.

2010년대 후반부터 북한은 대륙간탄도미사일 개발에 집중해 핵탄두 운반 능력을 더욱 강화했다. 2017년부터 2021년에 사거리 1만~1만 5,000킬로미터에 이르는 화성-14, 15, 17형 대륙간탄도미사일을 차례로 개발했다. 화성-17형은 세계 최대사거리 대륙간탄도미사일로 평가하기도 한다. 2023년 이후 선보인 화성-18, 19형은 기동성이 우수한 고체연료 대륙간탄도미사일이다.

북한은 핵무기를 미국을 위협하는 수단으로 증명하고 싶어 한다. 화성-14형 이후 북한에서 발사한 미사일이 미 본토에 도달하는 능력은 이미 충분히 확보한 것으로 보인다. 다만 미국까지 대륙간탄도미사일이 날아가려면 일정 거리를 대기권 밖으로 비행해야 한다. 대기권으로 재진입하는 순간 핵탄두가 파괴될 수 있다. 핵탄두가 공중에서 파괴되면 핵무기로서의 위력이 사라진다. 재진입 기술은 아직 증명되지 않았다.

재진입 기술 확보가 여의찮고 설령 기술을 확보한다고 하더라도 미국 미사일방어체계에 요격될 수 있다. 그래서 그들이 또다시 목매는 것은 잠수함 발사 핵미사일이다. 잠수함은 21세기 현재에도 가장 은밀한 기동수단이다. 잠수함으로 미 본토 근처까지 가서 핵미사일을 발사하면 대기권 재진입 기술이 필요 없다. 요격될 가능성도 크게 줄어든다. 이것으로 미국을 위협하고 싶어 한다. 그런데 북한의 재래식 잠수함 기술로 미 본토 근처까지 은밀하게 항해하는 것 또한 여의찮다. 미 본토 공격까지는 아직 북한의 핵 공격 능력이 완전히 현실화되지 않았다.

그러나 한반도에서는 이야기가 다르다. 이미 충분히 남한 전역을 공격할 수 있는 미사일 능력을 갖추고 있고 여기에 핵탄두를 탑재한 기술도 충분하다. 북한의 핵 공격이 미국에는 미래의 위협이지만 한국에는 당장 현재의 위협이다.

미국은 북한의 완전한 비핵화를 이야기한다. 하지만 현실적 접근은 비핵화가 안 되면 최소한 북한의 핵 공격 능력을 현재 수준에서 멈추고 싶어 한다. 지금 수준에서 멈추면 적어도 미 본토에 대한 위협은 되지 않는다고 보는 것이다. 트럼프 행정부가 북한과 직접 대화를 통해 얻고자 하는 것도 그 정도 수준일 것이다. 만약 북한과 미국이 그 정도 수준에서 핵 수준 동결을 합의한다면 문제는 그다음이다.

북한의 미 본토에 대한 직접 공격 위험을 제거했다고 생각하는 미국 정부는 한국에 대한 핵우산 정책을 중요하게 생각하지 않을 수 있다. 또는 핵우산 제공에 대해 우리에게 더 큰 비용 지불을 요구할 수 있다. 그렇다고 우리가 독자적으로 핵 개발을 하는 것은 더 어렵다. 기술적 어려움은 차치하더라도 경제적, 외교적으로 감당하기 벅찬 막대한 비용을 지불해야 할 것이다. 무엇보다 대다수 우리 국민이 현재 대한민국의 국제적 지위를 내려놓아야 하는 것에 동의하기 어려울 것이다. 난감한 딜레마다.

미 본토에 대한 북한의 핵 공격 능력이 완전해지는 것은 우리에게 더 위험하다. 남한에 핵을 사용하면서 미 본토를 핵으로 위협하면 미국의 핵우산이 딜레마에 빠질 수 있다. 자국의 위험을 감수하면서 외국 방위에 핵무기를 쓰기는 쉽지 않을 것이다.

핵을 사용하기로 결심하고 준비하는 북한군을 핵 발사 전에 물리적으로 제거하기는 쉽지 않다. 최선의 방안은 사용할 결심을 하지 못하게 하는 것이다. 핵을 사용하면 자신들도 파멸한다는 것을 명확히 알게 하는 것이다. 핵우산도 그러한 목적의 수단이다. 그러나 언제든지 완벽하게 신뢰할 수 있느냐가 관건이다.

기후와 지형의 변화를 제대로 읽어야 한다

한반도는 여름 기온이 섭씨 영상 40도에 육박한다. 겨울에는 영하 20도를 넘나든다. 기온 편차가 60도가 넘는다. 전쟁을 수행하는 데 이보다 악조건이 없다. 계속 덥거나 계속 추운 지역보다 훨씬 적응하기 어렵다. 여기에 기후변화가 또 다른 변수가 됐다. 여름이 길어지고 겨울은 짧아지고 있다. 겨울의 추위가 수그러드는 것도 아니다. 강수량과 강수일수도 급격하게 늘어나고 있다.

극심한 기후 편차와 기상 변화는 군사작전의 제약 요인이다. 기후는 첨단 장비 가동률에 큰 영향을 미친다. 특히 항공기와 드론 등 공중자산 가동률은 기상의 영향을 직접적으로 받을 수밖에 없다. 적이 공격을 계획한다면 자신들에게 유리하고 한미연합군의 첨단 장비 사용에 불리한 기후조건을 신중하게 선택할 것이다.

한반도의 지형 조건은 한국전쟁 당시와 크게 달라졌다. 특히 남한의 지형은 완전히 달라졌다. 모든 산악지역은 1950년대 민둥산에서 지금은 밀림이 됐다. 1970년대 국가 사업으로 시행한 산림녹화 사업의 놀라운 성과다. 수목으로 꽉 들어찬 산악은 녹음기에 병사들의 시야를 가리고 사격을 어렵게 한다. 또한 겨울과 건조기에는 조그만 불씨에도 산불이 난다. 그 시기에 전쟁이 일어나면 한국의 모든 산은 산불로 뒤덮일 것이다. 적이든 아군이든 산악에 들어갈 수 없다.

도로망도 크게 발달했다. 최전방 일반전초 후방까지 포장된 도로가 거미줄처럼 얽혀 있다. 도로 한두 개를 차단한다고 적이든 아군이든 기동을 막을 수가 없다.

비무장지대의 지형도 크게 바뀌었다. 비무장지대는 70년 넘게 버려진 땅이다. 지질학자들은 땅을 오랫동안 사용하지 않으면 스펀지화된다고 말한다. 지반이 물렁물렁해진다는 것이다. 군단장 시절 전투 실험을 통해 이러한 현상이 사실임을 확인했다. 군사장비를 쉽게 기동할 수 없다. 우크라이나의 뻘밭에 빠진 러시아군 전차를 상상하면 된다. 도로를 새로 뚫지 않으면 북한군 차량, 전차, 자주포 등 기동장비가 비무장지대를 통과할 수 없다. 1953년 정전협정 당시에는 상상하지 못한 변화다. 1950년 북한이 갑자기 기습 남침을 할 수 있었던 것은 비무장지대 같은 극복해야 할 지형적 장애물이 없었기 때문이다. 따라서 북한군이 준비 없이 갑자기 기습 남침을 할 수 없다. 군대를 섣불리 기동해 남침을 시도하다가 비무장지대에서 막히면 한미연합군의 화력에 재앙을 맞이하게 된다.

또 다른 지형적 조건으로 우리나라는 최전방 지역까지 건물 지역이 발달돼 있다. 한국전쟁이 일어났던 75년 전과 달리 모든 건물은 철근과 콘크리트 구조물이다. 전방 지역에서 후방으로 이어진 모든 도로는 군데군데 발달한 건물 지역을 지나간다. 침략군도 건물 지역을 반드시 극복해야 한다. 공격 부대에게 건물 지역과 시가지는 가장 큰 도전 요인이다.

1942년 소련 내륙에서 파죽지세로 동쪽으로 전진하던 나치 독일군은 스탈린그라드에서 발목이 잡혔다. 독일 제6군이 스탈린그라드에서 전멸하고 종국에는 전쟁에 완전히 실패했다. 스탈린그라드는 평지에 있던 도시였다. 그러나 우리나라 전방 지역은 대부분 산악과 건물 지역이 복잡하게 구성된 지형이다. 만약 북한군 기동부대가 운 좋게 비무장지대를 넘었다고 하더라도 후방 종심으로 쉽게 기동할 수 없다.

그러나 이러한 지형적 조건이 유리하게 작용한다고 해도 대한민국 군대가 적절한 규모를 유지해야 전방 지역의 국민을 보호하면서 침략군의 기도를 봉쇄할 수 있다.

반면 북한지역의 도로망은 남한에 비하면 크게 열악하다. 북한군이 열악한 도로망을 이용해 한미연합군의 정보망을 회피하면서 북한 후방에서 전방으로 몰래 기동하기는 사실상 어렵다. 반대로 한미연합군이 반격작전을 개시한다면 북한 도로 상태는 큰 도전 요인일 것이다. 또한 북한은 수십 년간 전방과 내륙 산악지대에 수많은 동굴을 만들었다. 북한군이 산악지대 동굴에 은거할 경우 한미연합군의 반격에 가장 큰 걸림돌이 될 것이다.

지금까지 우리나라와 우리 군 앞에 놓인 여러 가지 사실을 열거했다. 큰 위기요인도 있고 이용할 수 있는 기회요인도 있다. 그 속에서 슬기로운 해결책을 마련하지 못하면 더 큰 위기가 닥쳐올 수 있다.

인구절벽의 위기는 당장 방향을 정하지 못하면 대응할 시기를 놓칠 수 있다. 먼 미래의 문제가 아니다 당장 해결에 나서야 한다. 인공지능이나 드론 등 기술 발전만 믿고 있을 수 없다. 예비군 문제와 훈련 부족 문제도 절박하게 함께 해결해야 한다.

북한군 포병의 위험은 우리 장군들이 작전 개념만 바꾸면 얼마든지 피해를 줄일 수 있다. 북한의 핵과 미사일 위협은 당장 현재의 위험이다. 국가의 생존 차원에서 특단의 대책을 마련하지 않으면 안 된다.

3

미래 안보 위협 대비
: 제대로 준비해 진정한 강군이 되자

전쟁의 스펙트럼에 맞추어 군 구조를 개편하자

'전쟁의 스펙트럼'을 다시 살펴보자. 앞에서 살펴본 '전쟁의 스펙트럼'에서 군이 대응하는 데 대규모 병력이 필요한 시나리오는 단한 가지다. 북한군의 '통합공격에 의한 전면전쟁'이다. 나머지 모든 전쟁 시나리오는 특정 도발 양상에 따른 대응 전력이 필요할 뿐이다. 여기에 기회가 있다.

지금까지 대한민국 군대는 한국전쟁과 같은 통합공격에 의한 전면전쟁 상황에 맞춰 상비군을 유지해왔다. 그러나 지금부터는 다시 생각해야 한다. '전쟁의 스펙트럼', 즉 위협의 양상에 맞춰 군의 구조를 조정해야 한다. 해군과 공군의 규모에 큰 변화가 없을 것이기에 해·공군력을 상수로 20만 명 규모의 육군을 변수로 봐야 한다.

먼저 평시 군의 상비군을 우리 안보에 닥칠 '전쟁의 스펙트럼' 상 위협의 양상에 맞춰 조정하는 것이다. 최전방 감시초소에서의 교전이나 드론 침투, 포격 도발, 사이버 공격 등 국지 도발에 대규모 부대가 필요한 상황이 아니다. 도발 유형에 맞는 전력이 필요할 뿐이다. 전면전의 비대칭 공격도 대규모 지상 병력이 필요한 것이 아니다. 정보력, 방공력, 포병 화력, 미사일, 항공력 등으로 초기 대응이 가능하다. 일부 특수부대의 침투 상황을 고려하면 지상군 기동 타격부대도 필요하다. 이렇듯 예상되는 군사적 상황에 맞춘 꼭 필요한 기능을 갖춰 군의 구조를 다시 설계하면 된다.

핵과 미사일 위협도 그 상황에 맞는 맞춤식 전력으로 대응할 수 있다. 여기에 대규모 부대가 필요한 것이 아니다. 해군력, 공군력, 육군의 미사일 전력 가운데 필요한 능력으로 대응하면 된다.

물론 전쟁을 억제하거나 전쟁 초기에 필요한 필수 전력도 상비군으로 유지해야 한다. 이런 기준으로 20만 명의 육군 병력 대부분을 상비부대로 유지할 것이 아니라 더 최적화해야 한다. 최적화하고 남는 병력은 훈련과 교육에 투입해야 한다. 거꾸로 훈련과 교육 인력을 제외하고 상비군 규모를 맞추는 것도 검토할 수 있다. 필요를 먼저 생각하면 상비군을 될 수 있는 대로 더 많이 갖고 싶어질 수 있기 때문이다.

평시 경계 병력은 필요한 최소한의 규모로 운용해야 한다. 감시초소는 무인화하고 고성능 CCTV, 무인전투차량으로 대신해야 한다. 전투병력은 필요한 최소 규모로 운용해야 한다. 일반전초는 30년 이상된 철책을 훨씬 강한 재질과 구조로 먼저 교체해야 한다. 고성능 CCTV와 레이더, 무인전투차량으로 병력을 절약하고 소수의 기동 전투병력으로 우발적 상황에 대비하면 된다. 해안 경계는 이미 충분한 능력을 갖춘 해양경찰이나 경찰을 증편해 단계적으로 이양해야 한다.

꼭 필요한 평시 상비부대는 가능한 완전 편성을 해야 한다. 지금처럼 대부분의 부대를 감소 편성하고 있다가 전시를 맞아 빈자리에 예비군을 충원하는 방식으로는 전투력 발휘가 불완전하다.

통합공격에 의한 전면전에 대응하려면 대규모 병력이 필요하다. 북한은 100만 명이 넘는 지상군을 투입할 것이기 때문이다. 대규모라 하지만 현재 계획도 한국군이 100만 병력으로 북한군을 맞이하는 것은 아니다. 2022년 기준으로 육군의 현역 병력은 36만 5,000명 수준이다. 여기에 전쟁 개시 전에 긴급히 동원하는 예비군을 증원해 대응한다. 이렇게 증원한 전체 병력 규모는 북한군에 비하면 턱없이 모자란 수준이다. 하지만 여기에 한미 정보력, 압도적인 공군력, 첨단 화력, 빠른 기동 수단 등을 통합해 전투력을 발휘한다. 이러한 구조로 모든 훈련과 시뮬레이션에서 북한군의 통합공격을 단 수일 만에 격멸하고 있다. 다시 말해 지금도 병력 규모만으로 북한군을 상대하고 있는 것이 아니다.

미래에 육군 현역 병력이 20만 명 수준으로 줄어든다고 해도 필요한 병력을 예비군으로 해결한다면 북한의 통합공격을 충분히 방어할 수 있다. 다만 초기에 동원하는 예비군 수가 지금보다 많이 늘어날 것이다. 또한 얼마나 신속히 동원하고 얼마나 빨리 예비군의 전투력이 발휘되도록 하느냐가 관건이다.

따라서 인구절벽에 따른 육군의 병력 부족은 현역만의 문제가 아니라 예비군 동원 문제까지 함께 들여다봐야 하는 것이다. 정리하면 평시 상비군은 전쟁 이전의 위협과 전쟁 초기 비대칭 공격에 맞게 편성을 조정해야 한다. 그리고 통합공격에 의한 전면전쟁은 지금과 미래 모두 상비군에 예비군을 통합한 국가 전체 능력으로 대비해야 하는 것이다.

병력 절약형 기동형 방어 개념으로 바꾸어야 한다

군이 인구절벽에 제대로 대응하기 위해 가장 중요한 것은 지휘관들의 의식 변화다. 모든 군사작전에서 장병의 인명 손실을 최소화하는 것에 최우선 순위를 맞춰야 한다.

한국전쟁 시 2년간의 고지 쟁탈전에서 비롯돼 수십 년간 한국군을 지배해온 "한 치의 땅도 물러설 수 없다."라는 정신 승리를 이제는 접어야 한다. 전쟁이 시작되기 전부터 수십만 명의 병력을 노출된 진지에 우선 배치하는 우를 범해서는 안 된다. 그들이 무방비로 맞이해야 할 것은 인류가 한 번도 경험해보지 못한 수준의 밀도로 공격해오는 북한군의 포병 화력이다. 우매한 장군은 부하들의 목숨값으로 자신의 용맹을 증명하려 한다.

전쟁에서 지형, 땅은 이용하는 것이지 그 자체가 목적이 될 수 없다. 전쟁의 목적은 승리를 통해 국토와 국민을 온전히 지키는 것이다. 적이 일시적으로 우리의 작은 땅을 차지하더라도 그것이 그 적을 격멸하는 데 유리하다면 그러한 방법을 취해야 한다. 무수히 많은 군대가 적을 유인해서 격멸하는 전술을 썼다. 우리도 그러한 방법을 열어둬야 한다.

전투지역전단FEBA이라 불리는 전방의 선형진지는 이미 그 효용을 잃었다. 한국의 산악이 밀림화되고 도로망이 급격하게 발달하면서 고지에서 버티는 진지 사수식 작전 방식은 그 효과가 사실상 사라졌다. 더구나 적은 병력 규모로 취할 수 있는 작전 방식이 아니다.

사실 노출된 진지에 우리 병력을 배치하지 않는 것만으로도, 북한군 화력에 우리 병력이 피해를 보지 않게 하는 조치만으로도 북한의 공격 기도는 실패한다. 북한군은 강력한 화력을 앞세워 한국군 방어부대를 파괴하고 그 틈으로 기동부대를 진출시키는 전술을 취한다. 화력을 쏟아부었는데 한국군의 피해가 없다고 해보자. 뒤에 투입한 북한군 기동부대는 멀쩡한 한국군을 상대해야 한다. 공격 조건이 만들어지지 않는 것이다.

기동부대 투입 전에 화력 효과를 보려면 북한군 포병을 전진시키거나 목표가 될 한국군 부대를 찾아야 한다. 그런데 그들의 앞은 비무장지대 뻘밭이다. 포병 진지를 변경할 수 없다. 우리 군이 병력을 보존하는 것만으로도 북한군의 공격 계획은 크게 틀어진다.

전투지역전단FEBA라는 전방의 선형진지를 이용하지 말라고 해서 우리 땅을 그냥 내주자는 것은 아니다. 앞에서 살폈지만 비무장지대는 이제 거대한 장애물이다. 여름철에는 진창 효과가 더 커질 것이고 겨울철에는 비무장지대 곳곳에서 산불이 발생할 것이다. 비무장지대에 봉착해 어쩌지 못하는 북한군 기동부대를 우수한 정보수단으로 관측하면서 우리의 정밀화력자산으로 충분히 격멸할 수 있다.

한편으로 우리 군이 북한군에 비해 절대적 비교우위에 있는 능력은 대화력전이다. 북한군 포병을 공격하는 것이다. 비무장지대 때문에 북한군 공격이 지연되면 그 시간은 북한군 포병에게 재앙이 될 것이다. 수없이 많은 한미연합훈련에서 대화력전 효과는 충분히 증명됐다. 북한군 포병이 와해되면 화력지원을 받을 수 없는 기동부대 진출도 불가능해진다. 이런 방식을 취할 수 있기에 내가 군단장 재직 시에 우리 군이 더 이상 일반전초를 그냥 포기할 필요가 없다고 이야기한 적이 있다. 그런데 그 후 들리는 이야기는 많은 지휘관이 병력을 무작정 일반전초 라인으로 올리고 있다는 것이었다. 한 치의 땅도 포기하지 않는다는 자신의 강력한 의지를 몸소 보여주겠다는 것이다. 부하들의 희생을 딛고 자신의 용맹함을 증명하려는 이들이다.

운 좋은 북한군이 어찌어찌해 일반전초와 전방 방어선을 통과했다고 하자. 무리하게 북한군 포병 화망 안으로 우리 기동부대를 투입해 막을 필요가 없다. 전방지역 후방 종심에는 건물 지역이 산재해 있다. 그곳 주민을 안전하게 대피시키고 우리 기동부대가 방어지대를 만든다고 해보자. 포병과 공중 지원을 받을 수 없는 북한군 기동부대는 건물 지역을 극복할 힘을 발휘할 수 없다.

북한군 경보병부대, 특수부대가 산악으로 침투해 내려올 수도 있다. 겨울철에 이들은 추위와 함께 비무장지대와 남한 산악지대의 산불에서 살아남아야 한다. 녹음기라면 생존 기간이 길어질 수는 있겠으나 한국군의 헬기, 드론에 이은 화력 공격을 받아야 한다. 애초 의도는 배합전일 것이나 비무장지대 전방 곳곳에서 기동부대가 와해되면 배합전은 물 건너가고 스스로 전투력을 발휘하기조차 어렵다. 이들은 작전이 아니라 그냥 살아남는 데 집중해야 할 것이다.

이런 식의 방어작전을 기동식 방어작전이라 할 수 있다. 지금까지 지역에 얽매인 방어 개념을 탈피하는 것이다. 이러한 기동식 방어 개념은 작전을 매우 유연하게 해야 한다. 북한군의 공격 양상을 끊임없이 관측하면서 그때그때 상황에 맞게 기동부대와 화력부대를 움직여 대응해야 한다. 따라서 한국 육군의 모든 부대는 기동화가 필수다.

역사적으로 적은 병력으로 강력한 전투력을 발휘한 군대는 하나같이 우수한 기동력을 갖춘 군대였다. 10만의 병력으로 유럽과 아시아를 석권한 칭기즈칸의 몽골군이 그랬고 5만의 병력으로 명나라를 멸망시키고 중국을 차지한 후금군이 그랬다. 우리 육군도 100만 북한군에 대응하기 위해 100% 기동화를 추구해야 한다. 부대 유형에 따라 전차, 장갑차, 전술차량, 기동헬기를 기본으로 편제해야 한다. 세계 군대 중에 현재의 우리 육군같이 두 발로 기동하는 군대는 없다. 강과 하천을 도하장비 없이 기동할 수 있는 장비가 있다면 더욱 좋다.

군은 후방지역 곳곳에 잠재적인 단계별 FEBA 방어선을 지정하고 군사보호구역으로 설정해놓고 있다. 기대 효과에 비해 큰 효용이 없는 조치다. 애먼 국민의 권리만 제약하고 있다. 과감히 정리해야 한다.

예비군을 상비군 수준으로 변신시켜야 한다

전시에 소수의 상비군에 예비군을 동원한 대규모 군대로 전환하기 위해서는 몇 가지 조건이 선행돼야 한다.

첫 번째는 북한의 공격징후를 가능한 한 빨리 식별해야 한다. 한미연합군은 북한군의 전면전 공격징후를 포착할 수 있는 여유시간을 수 시간에서 수일로 본다. 수 시간은 비대칭 공격의 경우이고 수일은 통합공격의 경우다. 통합공격을 위해 북한군도 여러 가지를 준비하지 않으면 안 된다. 병력을 끌어모아야 하고 장비를 재배치해야 한다. 탄약을 옮기고 장비에 기름을 채워야 한다. 전쟁 준비를 제대로 하지 않으면 공격을 시작하자마자 스스로 무너진다. 이런 북한군의 움직임은 한미연합군의 정보자산에 노출될 수밖에 없다. 관건은 얼마나 빨리 그것을 포착하느냐다. 빠를수록 예비군 동원에 여유가 생긴다. 이미 지금도 한미연합군은 비교적 충분한 시간에 북한군의 공격징후를 포착해낸다. 앞으로는 한국군이 자체 식별 능력을 더 확보해야 한다.

비무장지대 장애물화는 이런 면에서도 유리하다. 북한군이 통합공격을 예상보다 빨리 시작하더라도 비무장지대 극복에 많은 시간을 소모할 수밖에 없을 것이기 때문이다. 그 시간은 우리에게 예비군 동원의 숨통을 틔워줄 것이다.

두 번째는 예비군을 가능한 최단 시간 안에 동원해 조기에 상비군과 통합하는 것이다. 이를 위해 동원예비군의 물자와 장비를 현역과 동일한 제품으로 준비해둬야 한다. 앞으로는 전시에 현역상비군만 싸우는 것이 아니라 동원예비군도 똑같은 임무로 투입해야 한다. 전시에 동원예비군도 그냥 현역이다. 물자와 장비가 동일해야 하는 것은 당연하다. 또한 그래야 동원예비군이 새로운 장비에 숙달할 필요가 없다. 현역 때 이미 숙달했기 때문이다.

이렇게 되려면 현재의 예비군 유지 예산으로는 어림없다. 전시에 사용할 장비 비축 개념도 바뀌어야 한다. 전차부대와 장갑차부대, 자주포 등 장비 위주 부대도 일부는 동원예비군 부대로 전시에 확장하는 것을 고려해야 한다. 따라서 K-9 자주포, K-2 전차 등 최신 장비도 전시 부대 확장 개념으로 비축해야 한다. 신형 장비를 전력화할 때 소요는 전시 기준으로 맞추고 상비부대 편제용과 전시 비축용으로 구분해서 보급해야 한다. 이런 개념이 정착되면 상비군이 주기적으로 편제장비와 비축장비를 순환해서 사용하는 것도 고려할 수 있다.

세 번째는 현역 수준으로 정예화할 필수 예비군 소요를 찾아내야 한다. 예비군의 물자와 장비 수준을 현역과 같은 기준으로 하더라도 전체 예비군을 그렇게 할 수 없다. 예산이 너무 많이 들 것이다.

국방개혁비서관 시절에 필수 예비군 소요를 산출하려고 시도했다. 예비군 관련 기관들을 다 끌어모아 토론했으나 국방부 동원국, 육본 동참부, 육군 동원전력사령부가 할 수 있는 일이 아니었다. 작전부서가 해야 할 일이었다. 합참 작전본부와 육군 정작부, 무엇보다 지작사 작전부에서 적극적으로 나서야 했다. 그러나 전쟁 기획 능력이 없는 한국군 장군들이 모두 손을 들었다. 병력 소모 방식의 현 작전 개념을 먼저 바꾸기 전에는 어렵다는 결론을 얻었다.

네 번째는 예비군 훈련과 자원 관리 개념을 완전히 바꿀 필요가 있다. 예비군 훈련은 개인 전투력 수준에 따라 차등 적용하는 개념으로 전환해야 한다. 현역 시절의 체력, 주특기 등 숙달 정도가 높은 사람은 예비군 훈련을 줄이거나 면제한다. 혹시 사용 장비를 신형으로 교체하면 그때만 소집해 신형 장비를 숙달하는 방식으로 개선하는 것이다. 현역 시절에 봐왔던 2박 3일 동안 예비군 훈련은 매우 비효율적이다. 전면적인 재검토가 필요하다. 현재의 제도 중에 대학생은 예비군 훈련을 면제하고 있다. 1970년대 대학생이 적을 때 만든 제도인데 아직 개선하지 못하고 있다. 이참에 모든 예비군을 대학생 기준에 맞추되 대신 꼭 필요할 때만 소집하는 방식으로 바꾸는 것이다.

인공지능을 접목하면 더 효율적으로 맞춤식 예비군 관리가 가능할 것이다. 동원 지정도 주특기, 출신 부대, 거주지, 능력 등의 조건을 입력해 최적화할 수 있을 것이다. 전체 소집훈련이 적어지면 소집하는 예비군의 금전적 보당도 더 현실적이게 될 것이다.

인터넷 동영상에는 아직 1992년 LA 폭동 때 한인 타운을 지키던 예비군 출신 한인들의 모습이 공유되고 있다. 한번 제대로 숙달한 전투기술은 수십 년간 사라지지 않는다. 예비군 소집훈련에 집착할 필요가 없는 이유다.

마지막으로 현재 8년으로 규정한 예비군 편성기간을 유연하게 늘릴 법적 장치도 마련해야 한다. 예비군 훈련 부담을 줄이면서 예비군 동원 기간은 늘리는 것이다. 그러면서 의무가 늘어나는 국민에 대한 보상 방안을 고민해야 한다.

물자 동원, 시설 동원 계획도 근본적 개선이 필요하다. 현재는 예비군 인력 동원 규모가 줄어들면 여타 동원 계획도 제약받는 구조다. 전시 조달 개념을 21세기 대한민국의 역량에 맞추는 것과 더불어 발전한 민간 기업의 능력을 유사시 어떻게 활용할 것인가를 고민해야 한다.

경계하는 군대에서 훈련에 몰입하는 군대로 바꾸자

대한민국 군대를 경계작전이나 현행작전에 집착하는 군대에서 훈련에 몰입하는 군대로 완전히 바꿔야 한다.

현재 입대 초기 5주간의 기초군사훈련은 최소한 12주 이상으로 늘려야 한다. 기초군사훈련을 받으면 추가적인 기본 훈련이 필요 없도록 해야 한다. 체력 훈련은 단체훈련만 고집할 것이 아니라 시간을 갖고 개인 수준에 맞춰 과학적이고 체계적으로 향상시켜야 한다. 지금까지의 막무가내식 체력 단련으로 적지 않은 부상자가 발생했다. 12주 기간이 끝나면 대부분 전투 체력이 완성돼야 한다.

소총과 권총(미래에는 병사에게도 권총을 필수로 줘야 한다), 수류탄은 기본이고 분대 기관총과 유탄발사기도 모두 다룰 수 있어야 한다. 지형 조건에 맞춘 응용사격 자세나 단체 전투사격도 숙달해야 한다. 지뢰와 부비트랩 설치와 해체도 전시에 장병의 생명과 직결된다. 다양한 지형과 장애물 극복 요령, 야전 생존 기술도 전투원에게는 필수 훈련이다. 극기 훈련도 필요하다면 도입해야 한다. 대한민국 군대에서 더 이상 어리바리한 신병은 없어야 한다.

여기에 통신, 드론, 무인전투차량, 저격수, 박격포, 야포, 전차와 장갑차 조종, 다련장포, 미사일, 특수전 등 별도 훈련이 필요한 전투기술은 개인 희망과 능력, 전투 기능의 특성을 고려해 추가로 훈련해야 한다. 병사들 간 도제식 교육으로 전투력을 키울 수 있다는 착각에서 벗어나야 한다.

기초군사훈련으로 신병의 전투 능력을 향상하면 현역 부대가 강해진다. 물론 예비군도 막강해진다. 훈련으로 이어진 현역 복무를 마치고 전역하면 예비군을 소집해서 훈련해야 할 필요성도 낮아진다. 개인 전투력 수준별로 맞춤식 관리를 하면 된다.

이렇게 하기 위해서는 신병용 숙소, 훈련 교관이나 조교 등이 더 필요하다. 현재 대규모 상비군을 운영한다는 개념에서는 불가능하다. 병력 규모가 줄어들면 더 압박받을 수 있다. 그래서 필수 상비부대를 염출해야 한다. 예를 들어 현 보병사단의 3개 보병여단에서 2개 보병여단은 상비부대로, 1개 보병여단은 아예 훈련여단으로 개념을 바꾸는 방법이 있다. 개인적으로 보병사단에 완전한 전투력을 갖춘 1개 보병여단이면 상비병력으로 충분하다는 생각이다. 화력여단도 1~2개 대대만 전투대대로 편성하면 된다. 나머지는 훈련에 몰입하는 것이다. 소수 상비부대는 숙달한 전투원으로 완전 편성해 역시 팀 훈련, 부대 훈련, 전술 훈련에 매진하면서 상황이 발생하면 실제 작전에 투입되면 된다.

전투 전문화를 실현하면 신병을 동기별로 집단보충을 하거나 개별보충을 해서 부대의 위계를 유지하는 것은 더 이상 중요하지 않다.

부사관과 장교에 대한 교육에도 더 투자해야 한다. 국가에 따라 다르지만 임관 후 2년간 장교와 부사관 초임 교육을 하는 군대도 많다. 1년간 중간 보수교육을 하기도 한다. 대한민국 군대는 자대에 자리가 많이 빈다고 교육기간을 계속 줄여왔다. 이 역시 현행작전을 위한 대규모 상비군 유지에 따른 부작용이다. 부사관과 장교의 능력을 키우려면 교육에 투자해야 한다. 상비부대를 줄이고 부수 인력을 확보해 부사관과 장교를 우수하게 만들어야 한다.

대한민국 장군들에게도 교육은 인색하다. 충분한 경험을 쌓았으니 교육이 필요 없다고 생각한다. 착각이다. 개인 수준과 역량이 천차만별이다. 세계 도처에서 수많은 실전 경험을 쌓은 미군은 장군 진급을 하면 다양한 교육을 받아야 한다. 미 국방부에서 6주간 시행하는 '캡스톤Capstone' 프로그램은 장성으로 최초 진급하는 육·해·공군 모든 이들이 대상이다. '피너클Pinnacle' 프로그램은 4성 진급 장군을 대상으로 1주간 시행한다. 미 육군은 진급 장군을 대상으로 계급별로 육군전략교육프로그램ASEP, Army Strategic Education Program을 시행한다. 해군, 공군, 해병대, 우주군 등 모든 군종에서 장성 교육 프로그램을 진행한다. 우리도 당연히 해야 한다.

군대가 제대로 훈련할 수 있는 별도 훈련장도 더 만들어야 한다. 인구 밀도가 높은 지역에서 실제병력을 투입한 훈련을 해봐야 효과가 없다. 행정조치와 전투조치가 뒤섞여 부작용이 더 크다.

대대장 시절에 부대를 이끌고 강원도 인제의 야지 훈련장을 찾은 적이 있었다. 우리 부대가 보병부대에서 기계화부대로 새로 만들어진 지 얼마 되지 않은 때였다. 기계화부대인 수도기계화보병사단에서 오랫동안 근무하다가 우리 부대로 편성된 숙달된 장병들도 많았다. 그런데 벌판 한복판에서 엔진 굉음을 울리며 앞뒤로 왔다 갔다 하는 전차를 발견했다. 가까이 가서 물어보니 수기사에서 진지 변환 훈련을 그렇게 했다는 것이다. 건물이 많은 지역에서 어쩔 수 없이 했던 행정조치를 실제 전투 행동으로 착각한 것이다. 훈련장이 없으면 값비싼 첨단 장비를 갖고도 제대로 훈련할 수 없다. 행정조치와 실전을 혼동할 수 있다.

지방의 인구 소멸 지역에 영구 훈련장을 확보해 군과 지역 주민이 상생하는 방안 등을 찾아야 한다. 교육과 훈련에 투자하면 상비군 규모와 상관없이 군은 분명히 훨씬 더 강해질 것이다. 필요하다면 교육훈련을 보장하기 위한 법이라도 제정해야 한다.

한국형 재래식 핵 억지력 확보가 충분히 가능하다

현재는 물론이고 미래에 한반도에 가장 치명적인 위협은 북한의 핵 능력일 것이다. 북한의 핵 능력이 아직 미완성이라는 것은 헛된 기대다. 핵 능력이 완성되지 않은 것은 미 본토에 대한 직접 공격 능력이고 남한 전 지역에 대한 핵 공격 능력은 오래전에 완성됐다.

첫 번째 대책은 핵 사용 의지를 꺾는 것이다. 핵을 사용하면 자신들도 망한다는 것을 명확히 인식시켜야 한다. 핵무기는 핵무기로 억지한다는 것이 일반적이다. 서로에 대한 공포심으로 힘의 균형을 유지하는 것이다. 우리가 스스로 핵무기를 개발해 보유한다든가 동맹국의 핵 능력에 기대는 것이다. 동맹국 미국의 핵 능력에 기대는 것이 핵우산이다.

우리가 자체 핵무기를 개발하는 것은 기간이 문제이지 기술적으로는 가능할 수 있다. 다만 핵 확산을 절대 원하지 않는 유엔 안보리 상임이사국의 강력한 견제와 맞닥뜨려야 한다. 5개 상임이사국은 제2차 세계대전의 승전국이자 세계에서 가장 먼저 핵무기를 개발한 공식 핵보유국이다. 부침은 있지만 공동의 이익을 공유하고 있다. 트럼프 행정부가 어찌 허용할 거라는 기대는 사실상 가능성이 거의 없어 보인다. 추가로 핵보유국을 늘린다는 것은 트럼프 행정부를 넘어 미국의 핵심 이익에 저촉되기 때문이다. 세계의 견제를 받아가며 핵을 개발한다는 것은 무역으로 경제를 지탱하는 우리나라가 감당하기 어려운 도전이다.

미국이 우리에게 핵 개발을 허용한다면 일본과 대만도 가만히 앉아 있지는 않을 것이다. 동북아에 핵보유국이 늘어나는 것은 한반도에 또 다른 잠재적 안보 위험이 증가하는 것이다.

미국의 핵우산은 끊임없이 그 실효성에 의문이 제기된다. 우리의 의지가 아니라 미국의 의지에 기대는 것이어서 그렇다. 미 본토에 대한 북한의 핵 공격 능력 확보는 또 다른 변수다. 미국의 안보 상황의 어떠한 변화에도, 미 행정부가 계속 바뀌어도 핵우산이 흔들리지 않도록 하는 것이 관건이다. 우리 외교 역량을 집중해야 할 일이다.

핵이 아니라 재래식 능력으로 북한의 핵 억지력을 갖는 방법은 없는 것일까? 핵 억지력은 우리의 공격 능력에 대해 북한 지도부가 공포심을 가져야 실현될 수 있다.

2024년 국군의날에 우리의 현무-4, 현무-5 미사일을 공개했다. 세계에서 가장 강력한 미사일이다. 게다가 우리 미사일은 수 미터 이내의 최고 정밀도를 자랑한다. 표적만 선택하면 그 표적에 정확한 타격이 가능하다. 당연히 북한 전역을 사정거리로 한다.

2024년 9월 27일 이스라엘군은 헤즈볼라 본부에 JDAM 수 발을 수초 간격으로 연속 발사해 지하 벙커에 있던 헤즈볼라 지도부를 살상했다. 우리의 현무 미사일은 JDAM 이상의 정밀도를 자랑한다. 현무-4, 5 미사일 두세 발을 연속으로 한곳에 집중 공격하면 지하 수백 미터도 뚫고 내려갈 수 있다. 지하의 밀폐된 벙커는 기압 압축 현상으로 미사일의 폭발 효과가 극대화된다. 직격하지 못하더라도 반경 수 킬로미터 이내에 연결된 지하 시설을 동시에 파괴할 수 있다. 지하가 뚫리면 지상보다 훨씬 더 위험하다.

현무-5 미사일이 핵무기보다 위력이 떨어지는 것은 사실이다. 핵무기는 도시를 공격해 동시에 수많은 생명을 무차별로 살상하는 무기다. 그래서 인류 역사상 가장 비인도적인 무기라고 한다.

정상적인 정부라면 상대의 핵 공격으로 도시가 파괴돼 대규모 국민이 살상되는 것을 두려워한다. 그래서 자신이 갖고 있는 핵무기를 섣불리 사용하지 못하는 것이다. 하지만 북한은 독재정권이다. 정권의 생존이 가장 큰 가치다. 평양에 핵무기가 떨어진다 하더라도 정권에 직접적인 타격이 없다면 항복하지 않을 가능성이 있다. 평양 파괴 위협으로 북한의 핵 위협이 억지된다고 단정할 수 없는 것이다. 그렇다면 우리가 굳이 평양을 파괴할 필요가 없다. 수많은 민간인을 살상할 이유가 없다.

북한 전쟁지도부와 군사지도부를 확실히 파괴할 능력을 갖추면 된다. 그래서 북한 지도부를 두렵게 해야 한다. 현무-4, 5 미사일과 우수한 정보 획득 능력, 표적 개발로 북한 전쟁지도부 파괴의 가능성을 극도로 높이면 된다. 나날이 발전하고 있는 인공지능을 활용하면 그 실효성이 크게 증가할 것이다. 북한 전쟁지도부는 북한을 벗어나지 못할 것이다. 미사일 방어 능력이 거의 없는 북한에서 숨을 곳도, 대피할 방법도 없다.

우리는 현무-5를 수백 발 가질 수 있다. 아무런 국제적 제재도 받지 않는다. 북한이 위치정보시스템GPS 교란으로 우리 미사일의 정확도를 떨어뜨리려 하겠지만 항 위치정보시스템GPS 교란 방지 기술로 쉽게 극복할 수 있다.

우리 군은 이미 충분한 능력을 갖추고 있다. 다만 재래식 억지전략을 명확히 해야 한다. 실행 작전계획도 마련해야 한다. 맹목적 비밀주의에 묶여 우리 능력을 무조건 감추는 것이 능사가 아니다. 억지력은 상대가 우리의 공격 능력을 두려워해야 발휘된다. 꼭 감춰야 할 것은 비밀로 유지하되 어떻게 그들이 우리의 실제 능력을 두려워하도록 만들지를 고민해야 한다. 그리고 국민이 북한의 핵위협에 과도한 불안감을 갖지 않도록 해야 한다.

북한은 핵무기 다종화를 이야기한다. 전략적 수준이 아니라 전술적 수준의 핵무기도 많이 만들었다는 것이다. 미국이 아니라 정확히 남한을 위협하는 것이다. 그러나 어떠한 핵무기도 전술적일 수 없다. 아무리 위력이 낮더라도 핵무기다. 핵무기는 반드시 응징 보복에 직면한다. 우리의 재래식 공격이든 미국의 핵우산에 의한 공격이든 감수해야 한다. 작은 위력의 핵무기로 작은 효과를 얻을 수 있을지 모르겠지만 정권의 생존을 걸어야 한다. 러시아-우크라이나 전쟁에서 러시아가 작은 위력의 핵 능력이 없어서 안 쓴 것이 아니다. 그 파급이 어디까지 미칠지 모르기 때문에 두려워 쓰지 못한 것이다.

우리의 미사일 방어 능력은 세계 최고 수준이다. 미국과 이스라엘에 비견된다. 국토가 넓은 미국에 비해 미사일 방어망이 더 촘촘하다. 한국이 자체 개발한 M-SAM, L-SAM은 세계에서 그 우수성을 인정받고 있다. 미사일 방어망은 북한이 핵미사일을 발사하더라도 실패할 확률을 높인다.

2010년대 중반 사우디군은 수년에 걸쳐 공격해오는 예멘 반군의 이란산 탄도미사일 수백 발을 미국산 패트리어트 미사일로 100% 요격했다. 당시 사우디군 방공사령관을 시간이 지난 후에 만나본 적이 있는데 그 성공에 고무돼 있었다. 최근 사우디군이 도입을 결정한 방공요격체계가 한국 방공미사일이다.

북한이 혹시 핵미사일을 발사하더라도 한국군의 미사일방어체계로 대부분 요격될 것이다. 북한이 핵을 섣불리 사용했다가는 그 효과는 보지 못하고 응징보복에 직면할 가능성이 높다. 한국 공군이 보유한 F-35 스텔스 전투기는 북한이 미사일을 발사하기 전에 제거할 수도 있다. 스텔스 무인기를 도입한다면 그 가능성은 훨씬 커진다.

이렇게 북한의 핵 위협에 대비한 대한민국 자체 억지력은 이미 상당한 수준에 와 있다. 이를 우리 스스로 잘 체계화해서 정리하면 된다. 인구절벽에 지장받을 이유도 없다.

물론 이외에도 다양한 국방 이슈들이 존재한다. 중국, 러시아 군용기의 한국방공식별구역 진입, 해군 함정의 배타적 경제수역EEZ 진입 이슈도 있다. 유사시 이들 군대와 더 심각한 경쟁도 대비해야 한다. 일본도 마냥 안심할 수 없다. 이에 대해 이야기할 것도 있었으나 현 추세대로 해·공군력과 미사일 능력이 발전한다면 대응이 가능할 것으로 보고 다루지 않았다. 그러다 보니 주로 육군 이슈 위주로 이야기하게 됐다.

개인적으로 급하고 중요하다고 생각하는 것들을 우선 선별해서 생각을 밝힌 것이다. 무기에 대한 이슈도 많지만 우리의 외적 군사적 능력은 이미 세계적이다. 준비하고 있는 다른 책에서 충분히 이야기할 것이다.

우리 앞에 놓인 도전 요인이 많지만 방향을 잘 잡으면 큰 무리 없이 극복할 수 있다. 다만 우리의 고정 관념과 경로의존성을 극복하는 것이 가장 관건이다. 대한민국 군대가 현실 안주에서 깨어나길 바란다.

후기

30년간의 고민이 군 변화의 씨앗이 되기를 바란다

1993년 11사단에서 중대장을 시작했다. 당시에는 11사단이 한국전쟁 때 무슨 일을 했는지 관심도 없었다. 그런데 고민이 하나 생겼다. 중대에 구타와 폭력이 난무했다. 우리 중대가 왜 이럴까? 병사들의 면면을 보면 80% 가까이가 대학을 다니거나 졸업한 사람들이었다. 이렇게 수준 높은 사람들이 왜 신병 때는 어리바리하고 고참병이 되면 폭력을 행사하게 되는 것일까? 높은 수준의 자질을 그대로 전투력으로 만들 방법은 없는 것일까?

때로는 엄하게 때로는 설득하면서 중대 분위기를 바꿔보려고 노력했다. 고참병 일부의 불합리한 강요가 먹히지 않도록, 자율과 책임의 중요성을 알도록 노력했다. 토론 분위기를 이끌어 후임병의 목소리가 드러나도록 했다. 다행히 분대장들이 호응했다. 전입한 지 며칠 안 된 신병이 TV 채널을 바꾸자고 말했는데 상병이 무심하게 채널을 돌리는 것을 우연히 봤다. 중대가 바뀌고 있었다.

신뢰가 생기니까 작업을 하든 훈련을 하든 다른 중대와 차이가 났다. 어느 휴일에 내무반을 돌아보다가 공용화기 교범을 꺼내놓고 공부하고 있는 병사를 발견했다. 휴일인데 교범을 왜 보냐고 물었다. 내일 휴가를 가는 사수를 대신해야 해서 공부한다는 것이었다. 그러면서 중대장이 괜한 참견을 하느냐며 시큰둥해했다. 그는 자신이 당연한 일을 한다고 생각하고 있었다. 그 병사에게 별다른 상을 주지 않았다. 30년도 더 전의 일이다. 그때도 지금도 대한민국 병사의 기본 자질이 이 정도 수준이다. 대한민국 군대가 이들을 제대로 활용하지 못하고 있을 뿐이다.

나는 그때부터 강한 군대의 본질이 무엇인지, 대한민국 군대의 잘못된 관행의 뿌리가 어디에서 시작됐는지 고민했다. 육군대학에 다니며 해방 직후와 한국전쟁 기간의 안타까운 우리 군대의 역사를 혼자 공부했다. 군에서는 아무도 가르쳐주는 사람이 없었다. 가슴 먹먹해지는 순간이 한두 번이 아니었다.

국방부와 육군본부, 연합사를 거쳐 청와대에서 근무하면서 경험이 쌓이고 생각에 생각이 더해져 확신이 생겼다. 12·3 비상계엄 사태를 보고 더 늦추면 안 되겠다 싶었다. 30년을 훌쩍 넘긴 그 오랜 고민이 책으로 이제 나왔다.

이 책을 내는 것은 내게도 용기가 필요했다. 나 또한 30년 넘게 군복을 입고서 오랫동안 가져왔던 고정 관념과 경로의존성을 깨는 것이 힘들었다. 그러나 내 후배들의 고민을 덜어주고 나보다 더 빨리 알을 깨고 나오게 하고 싶었다. 이왕이면 군복을 벗기 전에 알아차리는 것이 중요하다고 생각했다.

또한 국민과 정치 지도자가 우리 군을 제대로 보는 것이 중요하다고 느꼈다. 문제의 원인이 너무나 오랫동안 누적된 것도 있고 또 온전히 군대 만의 것도 아니기 때문이다. 줄탁동시란 말처럼 군대와 국민이 함께 노력해야 성공할 수 있다.

쉽지 않은 일이지만 발전적 변화에 성공해야 우리 군이 더 강해

지고 대한민국이 더 튼튼히 지켜질 것이라 확신한다. 대한민국 군대는 이 일을 반드시 성공해 낼 것이다.

참고문헌

단행본

이순신. 2012. "난중일기". 노승석 역. 여해
김원태 역주. 2016. "한자 사전없이 보는 무경칠서". 책과나무
존 하키트. 1989. "전문직업군". 이재옥·서석봉 역. 한원
조영갑. 2006. "민군관계와 국가안보". 북코리아
사무엘 헌팅턴. 2023. "군인과 국가". 정한범·이수미 역. 박영사
정주진. 2022. "김창룡 특무대장 암살사건 해부". 북랩
정홍용. 2021. "강군의 꿈". 플래닛미디어
국방부. 2023. "2022 국방백서". 다니기획
_____. 2023. "국방혁신 4.0". 국방출판지원단
박태균. 2015. "이슈한국사". 창비
짐 더니간 외. 2012. "미 육군 개혁". 육군본부 비서실정책과 역. 국군인쇄창
황수현. 2011. "한미동맹 갈등사-1970년대를 중심으로". 한국학술정보
장용구. 2014. "한미동맹과 한국군의 군사적 자율성". 한국학술정보
정재용. 2022. "대통령과 한미동맹". 바른북스
이민룡. 2023. "한미동맹 해부". e피플
하영선. 2006. "한미동맹 비전과 과제". 동아시아연구원
한모니까. 2023. "DMZ의 역사". 돌베개
이무호. 2004. "어느 졸병이 겪은 한국전쟁". 지식산업사
김세진. 2018. "시대를 반역하다 요시다 쇼인". 호밀밭
와카쓰키 야스오. 1996. "일본군국주의를 벗긴다". 김광식 역. 화산문화
하정열. 1999. "일본의 전통과 군사사상". 팔복원
후지와라 아키라. 2012. "일본군사사 상". 서영식 역. 제이앤씨
_____. 2013. "일본군사사 하" 서영식 역. 제이앤씨

요시다 유타카. 2005. "병사의 눈으로 본 근대일본". 최혜주 역. 논형

후지이 히사시. 2016. "일본군이 패인". 최종호 역. 논형

조용준. 2014. "메이지유신이 조선에 묻다". 퍼시픽도도

아쿠타 마코토. 1994. "일본 육군사". 육군 군사연구실 역. 육군인쇄공창

박윤식. 2012. "여수 14연대 반란(여수 순천 사건)". 휘선

논문

정준아. 2023. "민주적 민군관계 정립을 위한 군(軍)의 자기통제 연구-독일연방군의 내적 지휘(Innere Führung)를 중심으로". 국방대학교

장성근. 2019. "독일연방군 내적지휘 철학의 한국적 적용". 정신전력연구. 제58호

서판근. 2004. "군부의 정치개입에 관한 연구-12.12를 중심으로". 경남대학교 대학원

변성호. 2024. "혁명 개념사로 본 20세기 한국 정치사-3.1운동부터 4.19와 5.16까지". 서울대학교 대학원

이철우. 2012. "문민통제 향상을 위한 국방개혁 추진-한국과 미국의 국방개혁 논쟁과 법제화 사례분석을 중심으로". 국방대학교

노영기. 2008. "1945-50년 한국군의 형성과 성격". 성균관대학교 대학원

김춘수. 2013. "1946~1953년 계엄의 전개와 성격". 성균관대학교 대학원

서욱. 2015. "동맹모델과 한국의 작전통제권 환수 정책-노태우·노무현 정부의 비교". 경남대학교 대학원

장재규. 2022. "한미 연합지휘구조 영향요인과 전작권 전환에 관한 연구". 충남대학교 대학원

이미숙. 2018. "한국 국방개혁과 「818계획」의 교훈". 軍史 第106號

김재철. 2011. "DMZ 탄생과정의 재조명과 평화적 활용방안". 조선대 동북아연구소. Vol.26 No.2

이강수. 2013. "해방직후 대한민국 國軍의 창군과 그 역사성". 軍史 第88號

박시영. 2015. "1960-70년대 북한의 군사적 모험주의 연구: 위협인식과 전략적 선택". 북한대학원대학교

김희수. 2023. "한국 군사전략의 변천과 발전방향". 軍史硏究 제153집

한인섭. 2000. "한국전쟁과 형사법 -부역자 처벌 및 민간인 학살과 관련된 법적 문제를 중심으로". 서울대학교 法學. 제41권 2호

이덕인. 2014. "한국전쟁과 사형제도". 서울대학교 法學. 제55권 제1호

_____. 2015. "1950년대의 사형제도에 대한 실증적 분석과 비판". 형사정책연구. 제26권 제2호

정석균. 1988. "지리산 공비토벌작전-여·순반란군 토벌을 중심으로"

김정진. 2007. "우리나라 군형사사법제도 연구". 상지대학교 대학원

문준영. 2004. "미군정 법령체제와 국방경비법"

김경필, 이수진. 2020. "한국 군사법제도 재생산의 정치학". 사회과학연구 제31권 4호

David Pehamberger. 2021. "Constructing National Narratives: The Perception of Atrocities from China's War with Japan (1931-1945), and the Evolution of the Chinese National Identity". Vienna School of International Studies

Ryuji Hattori. 2024. "Japanese Diplomacy and East Asian International Politics, 1918-1931" Translated by Graham B. Leonard, London and New York: Routledge.

Kelly Maddox. 2024. "An Instrument of Military Power: The Development and Evolution of Japanese Martial Law in Occupied Territories, 1894-1945". Law and History Review. 42

Walter Zapotoczny. 2008. "The Rape of Nanking: Reasons and Recrimination". http://www.wzaponline.com

인터넷

국가기록원 국가기록포털. https://www.archives.go.kr/

진실.화해를 위한 과거사정리 위원회. https://jinsil.go.kr/

국사편찬위원회. 우리역사넷. https://contents.history.go.kr/

_____. 한국사데이터베이스. https://db.history.go.kr/

한국민족문화 대백과사전. https://encykorea.aks.ac.kr/

KOSIS 국가통계포털. https://kosis.kr/index/

국가 법령정보센터. https://www.law.go.kr/

국립대한민국임시정부기념관. https://www.nmkpg.go.kr/main/

대한민국역사박물관. https://www.much.go.kr/

제주 4·3평화재단. https://jeju43peace.or.kr/

경상남도 거창군. https://www.geochang.go.kr/case.web?c=CS0101030000

디지털순천문화대전. https://www.grandculture.net/suncheon/

나무위키. https://namu.wiki/

위키백과. https://ko.wikipedia.org/wiki/

비밀군사세계. https://bemil.chosun.com/

서울경제. https://www.sedaily.com/NewsView/2DD6GR45LV

민족신문. https://www.minjokcorea.co.kr/sub_read.html?uid=2256

조선일보. https://www.chosun.com/national/court_law/

월간조선. 1999년 10월. "6·25전쟁 50년의 再照明 ⑦ - 卽決處分權". https://monthly.chosun.com/client/news/viw.asp?nNewsNumb=199910100034

한겨레신문. https://www.hani.co.kr/arti/society/society_general/324473.html

중앙일보. https://www.joongang.co.kr/article/25180521

강군의 조건
한국군이 새롭게 거듭나기 위한

초판 1쇄 발행 2025년 3월 31일
초판 2쇄 발행 2025년 5월 12일

지은이 강건작
펴낸이 안현주

기획 류재운 **편집** 안선영 김재열 **브랜드마케팅** 이민규 **영업** 안현영
디자인 표지 정태성 본문 장덕종

펴낸곳 클라우드나인 　　**출판등록** 2013년 12월 12일(제2013 - 101호)
주소 우) 03993 서울시 마포구 월드컵북로 4길 82(동교동) 신흥빌딩 3층
전화 02 - 332 - 8939　　**팩스** 02 - 6008 - 8938
이메일 c9book@naver.com

값 22,000원
ISBN 979 - 11 - 94534 - 18 - 1　03300

---

* 잘못 만들어진 책은 구입하신 곳에서 교환해드립니다.
* 이 책의 전부 또는 일부 내용을 재사용하려면 사전에 저작권자와 클라우드나인의 동의를 받아야 합니다.
* 클라우드나인에서는 독자 여러분의 원고를 기다리고 있습니다.
  출간을 원하시는 분은 원고를 bookmuseum@naver.com으로 보내주세요.
* 클라우드나인은 구름 중 가장 높은 구름인 9번 구름을 뜻합니다. 새들이 깃털로 하늘을 나는 것처럼 인간은 깃펜으로 쓴 글자에 의해 천상에 오를 것입니다.